# 내 아이를 위한
## 심리 코칭

이 도서의 국립중앙도서관 출판시도서목록(CIP)은
e-CIP홈페이지(http://www.nl.go.kr/ecip)에서 이용하실 수 있습니다.

(CIP제어번호: CIP2015004941)

성장하는 십대,
마음이 단단한 아이로 키우기

# 내 아이를 위한
# 심리 코칭

매들린 러빈 지음 | 김소정 옮김

문학동네

나를 전적으로 사랑해주신 우리 어머니 에디스 러빈 여사에게 이 책을 바칩니다. 어머니는 세대를 이어온 선물을 나에게 주셨습니다. 그 선물이야말로 우리 아이들에게 물려줄 유산입니다.

길을 걷는 사람은 신조로 삼을 규칙이 있어야 한다.

—그레이엄 내시Graham Nash

## • 차 례 •

**3부**

자생력:
일곱 가지 필수 대처 기술

**4부**
실천하기

# 멀리 보는 용감한 부모가 되자

2006년에 『특권의 대가The Price of Privilege』를 발표하면서 나는 탁월하지는 않아도 실질적으로 도움이 되는 책을 출간했다고 생각했다. 그때 나는 부모의 소득과 교육 수준이 높은 아이들을 대상으로 진행한 소규모 연구에서 정서장애를 겪는 아이들의 비율이 예상외로 높게 나왔다는 소식을 들었다. 따라서 나는 내 책을 읽을 독자는 많지 않겠지만, 내가 밝힌 내용은 충분히 중요하며, 사람들이 직관적으로 알고 있는 것과는 전혀 다른 내용이라고 믿었다. 오랫동안 특권층 아이들은 넉넉한 자원과 기회를 누리며 가족의 보호를 받는다고 여겨져왔다. 하지만 실제로는 그 아이들이 우울증, 불안 장애, 심신증, 약물 남용으로 고생할 가능성은 사회경제적으로 궁핍한 가정의 아이들(특권층 아이들보다 장애를 훨씬 많이 겪을 것이라고 여겨진다)보다 훨씬 크다. 또한 특권층 아이들은 시험 점수가 높고, 유명 대학에 입학할 가능성도 훨씬 크지만, 요령만 있을 뿐 깊이 있게 공부하지 못하고, 학습에 흥미가 없는 경우가 많다.

충분한 연구 결과를 토대로 삼아서 쓴 『특권의 대가』에서 나는 현대인은 측정할 수 있는 성과만 가지고 성공을 판단하기 때문에 부유한 집안 아이들이 정서장애를 겪는 비율은 아주 높다고 했다. 점수에 민감한 아이들은 시간이 많이 걸리는 숙제 때문에 피로 회복제를 먹고, 높은 점수를 받는 것이 생과 사를 결정하는 문제라도 되는 것처럼 자주 부정행위를 저지르며, 극심한 불안을 해소하기 위해 약물을 복용하거나 자해를 한다. 이처럼 제한적이고 극도로 집약적인 교육제도는 많은 학생(그리고 그 가족)을 압박하며, 극도로 표준화되고 압력 밥솥 같기만 한 교육제도에 동참할 수 없는 더 많은 학생(그리고 그 가족)이 소외감을 느끼게 한다. 경쟁에서 배제된 아이들은 재능과 적성도 과소평가되며, 학교에서 받아야 할 적절한 지원과 대우를 받지 못한다는 느낌을 받게 된다. 이런 상황에서는 아이들이 자기 힘으로 무엇을 해내는 대신 약물을 복용하거나 부정행위를 하는 등 위험한 방법을 택할 가능성이 크다. 그래서 나는 『특권의 대가』에서, 그리고 이 책에서 아이들 교육에도, 정서 함양에도 도움이 되지 않는 기존 교육제도를 재평가하고 수정해야 하다고 제안했다.

애초에 나는 몇 달 정도 독자들을 만나고 강연을 하고 나면 그뒤에는 거의 25년 동안 해오던 심리 치료 일을 다시 할 수 있을 것이라고 생각했다. 하지만 내 예상은 보기 좋게 빗나갔다. 『특권의 대가』를 발표하고 다시 심리 치료 일을 할 수 있을 때까지는 5년이라는 세월이 흘러야 했고, 그나마도 더는 전임으로 일할 수 없었다. 『특권의 대가』는 양장본으로 17쇄까지 찍은 뒤에야 페이퍼백으로 출간됐다. 몇몇 사람만이 내 책의 의의를 알아볼 것이라는 내 예상은 빗나갔다. 수많은 부모, 학생, 기업가, 성직자, 교육자, 대학교 직원, 공공 정책 전문가가 내 책을 구입했다. 『특권의 대가』에서 다룬 문제들(스트레스, 피로, 우울증, 불안, 대처 기술 약화, 나쁜 방법에 의존하기, 자아감자기 자신에 대해 느끼는 감정—옮긴이 저하 등)은 사회경제적 위치에 상관없이 여러 아이가 겪는 문제임이 분명했다. 시험을 볼 때는 그 시험이 평범한 기말고사이든, 대학협의회에서 만든 복잡한 고교 심화 학습 과정이든 간에, 아이들 대부분은 극도로 스트레스를 받는다.[1] 전통적으로 아이들은 가정이 화목하지 않거나 친구들과 문제가 있을 때 스트레스를 가장 많이 받는다고 알려져 있다. 하지만 이제는 학교가 가장 큰 스트레스의 원인이 되었다.[2]

정부에서 진행한 주요 연구 결과들에 따르면 미국 아동과 10대 청소년 다섯 명 중 한 명은 정신장애 증상을 보이며, 열 명 중 한 명은 심각한 기능 손상일시적 혹은 영구적으로 신체 능력이나 정신 능력을 상실한 상태—옮긴이으로 고생한다.[3] 이 수치는 앞으로 10년 안에 50퍼센트 정도 증가할 것이다.[4] 아이들이 정신장애를 겪는 이유는 다양하고 복잡하다. 하지만 무엇보다도 어린 시절에 누려야 할 보호 요인(뚜렷한 성과를 내지 않아도 되는 자유, 마음대로 놀 권리, 용기 있게 탐험할 자유, 충분한 휴식 시간 등)들이 점점 사라지는 것이 가장 큰 이유이다. 제대로 자라지 못하는 아이들이 너무 많다. 우리는 그 사실을 잘 안다. 하지만 자신이 무엇을 해야 하는지 모르는 부모가 너무 많다.

무엇보다도 우리는 성공을 더욱 건강한 방식으로, 지금까지와는 전혀 다른 방식으로 생각해야 한다. 그러려면 아이의 미래에 대한 우리의 두려움을 추진력으로 삼을 필요가 있다. 그리고 높은 점수를 받고 상을 타고 유치원부터 대학까지 선발제 학교에 들어가는 것이 성공이라고들 흔히 생각하는데, 이러한 측정 기준에 지나치게 초점을 맞추는 것은 불공정하고 종종 기만적이기까지 하다는 점을 이해할 필요가 있다. 성과만으로 성공을 판단하면 몇 명 안 되는 성적 우수자만 학업에서 성공을 거두었다며 힘을 얻게 되고, 인생을 살아가는 데 필수인 요소들은 하찮게 여기게 된다. 또한 어렸을 때 공부를 잘하면 자아감sense of self, 自我感이 높아지고 대인 관계도 원만해지는 등, 많은 분야에서 뛰어난 능력을 발휘한다는 근거 없는 단정을 하게 된다. 물론 그럴 수도 있지만, 그렇지 않은 경우가 더 많다. 무엇보다도 걱정스러운 것은 성공을 학업 성취로만 정의하면, 측정이 용이하지 않은 분야에서 앞으로 공헌할 수 있을 아이들을 제대로 발굴하지 못한다는 것이다. 계속 우리가 성공을 편협하게 측정 기준에 따라서만 정의하려고 한다면, 우리 사회에 공헌할 수 있는 많은 아이들을 제대로 평가하지 못하기 때문에, 우리 미래는 암울해질 수밖에 없다.

아이들이 '진짜 성공'을 하려면 성공과 그 성공에 이르는 과정을 전혀 다른 시각으로 보아야 한다. 불안에 기반을 두는 것이 아니라 과학 연구, 임상 실험, 약간의 상식을 기반으로 하는 새로운 시각을 구축하는 것이다. 이런 시각으로 성공을 바라보는 사람들은 모든 아이가 성장하는 하나의 작품임을 안다. 이런 시각으로 아이들을 바라보면, 아이가 제대로 학습하고 자신의 적성을 탐구하고 개발하며, 대처 기술을 기르고, 열정적이고 능력 있는 진짜 자기를 완성해가는 데는 시간과 에너지가 많이 필요하다는 사실을 알게 된다. 아이들에게 진짜 성공이란 당연히 좋은 성적을 내고 좋은 학교에 입학하는 것도 포함되지만, 그 성공이라는 개념은 더욱 확장되어, 누구나 좋은 삶에 꼭 필요하다고 믿는 요소들까지 포함하여야 한다. 누구나 내 자녀가 학교에서 좋은 성적을 받기를 바란다. 하지만 그보다는 정말 좋은 삶을 살기를 소망한다. 부모로서 우리는 아이들이 자기 자신을 알고 제대로 이해할 수 있도록, 열정을 가지고 세상에 나갈 수 있도록, 흥미롭고 만족스러운 직업을 찾을 수 있도록, 사랑과 신뢰를 나눌 친구와 배우자를 찾을 수 있도록, 아이들 스스로 자신이 사회에 공헌할 수 있는 사람이라는 확신을 가질 수 있도록 도와야 한다. 그런 도움을 주는 것, 그것이 바로 아이를 잘 가르치는 것이다.

이 책에서 나는 아이들이 이룩해야 할 바람직한 결과 가운데 하나가 '잘 사는 것well-being'이라는 말을 자주 할 것이다. '행복하게 산다'가 아니라 '잘 산다'는 표현을 택한 데는 이유가 있다. 우리는 모두 아이들이 행복하기를 바란다. 그러나 (생각하기는 싫지만) 인생을 살다보면 우리가 아무리 아이들을 철저하게 보호해도 어쩔 수 없이 어려움은 생기기 마련이다. 정신적으로, 심리적으로, 인지적으로, 영적으로 성장하는 것은 고난으로 가득찬 인생을 헤쳐나간다는 뜻이다. 고난은 실망과 분노, 좌절을 맛보는 과정이다. 우리 아이들이 그저 행복하기만을 바라는 것은 어리석다. 행복하기만을 바라다가는 아이들은 성장하지 못하고, 살아가는 동안 당연히 겪는 어려움에 대처할 준비를 제대로 하지 못하게 된다. 우리가 정말로 원하는 것은 아이들이 잘 사는 것이다. 아이들이 선천적으로 풍부하게 지니고 태어나는 낙천적 기질을 유지하고, 어려운 일을 겪어도 이겨낼 수 있도록 대처 기술과 자생력을 길러주어야 한다. 아이들이 그런 힘을 기르면 추가적으로 얻는 이득도 있다. 과학자들은 아이들이 감정적으로 잘 살게끔 해주는 이런 요소들이야말로 학교에서 좋은 성적을 내는 데 필요한 요소들이라고 한다.[5] 낙천적이고 자생력이 있고 적극적인 아이들은 당연히 행복 지수도 높다.[6]

진짜 성공하려면 먼저 확고하고 진실한 자아감이 형성되어야 한다. 우리 아이의 '자아'는 우리가 끌어내줄 때까지 길을 잃고 방황하거나 숨어 있지 않는다. 아이의 '자아'는 계속 성장한다. 우리가 아이에게 관심을 가지고, 아이의 적성과 재능을 발달시켜주기 때문에 우리 아이의 자아감이 성장하는 것이 아니다. 우리가 아이의 발달과정을 그런 식으로 생각해버리면 결국 우리 아이는 우리의 바람과 달리 자기 관리 능력이 부족하고 권리만 주장하는 자기애 강한 아이로 자랄 것이다. 이제는 더 크고 정확한 그림을 보아야 한다. 강한 자아감은 유전자, 가족과 친구와 스승에게 받는 영향, 현재 주어진 기회, 아이가 속한 문화의 영향을 받으며 형성된다. 부모가 아이의 장점과 흥미를 키워주는 방법도 아이의 자아감이 성장하는 데 분명히 영향을 미치겠지만, 아이가 세상과 맺는 상호 관계(특히 가족과 사회 구성원들과 소통하면서 형성해가는 가치관)도 아이의 자아감 형성에 영향을 미친다. 진짜 성공은 우리 아이가 '내가 될 수 있는 최상의 나'가 되는 것은 맞지만, 홀로 그렇게 되는 것이 아니라 공동체의 일원으로서 그렇게 되는 것이다. 다른 구성원들과 관계를 맺고 사회에 의미 있는 공헌을 할 때에만 진짜 성공하는 것이다. 이제 우리는 지금 당장, 혹은 이번 학기나 내년에 성과가 나는 성공이 아니라 우리 아이가 자신의 삶을 살기 위해 집을 떠나는 10년 뒤, 혹은 20년 뒤의 성공을 생각해야 한다. 그렇게 먼 훗날을 생각하려면 용기도 필요하고 상상력도 있어야겠지만, 그런 안목을 갖는 것이야말로 우리 아이의 삶을 행복하고 의미 있게 만드는 가장 효과적인 방법임을 알아야 한다.

오랫동안 대중매체는 뛰어난 성적을 얻기 위해 경쟁해야 한다고 부추겼고, 기업은 아이가 경쟁에서 이길 수 있도록 최선의 노력을 하지 않는 부모는 태만한 부모라고 선동했으며, 우리 사회는 명백하게 측정할 수 있는 성과가 무엇보다 중요하다고 강조했다. 내가 처음 전국 강연에 나섰을 때는 자신이 아이들의 학업에 너무 많이 개입하고, 너무 많은 자원을 쏟아붓고, 너무 많은 스트레스를 주면서도 정작 아이에게 꼭 필요한 것은 제대로 알지 못한다는 사실을 명확하게 알고 있는 부모가 많지 않았다. 다행히 지금은 사정이 크게 달라졌다. 이제 부모들 대부분이 성공을 협소한 시각으로 보았을 때 어떤 재앙이 닥치는지 분명하게 안다. 이제 부모들은 큰 소리로 해답을 요구한다. 강연장에서 만나는 부모는 모두 한목소리로 말한다. "내가 어떻게 해야 할까요?"

그 질문에 답한 것이 바로 이 책이다. 우리는 과도한 광적 육아 방식에서 벗어나야 한다. 아이들의 몸과 마음을 쇠약하게 하는, 성공에 관한 편협하고 좁은 시각에서도 벗어나야 한다. 또한 부모가 사회적 지위와 의미를 얻으려고 아이들에게 의존하는 건전하지 못한 태도에서도 벗어나야 한다. 부모 본연의 역할로 돌아가, 아이들이 건강하고 진정한 자기 자신으로 성장할 수 있도록 도와야 한다. 분명히 아이들에게 도움이 되는 방법이라고 생각하면 나는 주저하지 않고, 걱정에 싸여 혼란스러워하는 부모들에게 과감하고 명확하게 해답을 제시할 것이다. 부모는 제도보다 훨씬 빨리 변할 준비가 되어 있어야 한다. 자녀를 걱정하는 부모가 교육제도보다 훨씬 빨리 변하는 것은 당연한 일이다. 지금은 어디에 가든 나는 상당히 비슷한 질문을 받는다.

"유치원에 다니는 아이들 모두 책을 읽어요. 그런데 우리 아들은 글을 몰라요. 어떻게 하죠?"

"우리 아들은 여덟 살인데, 진짜 체스에 소질이 있어요. 그런데 여름에 체스 캠프에 안 가겠대요. 친구들과 함께 동네에서 하는 모험 캠프에 가겠다고 하네요. 대체 그앨 어떻게 해야 하죠?"

"제 딸은 열두 살이에요. 그런데 밤마다 세 시간씩 숙제를 하면서 힘들어해요. 제가 어떻게 해줘야 할까요?"

"우리 아들은 성적을 B를 받는데도 괜찮대요. 고등학교에 들어간 뒤로는 C를 받는 과목도 있어요. 학교 공부를 등한시하는 건 아닌데, 차고에서 빈둥거릴 때가 너무 많아요. 상담 선생님 말씀이 절대 좋은 학교엔 가지 못할 거래요. 어떻게 해야 할지 모르겠어요."

이런 질문을 하는 이유는 하나이다. 부모인 자신이 분명한 원칙을 세우고 명확하고 올바르게 결정하지 않으면 우리 아이들이 감당할 수 없는 대가를 치를 수도 있다는 걱정 때문이다. 지금처럼 부모들이 자신의 행동 하나하나가 아이의 미래에 영향을 미친다고 생각한 적은 없었다. 아이의 성장 시기에 따라 바보처럼 느껴지는 질문도 있고, 중요하고 긴급하게 느껴지는 질문도 있을 것이다. 예외는 언제나 있겠지만, 이런 질문들은 과학 연구 결과를 토대로 삼아 어렵지 않게 대답할 수 있다. 보통 나는 위 질문들에는 다음과 같이 대답한다.

• 유치원생은 글을 모르는 아이가 많다. 그러니 걱정하지 않아도 된다. 3년만 지나면 유치원에서 글을 배우는 아이나, 1년이나 2년 늦게 배운 아이들이나 거의 차이가 나지 않는다.[7] 가장 성공한 교육 사례로 꼽히는 핀란드에서는 보통 일곱 살이 되어야 공부를 시작한다. 아무 문제가 없는 아이를 부모나 학교에서 문제가 있는 것처럼 걱정하면 아이의 자신감만 떨어진다.

• 아동기 중반에 접어든 아이는 두 가지 과제를 완수해야 한다. 친

구를 사귀고 다양한 활동을 하는 것이다. 아이는 자신이 무엇을 원하는지 알아야 한다. 아이에게 뚜렷한 재능이 있을 때 부모의 귀에는 '그 재능을 키워주어야 한다'는 세이렌의 노래가 끊임없이 들린다. 하지만 빌 게이츠와 유나바머본명은 시어도어 카진스키(Theodore Kaczynski). 하버드 대학교를 졸업한 수학 천재로 문명을 혐오해 20년간 은둔 생활을 했다. 과학기술과 관계가 있는 사람에게 1978년부터 1995년까지 열여섯 차례 폭탄 테러를 했다―옮긴이의 재능이 같았다는 사실을 기억하자. 두 사람은 같은 재능을 다른 방식으로 사용했다. 부모라면 당연히 아이가 재능을 발휘할 수 있도록 도와야 한다. 그러나 체스를 몇 시간 할 것인가는 아이 스스로 결정해야 한다. 당연히 부모에게는 아이의 재능을 키워주고, 아이에게 부족한 점을 보완해줄 권리가 있다. 아이에게 진짜 재능이 있다면, 부모의 이런 역할은 큰 힘을 발휘할 것이다. 그러나 그런 경우는 드물고, 대부분은 아이와 사이가 나빠질 뿐이다.

• 중학생이 밤에 한 시간 정도 공부를 하면 분명히 성적 향상에 도움이 된다. 하지만 그 이상은 아니다. 학교 선생님을 찾아가 아이가 학교에서 건강하게 잘 지내고 있는지 알아보자. 아이가 힘들어한다면 공부 양을 줄이고 전문가의 도움을 받을 필요가 있다. 아무 문제 없이 학교생활을 잘하고 있다면 학교 선생님과 상의해서 아이에게 맞는 공부 시간을 알아보자. 지역사회 주민이 모여 적당한 공부 시간에 대해 논의하는 토론회를 개최하는 것도 한 방법이다. 충분히 잠을 자지 않으면 학습 의욕이 저하될 뿐 아니라 성격도 괴팍해진다. 부모가 할 일

중에서 가장 중요한 일은 아이의 건강을 지키는 것이다.

• 지금은 성적이 좋은 아이가 아주 많다고 하지만, 사실 B는 훌륭한 점수이고 C는 평균 점수이다. 어른도 많은 일을 평균만큼만 한다. 미국 내 4,000개에 달하는 대학에서 요구하는 대학 실력 평가college placement 점수는 커트라인을 넘는 점수이지, 최고 점수가 아니다. 스티브 잡스의 할아버지는 잡스가 차고에서 시간을 너무 많이 보낸다는 말을 자주 했다. 아이가 열심히 노력하고 있다는 것은 최선을 다하고 있다는 증거일 수 있다. 쓸모없는 일을 한다는 불만을 부모가 아이에게 터뜨리면 아이도 자신을 쓸모없는 사람으로 여긴다. 아이를 위해 다른 상담 선생님을 만나보는 게 좋겠다.

이 책은 이처럼 구체적인 답을 제시하지만, 사실 내 야망은 훨씬 크다. 나는 이 책을 활용해 모든 부모가 효과적 양육법을 구성하는 기본 전략을 알고, 그 전략을 강화하기를 바란다. 그래야만 아이가 여러 단계를 거쳐 성장하는 동안 확고한 목표를 가지고 아이를 제대로 안내할 수 있다. 그리고 다음 단계로 성공적으로 나아가는 데 필요한 대처 기술을 길러줄 수 있다. 아이는 건물을 지을 때 쓰는 비계飛階처럼 성장한다. 높이 떠 있는 철근을 지탱하려면 튼튼한 받침대가 있어야 한다. 부모는 아이가 가로대를 하나씩 올라가는 속도를 존중해야 한다. 지나치게 빨리 꼭대기에 오르도록 재촉하면 안 되고, 적절한 버팀목 없이 꼭대기에 오르게 해서도 안 된다. 좋은 부모는 아이가 안전하게 즐기면서 끝까지 오를 수 있도록 돕는다.

또한 이 책은 각기 다른 단계에서 아이들이 겪는 어려움과 능력을 정확하게 파악해, 사소하고 충분히 예측할 수 있는 문제와 진짜 심각한 문제를 구별하는 도구를 제공한다. 숙제를 한 번 잊어버린 평범하고 부지런한 아이는 상습적으로 숙제를 하지 않는 아이와 분명히 다르다. 부모가 개입할 필요가 거의 없는 아이도 있고, 훨씬 많이 개입해야 하는 아이도 있다. 부모는 또한 아이 문제에 개입할 때 상의를 해야 하는지 질책을 해야 하는지 결론을 내려주어야 하는지 평가를 해야 하는지를 분명하게 알아야 한다. 이 책은 언제 참아야 하고, 언제 개입해야 하며, 언제 타협해야 하고, 언제 원칙대로 행동해야 하는지를 알려줌으로써 자신 있는 부모가 되도록 도와준다.

이 책의 주요 목표 중 다른 한 가지는 부모들이 자신의 가치관과 성공에 대한 정의를 명확히 하고 우선순위를 정하게끔 돕는 것이다. 그렇게 하면 부모가 중요하다고 믿는 것을, 가정에서 강조하여 아이들에게 전달하는 내용과 상당 부분 일치시킬 수 있다. 아이에게 공부를 얼마나 시켜야 하는지를 둘러싼 논쟁이 학부모들 사이에서 지금처럼 뜨거웠던 적은 없다. 이제는 학교 성적보다 건강하게 성장하는 것이 아이에게는 훨씬 중요하다는 사실을 알기 때문이다. 당신은 어린 아이는 노는 것이 중요하다는 사실을 알면서도 뒤처질지도 모른다는 불안 때문에 과도한 과외활동을 시키는 부모인가? 정신의 성장을 중요하게 생각하면서도 소유한 물질로 성공을 평가하는 부모인가? 일류 대학교에 들어갈 수 있다면 양심에 반하는 부정행위를 해도 된다고 부추기는 부모인가?

이 책에 실린 정보와 관련 연구 결과를 읽고, 책에 실린 연습 문제를 풀면, 가족의 가치관에 부합하고 자녀의 능력과 기술, 적성에 맞는 성공에 관한 새로운 정의를 세울 수 있다. 물론 제아무리 포괄적인 내용을 다룬다고 해도, 아이를 기르면서 부모가 매일 경험하는 모순을 완벽하게 해결할 수 있는 책은 이 세상에 없다. 그러나 이 책은 과학 연구를 기반으로 하여 각 가정에 맞는 육아 원칙을 세울 수 있는 방법을 제시함으로써, 아이를 기르면서 겪을 수밖에 없는 수많은 어려움과 선택의 순간에 옳은 길을 알려주는 나침반 역할을 할 것이다.

이 책은 많은 것을 요구한다. 이 책은 독자들에게 문제를 깨닫는 것에 그치지 말고, 그 원인을 없애기 위해 부지런히 노력하라고 촉구한다. 나는 독자들에게 자신의 심리를 살펴보라고 요구할 것이다. 부모는 자신의 심리 상태를 알아야 한다. 아이가 잘 살려면 부모가 잘 살아야 한다. 부모는 자신의 내면을 깊숙이 들여다보고, 자신이 아이에게 행하는 일의 동기와 야망은 무엇이고, 거기에는 어떤 문제가 있는지 살펴보아야 한다. 쉬운 일은 아니지만 충분히 고민하고 솔직하게 탐구해야 한다. 부모는 아이의 성공뿐 아니라 부모 자신과 가족 전체를 위해서 자신의 심리 상태를 파악해야 한다.

이 책은 다음과 같이 총 4부로 구성되어 있다.


• 1부에서는 압박이 심한 제로섬게임을 하는 현대 문화를 전반적으로 살펴본다. 현대 문화는 우리 아이들과 우리 가정에 어떤 영향을

미치고 있을까? 현대인의 삶에서 신화와 실제를 구분하는 방법은 무엇인가? 성공을 좁은 시각으로 보았을 때 얻는 자는 누구이고 잃는 자는 누구인가? 성공에 대한 편협한 시각은 꼭 바뀌어야 하는가? 당연히 바뀌어야 한다고 생각하는데도 바뀌지 않는다면, 그 이유는 무엇인가 등을 알아본다.

• 2부에서는 아이들이 초등학생에서 고등학생으로 성장하는 동안 겪는 어려움을 살펴본다. 아이들은 육체적으로 성장하고, 자신만의 재능과 적성을 찾으며, 친구를 사귀고, 모험을 하는 등 다양한 과제를 수행해야 한다. 아이들이 할 일이 많다는 사실을 이해하면 좀더 현명한 시각으로 아이들의 학업 성취 결과를 바라볼 수 있고, 성공의 정의를 더욱 넓힐 수 있다.

• 3부에서는 아이들이 잘 살 수 있고 자아감을 발전시킬 수 있는 일곱 가지 대처 기술을 소개한다. 스스로 대처하는 능력을 기른 아이는 성장하면서 만나는 역경을 잘 극복하고, 성공에 대한 자신만의 정의를 써나갈 수 있다. 타고나는 대처 기술도 있지만 부모와 세상의 영향을 받으면서 키우는 대처 기술도 있다. 대처 기술은 종류에 상관없이 모두 갈고닦을 수 있다. 대처 기술을 갈고닦는(그리고 대처 기술을 키우는) 방법은 각 대처 기술을 소개하는 글 뒤에 자세하게 실었다.

• 4부에서는 부모가 스스로를 돌아보는 시간을 가질 것이다. 부모

인 당신은 4부를 읽고 연습 문제를 풀면서 자신의 가치관을 명확하게 세우고, 그 가치관을 자신과 자녀의 삶 그리고 가정에 적용할 특별한 실행 계획을 세울 수 있을 것이다. 최대한 많이 변할 수 있도록 4부에서는 자신이 살아온 과거를 되돌아보고, 과거에 풀지 못한 문제가 어떤 식으로 현재 문제에, 그리고 당연히 바뀌어야 한다고 생각하지만 주저하고 바꾸지 못하는 문제에 영향을 미치는지 살펴볼 것이다.

이 책은 아이가 성공하기 위해서 육체적으로는 녹초가 되어야 하며 감정적으로는 아이 자신과 가족, 학업이 분리되어야 한다는 터무니없는 이분법을 받아들이지 않는다. 우리 아이가 잘 사는 것과 성공하는 것은 둘 중에 하나를 택해야 하는 선택의 문제가 아니다. 둘 다 내면의 문제이다. 아이의 내면에 자아감이 형성되도록 이끌어주고 격려해주면 아이는 성공하고 잘 살게 된다. 타인의 시각으로 성공을 정의하고 입증하려고 하지 말자. 아이가 자신의 흥미와 능력과 기술과 정체성과 가치관을 찾아나가는 동안 부모는 아이를 지지해주고 믿어주어야 한다. 아이에게 외부 요인은 분명히 중요하다. 아이들은 당연히 규칙을 익히고 교과목을 익히고 적절하게 행동하는 법을 배우고 필요할 때는 관습을 따라야 한다. 그러나 외부에서 거는 기대와 요구 때문에 현재 우리 아이들은 내부 작업에 쏟을 시간과 에너지가 턱없이 부족하다. 정교한 내부 작업은 건강한 자아감을 형성하는 데 필수적이다.

성공이란 쭉 뻗은 좁은 길을 걷는 것이라는 신화를 건강한 아이에게 용인하라고 가르치면 아이의 어린 시절을 희생해야 한다는 사실을 우리는 너무나 잘 안다. 사실 성공한 사람은 대부분 구불구불한 길을 따라 걷는다. 대부분 어설픈 시도를 하고, 다양한 직업을 경험한다. 학교 성적은 어느 시대에나 중요했고, 부모는 아이에게 높은 기준을 제시할 권리도 있다. 그러나 21세기에는 학교 성적 외에도 아주 중요한 기술이 있다. 창의성, 혁신적인 생각, 융통성, 실패를 극복하는 회복력, 의사소통 능력, 협동심 등이 그런 기술이다.

성공이 자신의 관심과 능력, 가치관과 같은 내부 요인과 일치하지 않는다면, 사람은 진짜 성공했다는 기분을 느끼지 못하며, 기쁘지도 않고 진정한 성공에 따르는 안도감도 느끼지 못한다. 능숙하게 자신의 이미지를 관리하는 아이들이 점점 늘어나고 있다. 그런 아이들은 성적이 좋고 재능도 뛰어나기 때문에 얼핏 보면 반드시 성공할 것 같다. 그러나 그 아이들을 자세히 살펴보면 겉으로 드러난 성공은 너무나도 피상적이며, 심지어 아이들에게 전혀 의미가 없는 경우가 많다. 그 아이들은 '나는 최종 성과만큼만 가치가 있다'라고 믿는다. 그 성공은 진짜가 아니다. 실재한다는 느낌도, 자신이 무엇을 해냈다는 기쁨도 없다. 전혀 성공이라고 느끼지 못한다. 그런 성공은 우리에게도 우리 아이들에게도 아무 의미가 없다. 성공이 가짜라고 느낄 때 우리 아이들은 '사기꾼 증후군(누구나 가끔씩은 느낀다)'을 끊임없이 느끼는 상태가 된다. 어쨌거나 자신이 이룩한 성공이 진짜인지 아닌지를 판단할 사람은 아이들 자신밖에 없다.

이 책은 선택과 용기를 다룬다. 성공을 어떻게 정의할 것인가, 우리 아이들을 어떻게 키울 것인가, 우리의 자원과 에너지를 어떻게 투자할 것인가는 선택의 문제이다. 다르게 행동해야 한다고 모두가 강요할 때 옳다고 생각하는 방향으로 변하는 것은 용기의 문제이다. 우리는 자녀 양육에 관해 엄청난 말을 쏟아내는 환경 속에서 살아간다. 그러나 우리가 듣는 많은 말들이 사실은 거짓이다. 우리는 틀린 질문을 너무나도 자주 한다. 어떤 학교에 가야 하나? 심화 학습 과정AP은 몇 강좌나 들어야 하나? 어떤 과외활동을 해야 하나? 지금 우리는 아이들이 공부를 더 해야 하는지 말아야 하는지를 고민하는 게 아니다. 우리가 고민하는 것은 아이를 단호하게 대할 것인지 너그럽게 대할 것인지가 아니다. 어떤 국제 시험international testing을 치러야 하며, 응석을 부리게 둘지 압력을 가해야 할지를 고민하는 것이 아니다.

부모로서 우리가 해야 할 질문은 훨씬 폭넓고 장기적이어야 한다. 아이가 잘 자랄 수 있는 환경을 어떻게 만들 것인가? 아이가 흥미를 가지고 즐겁게 학습할 수 있는 동기를 찾아주고 그 동기를 지속할 방법은 무엇인가? 어떻게 하면 잠재력을 끌어내줄 것인가? 사회에 공헌하는 능력을 어떤 식으로 키워줄 것인가? 어떻게 삶의 의미를 깨닫게 해줄 것인가? 어떻게 진정한 자신을 발견하게 도와줄 것인가? 이런 문제들을 물어야 하고, 고민해야 하고, 해결해야 한다. 이런 진짜 문제를 해결하기 위해 우리의 시간과 돈과 관심과 사랑을 쏟아야 한다. 아이들을 성적이나 상장, 입학 통지서로 평가하지 말자. 세 가지 모두를 합한 것도 아이를 평가하는 기준이 될 수 없다. 우리 아이들은 전인적 인간이다. 부모의 기준이라는 맹목적인 잣대로 아이를 판단하면 안 된다.

　다시 부모의 진정한 특권을 주장할 때가 됐다. 부모는 자신이 직접 가치를 정하고, 어떤 활동이 진짜 성과이고 어떤 활동이 피상적 성과인지 결정해야 한다. 우리는 학교에서 모든 학생의 잠재력을 길러줄 것을 요구해야 하며, 학업성적을 높이는 데만 주력할 것이 아니라 몸과 마음이 건강한 아이로 자랄 수 있도록 모든 노력을 기울여야 한다. 이제는 아이가 잘 살 수 있도록 돕고, 정확한 판단력을 되찾아야 할 때다. 더욱 건강한 가정을 만들고, 올바른 가정이 될 수 있도록 노력해야 한다.

·1부·

---

문제는 응석받이 엄마와
호랑이 엄마의 싸움이 아니다

# 1장 아이들은 전혀
# 괜찮지 않다

아빠와 아들이 소파에 나란히 앉아 나와 마주 보고 있다. 심리적으로 큰 문제가 있어서 나를 만나러 온 사람들이 아니다. 사실 두 사람은 오래전부터 나를 알던 지인이다. 그 아빠와 나는 다양한 학교 위원회에서 함께 활동했고, 열일곱 살인 아들 대니얼은 내 막내아들과 함께 라크로스열 명이 한 팀이 되어 그물채 같은 도구로 공을 던지거나 잡는 하기 비슷한 경기—옮긴이를 한다. 두 사람은 대니얼에게 힘든 일이 생기면 가끔 나를 찾아온다. 지금은 대니얼이 아빠 손에 이끌려 대학 문제를 상의하기 위해 왔다. 이런 상담은 흔히 있다. 학부모들이 여러 전문가를 찾아다니며 대학 진학을 상담하기 때문이다. 나는 아빠가 선하고 열정적인 사람임을 알고, 대니얼이 뛰어난 학생이라는 사실도 안다. 대니얼은 교우 관계, 운동 능력, 학업성적 모두 뛰어나며, 놀라울 정도로 느긋한 아이이다. 이번 상담을 시작하기 전부터 나는 대니얼이 일류 대학에 갈 수 있으며, 자신이 원하는 대학상도 확고하게 세우고 있다는 사실을 알았다.

대니얼은 환경에 관심이 있다는 말을 자주 했다. 과학과 수학을 좋아하고, 공학, 그중에서도 환경공학에 흥미가 있다. 대니얼은 적절한 지도와 조언을 해줄 스승이 있는 대학을 찾고 싶어한다. 자신이 가장 원하는 것이 무엇인지는 아직 정확하게 알지 못하지만, 한 가지에 대해서는 아주 단호하다. 대니얼은 '좋은' 친구들이 있는 학교에 가야 한다. 끊임없는 경쟁에 지쳤고, 압박이 심한 사립학교에는 더이상 다니고 싶지 않다. 대니얼은 경쟁이 아닌 협력을 진심으로 중요하게 생각하는 학교에 가고 싶다. 대니얼의 말을 들을 때마다 나는 늘 매사추세츠 주 니덤Needham 시에 있는 작지만 우수한 공과대학인 올린 대학Olin College이 떠오른다. 올린 대학은 여러 학생이 한 조가 되어 진행하는 프로젝트가 학업에서 큰 부분을 차지하는 학교이다.

나는 맞은편에 앉아 있는 대니얼에게 특별히 생각해둔 학교가 있는지 물었다. 캘리포니아 주에 사는 아이답게 대니얼은 버클리, UCLA, 스탠퍼드를 먼저 말했다. 대니얼이 사는 교외 지역에서 자란 뛰어난 아이라면 당연히 생각할 만한 일류 대학들이다. 그뒤에 대니얼은 캘리포니아 주 밖에 있는 대학을 말하기 시작했다. 대니얼의 아빠는 아들의 말에 귀를 기울이며 조용히 있었다. 대니얼은 윌리엄스나 애머스트 같은 학부 중심의 4년제 대학과 조지타운과 터프스 같은 유명 종합대학을 말했다. 대니얼이 여러 대학을 언급하는 동안 대니얼의 아빠는 대니얼 쪽으로 몸을 바짝 기울이고 귀를 쫑긋 세우고 있었다. 마침내 대니얼의 입에서 아이비리그 대학들 이름이 흘러나왔다. 아들 입에서 하버드라는 말이 나오자마자 대니얼의 아빠는 소파에서 튕겨 나갈 것처럼 벌떡 허리를 곧추 세웠다. 그러고는 말했다. "내 아들이 하버드에 갈 수만 있다면 내 왼쪽 고환쯤은 기꺼이 포기하겠어요." 그 순간 생기발랄하던 대니얼의 얼굴은 침울해졌고, 내 입은 크게 벌어졌다.

이런 촌극은 많은 의미를 담고 있다. 얼핏 보면 대니얼의 아빠는 얼간이이고, 그에 반해 대니얼은 그런 아버지 밑에서도 현실적이고 사려 깊은 아이로 컸다고 말할 수 있을 것이다. 열일곱 살인 대니얼은 사춘기 아이가 고민해야 할 여러 가지 문제를 충분히 고민했다. 나는 누구인가? 무엇을 좋아하는가? 어떤 선택을 해야 할까? 내 자신을 위해 어떤 미래를 만들어가야 할까? 물론 아빠의 생식샘을 지켜줘야 한다는 고민은 하지 않았다. 대니얼과 대니얼 아빠가 보인 반응은 두 사람 사이에 더 중요한 근본 문제가 있다는 것을 보여준다. 대니얼이 어렸을 때는 두 사람이 성공을 보는 관점이 같았다. 그러나 대니얼이 대학에 들어갈 시기가 가까워지면서 두 사람의 관점은 크게 달라졌다. 이같은 변화는 사실 대니얼이 제대로 성장했다는 증표이며, 사춘기 아이들의 심리 발달에 가장 중요한 독립심과 정체성을 충분히 기를 수 있는 안락한 가정에서 자랐다는 증거이다. 하지만 그 때문에 부모와 아이의 의견이 달라지면 일시적으로 부모와 아이가, 사실 대부분의 경우에 가족 구성원 모두가 혼란에 빠질 수 있다. 부모라면 누구나 내 아이가 '독립을 위해서'라는 이유만으로 어떤 대학을 택하는 것을 원치 않는다(하지만 그런 이유가 '거기가 여자들을 쉽게 만날 수 있대'라거나 '파티를 많이 연대' 같은 이유보다는 훨씬 괜찮다). 부모는 또한 자신에게는 10대 아이들에게는 없는 장기적인 안목이 있다고 주장할 수 있는 권리가 충분히 있다. 하지만 잠시 시간을 내어 아들은 거의 흥미가 없고, 아들이 원하는 대학의 모습과도 거리가 먼 특정 대학에 대니얼의 아빠가 그토록 열광하는 이유를 분석해볼 필요가 있다.

대니얼의 아빠는 1970년대 후반에 성장기를 보냈다. 아주 영리한 아이였지만 열두 살 때 부모가 갑자기 이혼했다. 대니얼의 아빠는 동생과 함께 주로 어머니와 살았는데, 부모가 이혼한 뒤로 가정 형편이 어려워졌다. 대니얼의 아빠는 정말 열심히 공부했고, 아이비리그는 아니었지만 좋은 대학교에 장학금을 받으며 진학할 수 있었다. 그뒤 가정 형편은 크게 나아졌다. 결혼할 때 대니얼의 아빠는 자신의 가족에게는 아버지와 이혼한 뒤 어머니와 두 형제가 겪어야 했던 궁핍과 불안을 절대 겪게 하지 않겠다고 맹세했다. 실제로 그는 강력한 야망을 품고 곧은길을 따라 쭉 달려왔다. 그런 자세는 대니얼의 아빠가 살아가는 데 크게 도움이 되었다. 그는 자신의 일을 좋아했고, 자신이 훌륭한 가장이라고 생각했다. 따라서 큰아들이 자신과 비슷한 삶을 산다는 사실을 자랑스러워했다. 하지만 대니얼의 아빠는 세심한 사람이었기 때문에 드러내놓고 아들을 재촉한다거나 특정 학교에 가야 한다고 강요하지도 않았다. 소파에서의 행동은 대니얼 아빠의 내면 깊숙한 곳에 들어 있던 믿음이 자신도 모르게 튀어나온 것이었다. 아들도 자신처럼 아주 극심한 경쟁에서 성공해 풍요로운 삶을 살아야 한다는 믿음이었다. 당연히 대니얼의 아빠에게는 가장 인지도 높은 일류 대학에 입학하는 것이 아주 중요했다. 이 세상 모든 부모처럼, 대니얼의 아빠도 자신의 아이가 성공하기를 바라며, 아무도 부정할 수 없는 자신만의 장점을 가지고 있기를 바란다. 대니얼의 아빠에게 성공은 회사에 대한 충성심, 규칙에 순응하는 자세, 근면, 성실, 경쟁력, 뛰어난 성적이 뒷받침되어야 얻을 수 있는 것이었다. 그런 자질을 갖추어야만 성공한다는 분명한 증거도 있었다. 자신이 바로 그 증거였다.

하지만 대니얼은 정말 사랑 많고 안정된 가정에서 자랐다. 대니얼의 아빠와 엄마는 대니얼에게 경제적으로나 정서적으로 어려움을 겪지 않고 몸과 마음과 지식이 발달할 수 있는 안락한 환경을 제공해주었다. 똑똑하고 공부하고자 하는 의욕도 높고 근면한 대니얼은 좋은 점수에 큰 의의를 둔 가족, 학교, 사회가 제공하는 자원의 혜택을 마음껏 누릴 수 있었다. 공부를 잘하는 여러 아이들처럼 대니얼도 자신을 표현하는 데 능숙하다. 사춘기 아이라면 흔히 겪는 문제가 생겨도 대니얼은 능숙하게 자신을 포장할 수 있다. 선천적으로 독립심이 강했기 때문에 대니얼이 어떤 갈등을 겪는지, 어떤 일로 힘들어하는지를 알기는 쉽지 않다. 몇 차례 상담을 하면서 나는 대니얼이 한동안 부정행위 때문에 괴로워했다는 사실을 알았다. 대니얼은 자기 아빠가 가장 중요하게 생각하는 학업 문제가 아니라 윤리와 사회 관련 문제를 고민하면서 무엇보다도 '좋은' 친구들이 있는 학교에 가고 싶다는 바람이 생겼다.

대니얼은 어린 시절을 대부분 경쟁이 심한 학교에서 보냈다. 초등학교도 중학교도 학습량이 아주 많은 곳을 다녔지만, 대니얼은 공부를 잘했기 때문에 좋은 성적이 곧 성공이라는 생각에 의심을 품어본 적이 없었다.

하지만 고등학교에 들어가자 상황이 바뀌었다. 대니얼은 고등학교에서도 공부를 잘했지만, 좋은 친구들이 스트레스를 받고 무너지는 모습을 목격해야 했다. 2학년 때는 아주 친한 친구가 알코올의존증을 치료하기 위해 학교를 쉬어야 했고, 초등학교 때부터 친하던 여자애는 식이 장애 때문에 병원에 입원했다. 2학년이 되자마자 친구들은 밤을 새고 공부하기 위해 주의력결핍및과잉행동장애ADHD 치료제인 애더럴Adderall을 복용하기 시작했다. 고등학교 친구들은 부정행위를 아무렇지도 않게 했다. 하지만 대니얼은 친구들에게 숙제를 보여주거나 답안지를 보여줄 때마다 마음이 불편했다. 친구들 요청을 거절하면 '비열한 인간'이나 '나쁜 친구'인 것처럼 느껴졌고, 친구의 요청을 들어주면 나쁜 일을 했다는 죄책감에 시달렸다. 고자질쟁이라는 말은 죽어도 듣기 싫었기 때문에 이런 문제로 고민한다는 사실을 부모에게도 선생님에게도 알리지 않았다.

시간이 흐르면서 공부에 대한 압박과 경쟁은 점점 더 심해졌다. 점점 많아지는 학습량을 따라가기 위해 마침내 대니얼은 숙제를 베끼는 아이가 되었다. 그런 식으로 무사히 몇 달을 보낸 어느 날, 학교 상담 선생님은 누가 익명으로 대니얼의 부정행위를 고발했다고 말했다. 당연히 큰 벌을 받을 것이라고 생각했지만, 대니얼은 상담 선생님을 만나 다시는 그런 일을 하지 말라는 주의를 들었을 뿐 별다른 처벌을 받지 않았다. 그 일로 대니얼은 큰 충격을 받았다. 대니얼은 그때 일을 일기에 적었다. 나에게 상담을 받으러 올 때 대니얼은 일기장을 가져와 보여주었다.

오늘 나는 학교를 포함해 이 세상 모든 사람이 학생들이 전투에 임하고 있다고 생각한다는 사실을 알았다. 우리는 성적을 위한 전투, 대학 수학능력시험SAT을 위한 전투, 좋은 대학에 입학하기 위한 전투를 벌이고 있다. 지금까지 내가 중요하다고 배운 규칙은 이제 아무 소용이 없어진 거다. 오랫동안 알고 지낸 아이들은 이제 아무 생각 없이 서로에게 잔혹하게 굴고 있다. 나는 이런 상황에 점점 지친다. 나는 공부가 좋다. 성적도 아주 좋다. 하지만 정직과 우정보다 성적을 중요하게 여기는 공동체의 일원으로 살고 싶지는 않다. 나는 전혀 다른 곳으로 가야 한다. 모든 사람이 내가 가기를 바라는 유명하고 경쟁이 심한 학교에는 가고 싶지 않다. 이런 내 맘을 아신다면, 지금까지 나를 위해 많은 것을 주셨고, 열심히 일하신 부모님이 속상해하실 거다, 당연하다. 하지만 진짜 무슨 일이 벌어지고 있는지 안다면 부모님도 나를 이해하실 거다. 단지 문제는 지금 내가 게으름을 피우고 있는 것도 아니고 배은망덕한 놈이 되려는 것도 아님을 부모님께 설명할 방법을 모르겠다는 거다. 대학에 가는 걸 완전히 포기하고 싶을 때가 가끔 있다.

대니얼은 자기에게 맞는 성공의 개념을 제대로 확립했다. 다행히 부유한 가정에서 성장했기 때문에 아빠와 달리 결핍이나 빈곤을 걱정할 필요가 없었다. 대니얼의 내면에는 인내, 노력, 성실처럼 가족이 중요하게 생각하는 가치들이 확고하게 자리잡고 있지만, 협동, 호기심, 절제, 정직과 같은 가치 또한 중요한 위치를 차지하고 있다. 대니얼은 옳지 않은 방법으로 획득한 A는 정정당당하게 받은 B보다 가치가 없다고 믿는 아이였다. 대니얼을 보면 많은 10대 아이들이 우리 상담실에 와서 정직을 이야기한 것이 그리 오래전 일이 아니었다는 생각을 하게 된다. 그동안 우리 사회에는 무슨 일이 있었던 걸까?

대니얼이 옳았다. 대니얼의 아빠는 대니얼이 충분히 최고 대학에 들어갈 수 있는데 어째서 그보다 못한 대학에 들어갈 생각을 하는지를 쉽게 이해하지 못했다. 성공한 많은 아빠들처럼 대니얼의 아빠도 아들이 경제적으로 성공하는 길을 택해야 한다고 믿었다. 아빠로서 자신은 대니얼이 훗날 가족을 훌륭하게 부양할 수 있는 근사한 직업을 갖게 할 의무가 있다고 생각했다. 대니얼이 지도자가 된다는 '강인한'(대니얼의 아빠 표현대로라면 '실용적인') 목표 대신 착한 사람이 된다는 '나약한' 목표를 갖게 된다면 아빠로서는 자신이 의무를 제대로 해내지 못한 거라는 생각이 들었다.

하지만 대니얼의 부모는 다른 사람의 의견에 휘둘리지 않고 스스로 결정할 능력이 있는 멋진 아들을 키웠다는 자부심을 가져도 좋다. 살아갈 방향을 스스로 결정할 수 있는 아이는 학업성적도 좋고 정신적으로도 스트레스를 덜 받기 때문에 여러 면에서 좋은 결과를 낼 수 있다. 따라서 대니얼은 어떤 학교를 택하든 성공한 삶을 살 것이다. 몇 차례 상담을 받은 뒤에 대니얼의 아빠는 대니얼의 생각에 동의해 주었다. 노력과 인내뿐 아니라 대니얼이 소중하게 생각하는 가치들 역시 성공을 이루는 요소임을 인정한 것이다. 아버지가 육아에 활발하게 참여하면 아이의 사회적, 도덕적 행동 발달에 크게 영향을 미친다는 흥미로운 연구 결과가 있다.[1] 그런 연구 결과를 알게 된 뒤, 대니얼의 아빠는 스스로를 아주 자랑스러워했고, 자신과 아들은 똑같이 도덕적이고 야망이 있고 근면하지만, 대니얼은 자신이 살고 싶은 환경을 훨씬 구체적으로 생각한다는 사실을 좀더 분명하게 이해했다. 대니얼의 아빠는 자신이 아들을 제대로 길렀으며, 자기 덕분에 아들이 건강하고 건전하게 자랄 수 있었다는 사실을 깨달았다.

대니얼의 이야기는 가장 똑똑하고 적응을 잘하는 아이도 현대사회의 가치 기준(성공하기 위해서는 모든 수단과 방법을 가리지 말아야 한다는 것)에 순응할 것인가 말 것인가를 결정할 때는 상당한 대가를 치러야 한다는 사실을 보여준다. 대니얼이 체제에 순응하기로 결정하면 감정적으로나 윤리적으로 불의와 타협한다는 죄책감에 시달려야 할 테고, 체제에 순응하지 않기로 결정하면 부모님과 학교에서 받아들이지 않을 것이다. 결국 대니얼은 아이비리그 대학 한 곳과 유명 대학 몇 군데에서 온 입학 허가서를 거부하고, 학생들이 협력의 가치를 잘 알고, 스승과 제자 모두 대니얼이 중요하게 생각하는 가치를 소중하게 여기는, 작지만 가치 있는 대학에 진학했다. 이제 대니얼은 공부도 잘하고 학교를 내 집처럼 편하게 여기는 학생이 되었다. 창의력과 협동심을 최고 가치로 생각하는 친구들과 공부를 하면서 관계를 맺게 된 것이다(관계를 맺으면서 공부하는 것일 수도 있다). 대니얼은 탁월한 선택을 했다. 불행하게도 지금은 학교와 전공을 제대로 선택하기 위해 반드시 갖추어야 할 내적 자원과 외적 지원이 부족한 학생이 너무 많다.

분명히 말하지만 이 책은 학교 성적과 일류 대학의 가치를 폄하하지 않는다. 이 책을 출간하는 목적은 현대사회에 만연한 극심한 스트레스를 최대한 줄이고, 더 많은 아이가 실제로 성공할 수 있는 최상의 환경을 만드는 데 있다. 지금 학교와 학부모는 아이들이 최상의 성공을 누릴 수 있는 방법을 찾기 위해 활발하게 논의하고 있다. 대중매체는 (복잡하고 미묘한 주제일수록) 단순하고 논쟁적인 방식으로 다루기 때문에, 학부모는 아이를 성공적으로 기르는 방법에 관한 전혀 상반된 주장을 동시에 듣는 경우가 많다. 온몸에 줄무늬가 빽빽하게 그려진 호랑이 엄마들은 단호해야 한다고 주장한다. 호랑이 엄마들은 아이가 아주 어렸을 때부터 좋은 성적을 낼 수 있도록 엄격하게 관리한다. 그 때문에 아이에게 필요한 사회적, 심리적 요인은 등한시한다. 이런 엄마 밑에서 자란 아이들은 적응을 잘하고 성적이 우수한데다가 카네기홀에서 연주까지 하는 식으로 다른 아이들을 게으름뱅이로 만들어버린다. 다른 집 아이가 아주 뛰어난 활동을 하는 모습을 보면 느긋하게 생각하던 부모들도 화들짝 놀란다. 호랑이 엄마의 아이들이 가장 좋은 자리를 차지하기 위해 애쓰는 동안 자신은 자기 아이를 기본 시급이나 받고 아르바이트나 해야 하는 패배자가 되도록 방치하는 것은 아닌가 하는, 공포에 가까운 걱정을 하게 된다. 반대로 지나치게 '잘 사는 것'만 강조하는 마음 약한 교육자와 아동 발달 전문가도 있다. 정서 발달을 너무 중시하기 때문에 그런 사람들은 경제적으로 성공하는 것은 전혀 중요하지 않다는 생각을 아이에게 심어준다. 그런 교육을 받고 자란 아이는 적응력이 뛰어나고 자립심이 강하고 친절하지만, 대학을 졸업한 뒤에는 지하실에서 살거나 거실 소파에서 자야 하는 사람이 될 수도 있다. 그런 양육 방법을 가르치기 때문에 학자들은 '상아탑에 갇혀 있다'라는 평가를 받으며, 실제로 아이를 양육하는 부모에게서 공감을 얻지 못한다.

이런 식의 이분법은 부당할 뿐 아니라 정확하지도 않다. 아이 양육에 관한 위의 두 방식은 뚜렷한 차이점도 있지만, 그보다는 공통점이 더 많다. 이 세상 모든 부모는 내 아이가 행복하기를, 사랑받기를, 사랑하기를 원한다. 능숙하게 할 수 있는 일이 있었으면 하고, 어떤 일은 전문가처럼 해내기를 바란다. 인생을 즐기고, 삶의 의미를 알았으면 하고, 사회에 공헌하는 좋은 사람이 되기를 바란다. 학생이라면 누구나 교과 내용을 제대로 알아야 하며, 공부를 잘하려면 성실해야 하고 근면해야 한다는 사실을 부정하는 사람은 없다. 당연히 부모는 내 아이를, 그것도 아주 어린 아이라면, 안내자가 되어 이끌어주고 가르쳐야 한다. 두 방식이 뚜렷한 차이점을 보이는 부분은 누가 중심 무대에 설 것인가인데, 두 방식 모두 반대쪽 방식에서 배울 점이 있다. 아이를 독립시키지 않는 방식만큼이나 아이를 너무 빨리 독립시키는 방식에도 여러 문제가 있다. 내 아이가 정서장애를 겪는 아이로 자라기를 바라는 부모는 없다. 물론 아이는 모두 독특한 존재이기 때문에,

아이에게 맞는 양육 방식을 택하는 것이 무엇보다 중요하다. 내 아이가 태어나는 순간 누구에게나 맞는 양육 방식이 있다는 생각은 저절로 사라진다.

우리 아이를 위해 높은 기준을 세우는 일이 중요할까? 물론이다. 부모가 아이의 능력에 맞게 적절하지만 높은 수준으로 기대를 하는 아이는 부모가 그다지 기대를 하지 않는 아이보다 학업성적이 좋다는 사실은 잘 알려져 있다. 아이는 부모의 기대에 맞추어 자라기 마련이다. 하지만 부모는 자신이 적절한 기준을 마련했는지를 정확하게 판단해야 한다. 부모가 세우는 기준은 결과가 아니라 얼마나 노력을 하며 얼마나 발전하는지에 초점을 맞추어야 한다. 아이의 능력은 모두 다르다. 그 능력은 시간이 지나면 변하고, 어떤 일을 하느냐에 따라 다르게 나타난다. 높은 기준을 계속 유지하면 아이는 자신에게 좋은 학교를 정확하게 선택할 수 있다. 아이에게 좋은 학교는 프린스턴 대학일 수도 있고, 지역 주민에게도 수업을 개방하는 커뮤니티 칼리지가 될 수도 있다. 좋은 대학은 성공할 기회를 주는 곳이지 성공을 보장하는 곳이 아니다.

대니얼처럼 적응을 잘하는 아이를 건강한 가정을 망치는 인습 파괴자로 만드는 교육제도는 분명히 정상이 아니다. 미국 풍자 소설가이자 방송인인 개리슨 케일러Garrison Keillor는 자신이 만든 이상 세계(워비곤 호숫가)에 사는 아이들은 모두 평균을 넘는다고 했다. 하지만 그건 이미 옛말이다. 요즘 아이들의 경우에는 제대로 재능을 발휘할 기회를 주면 누구나 뛰어난 아이가 되는 것 같다. 문제는 아이가 재능을 발휘하려면 깊이 있는 온전한 방법이 필요하다는 것이다. 대부분의 학교에서 시행하는 피상적이고 편협한 시험으로는 아이의 참된 능력을 개발할 수 없다. 부모가 아이의 능력을 과대평가하고, 평균인 아이를 무능력하다고 여기며, 좋은 학생은 성적이 뛰어나야 한다고 생각하고, 성적이 좋은 학생은 천재라고 단정하기 때문에 현실이 왜곡된다. 비현실적으로 높은 성적을 얻기 위해 무작정 달리면 정신적 외상에 시달리는 아이들이 무더기로 생긴다. 이미 지나버린 일에서 헤어나지 못하고, 자신이 써낸 틀린 답과 자신이 놓친 기회만을 끊임없이 곱씹는 아이로 자랄 것이다. 불안에 시달리는 아이들은 우울해지고, 그런 감정을 극복하기 위해 약을 먹거나 알코올에 의존하게 된다. 잠도 못 자고 피곤해진다. 당연히 그 과정을 견디지 못해 들고 있던 카드 패를 내던지고 항복하는 아이도 생긴다.

내가 상담한 한 아이는 공부를 잘했지만 미국에서 아주 경쟁이 심한 학교에 입학하지 못했다. 그 아이는 며칠 동안 침대에서 일어나지 않았다. 꼼짝도 하지 않고 누워만 있었기 때문에 내가 직접 아이를 찾아가야 했다. 나를 보자마자 아이는 울음을 터뜨리며 간신히 "이제 다 끝났어요. 전 완전히 실패했어요"라고 했다. 성적은 보통이지만 잡다한 지식이 풍부하고 친구가 많은 한 아이는 직접 경험으로 터득하는 공부를 중요하게 생각했는데, 대학은 가지 않겠다고 했다. 자신을 거부하는 느낌, '매일 학교에 갈 때마다 받던' 그 느낌을 또다시 받기 싫었기 때문이다. 그 아이는 친구들이 대학교에 원서를 내고, 대학에 떨어지는 모습을 보면서, 자신은 어떤 곳에도 원서를 넣지 않았다. 아이는 대학에 진학하는 과정이 '바보 같다'고 했다. 나는 아이가 좀더 확신을 가지고 내년에는 자신에게 맞는 경험을 중시하는 학교, 아이의 교제 능력과 실행력의 가치를 인정하는 학교에 진학하기를 바랐다. 이런 아이는 1년 정도 학업을 쉬고 직장에 다니면서 자신의 능력을 발휘할 기회를 가지면 자신감이 상승하는 경우가 많다.

성과를 판단하는 기준을 세우면 당연히 평균보다 높은 아이와 평균보다 낮은 아이로 갈라진다. 그런데 내 책을 읽는 독자 대부분이 이런 현실을 고려하지 않는다. 부모가 아이마다 잠재력이 다르다는 사실을 인정하지 않고, 표준화된 시험으로 좁은 의미의 가능성만을 검토할 때, 이런 상황은 문제가 된다. 부모로서 우리는 아이의 잠재력이 수학, 예술, 음악, 야외 활동, 인간관계 등 이 세상을 살면서 깊이 배워야 하는 여러 분야 중 어디에서 나타나든 간에, 아이가 잠재력을 찾아내고 길러나갈 수 있도록 도와주어야 한다.

아이는 모두 아주 뛰어난 재능이 적어도 하나 정도는 있고, 보통은 여러 가지 재능이 있다. 아이들은 모두 행복을 느낄 수 있는 타고난 재능과 기량과 흥미가 있다. 부모들은 우리 아이가 수학을 잘하면 아주 기뻐하지만, 학교에서 일어난 사회적 문제를 고민하면서 계속 전화를 붙잡고 있으면 걱정을 한다. 하지만 사실 두 적성 모두 인생을 의미 있게 만족하며 살아가게 해주는 요소들이다. 공학자, 수학자, 조직심리학자, 조정관 같은 모든 직업에 도움이 되는 적성인 것이다.

찰스 다윈은 기껏해야 보통밖에 안 되는 학생이었고, 광물과 곤충, 동전과 우표를 매만지면서 많은 시간을 보내는 게으른 학생이었다.

다윈의 취미 활동이 세상을 바꿀 기본 자질이라고 생각하는 사람은 아무도 없을 것이다. 하지만 다윈은 세상을 바꾸었다. 아이가 가진 뛰어난 적성을 찾아주고 인정해주자. 부모가 자신을 이해하고 인정한다고 느끼면 아이는 더욱 열심히 그 재능을 개발하고, 부모와 더욱 가까워진다.

나는 미국 전역을 돌면서 수백 곳이 넘는 학교를 방문했다. 대부분 학교에서는 수십 년 동안의 우등생 명판이나 운동 시합 상패를 가장 눈에 띄는 곳에 전시한다. 거의 예외 없이 현관을 지나자마자 볼 수 있는 이런 상장을 보면 그 학교에서 최고로 여기는 가치가 무엇인지 한눈에 알 수 있다. 그러나 학생의 다양한 재능을 중요하게 생각하는 학교도 있다. 이런 학교는 현관 옆에 학업이나 운동 시합에서 이룩한 성과뿐 아니라 학생들의 다양한 활동 내용을 함께 전시한다. 예술 작품, 사진, 자동차 모형, 섬유나 의류 디자인, 건물이나 다리나 공원 건축 모형 같은 것을 전시하는 것이다. 이런 학교는 자신들이 다양한 재능을 소중하게 생각하고 학생들의 호기심과 노력을 북돋운다는 점을 분명히 드러낸다.

학교는 교과목을 가르치고 학생을 평가하는 시험을 준비하는 역할 외에도 많은 기능을 수행해야 한다. 직업인이 될 수 있도록 준비해주고, 민주 사회에 정통한 일원이 될 수 있도록 훈련하고, 문화와 관점을 제대로 전달해주어야 한다. 또한 학교는 아이들이 기술과 흥미, 도덕심과 자긍심을 기를 수 있는 양육 장소가 되어야 한다. 더 많은 아이가 학교를 다양한 재능을 펼칠 수 있는 안전한 장소로 여길 수 있도록 천막을 더욱 넓게 펼쳐주어야만, 학교는 아이들의 삶을 가장 팍팍하게 만드는 스트레스 장소라는 오명을 벗을 수 있을 것이다. 실생활에서 성공은 노력이 필요한 모든 분야에서 온갖 종류의 아주 다른 모습으로 나타난다. 우리 아이들의 재능도 그렇다는 것을 이해해야 한다.

보통 교육제도는 모든 학생의 잠재력을 최대로 키워줄 수 있도록 설계되었다고들 생각한다. 그러나 실제로 교육제도는 우리 경제에 필요한 노동자를 기르는 데 언제나 초점을 맞춘다. 가만히 앉아서 교과서를 암기하고, 선생님을 맹목적으로 따르는 특성이야말로 1950년대 사회가 요구하던 '조직인'에 적합한 자질이다. 어느 교육제도나 장단점이 있지만, 몇 년간 회사에 충성할 일꾼을 양성하는 교육제도는 체제에 순응하는 사람을 키우기 위해 창의성과 비판적 사고방식을 무시하는 경향이 있다.

그런 교육제도는 정답을 찾는 능력보다 문제 해결 능력, 혁신적 생각, 적응력, 진취력이 훨씬 중요한 세계경제에는 적합하지 않다. 이제 해답은 고정되어 있지 않기 때문이다. 전 과목에서 A를 받거나 대학수학능력시험에서 만점을 받은 아이는 직장에서도 가장 뛰어난 능력을 발휘할 것이라고 생각하기 쉽지만, 고용주들은 교과목을 잘 알거나 기술이 뛰어나다고 해서 문제 해결 능력, 의사소통 능력, 제대로 질문하는 능력이 뛰어난 것은 아니라고 말한다. 물론 좋은 성적은 중요하다. 좋은 성적을 받았다는 것은 분석력이 뛰어나고 성실하게 교과과정을 제대로 익혔다는 뜻이니까. 그러나 정답을 맞히는 데만 주력하면 제대로 질문하는 법을 고민할 시간과 에너지가 부족해진다.

IBM에서 진행한 중요한 연구의 결과에 따르면 최고 경영자에게 가장 필요한 자질은 창의성이다.[2] 이런 사실들 모두에서 알 수 있는 것은 현행 교육제도를 유지하면 아이들은 정서에 커다란 문제가 생길 뿐 아니라, 앞으로 살아가야 할 직업 세계로 나아갈 준비를 제대로 하지 못한다는 것이다.

성공이란 무엇인가? 그리고 어떻게 성공할 수 있는가? 이 두 질문을 둘러싼 오해가 아주 많다. 성공하는 아이로 기르는 법에 관한 몇 가지 신화를 살펴보자. 이 신화들은 점점 복음서를 닮아가고 있다.

<u>똑똑한 아이는 성적이 좋다.</u>

그럴 수도 있지만 그렇지 않을 수도 있다. 아이들은 여러 면에서 똑똑할 수 있는데, 아이들의 똑똑함을 모두 종이와 연필로 평가할 수는 없다. 세상은 'C 등급 아이들이 이끌어간다'라는 문구가 설득력을 갖는 이유다. 아이를 성공으로 이끄는 많은 특성은 (그중에서도 특히 대인 관계 능력과 강인한 자아감은) 학교에서 절대로 평가할 수 없다.

<u>친구들을 제치고, 장차 들어갈 학교에서 좋은 평가를 받으려면 모든 종류의 과외활동을 해야 한다.</u>

어느 시대에나 아이들에게 필요한 것은 거의 같다. 바로 사랑, 지원, 한계, 책임감이다. 30년 전이나 지금이나 아이들이 같은 이유로 나를 찾는 것은 그 때문이다. 생리적으로 암호화되어 있는 아이의 성장 과정은 간단하게 바뀌지 않으며, 과외활동을 아무리 많이 해도 사

랑받고 있지 않다거나 사랑받을 자격이 없다고 생각하는 아이는 성공하기 어렵다.

일류 대학에 입학하면 엄청나게 유리한 고지를 차지할 수 있다.

정말 많은 사람이 그렇게 믿는다. 대부분 우리 아이가 예일 대학에, 혹은 그 비슷한 학교에 입학하면 상상할 수도 없는 엄청난 이득을 얻는다고 믿는다. 그런데 프린스턴 대학교의 경제학자인 앨런 크루거Alan Krueger와 앤드루 멜런 재단의 수석 연구원인 스테이시 데일Stacy Dale이 진행한 연구의 결과는 흥미롭다. 두 사람은 예일 대학교에 합격한 뒤 실제로 예일 대학교를 다닌 학생과, 집안 사정이나 경제 문제 때문에 결국 다른 학교에 다녀야 했던 학생들을 비교 연구했다. 졸업 후 두 집단의 직업과 월급에는 차이가 전혀 없었다.[3] 맞는 학생에게 예일 대학은 멋진 선택이다. 일류 대학은 기회를 제공하겠지만, 실제로 아이의 인생길이 향하는 방향에는 그다지 영향을 미치는 것 같지는 않다(경제적으로 어려운 아이나 유색인종인 경우는 예외이다). 영리하고 근면한 아이는 어느 학교에 가든 잘 살 수 있다.

무슨 말을 하고 싶은지는 알겠다. 그래도 좋은 학교에서 인맥을 쌓아야 아이 장래에 도움이 되지 않을까?

그럴 수도 있다. 일류 대학에 들어가는 아이들은 상당수가 사회적으로나 경제적으로 연줄이 있는 집안의 아이들이다. 따라서 일류 대학에 들어가면 좋은 인맥을 쌓을 수 있는 기회가 분명히 있다. 문제는 일류 대학에서 좋은 인맥을 쌓을 기회를 얻을 수 있느냐 없느냐가 아니다. 당연히 일류 대학에서는 좋은 인맥을 쌓을 기회가 많을 것이다. 문제는 그 기회를 위해서 아이가 치러야 하는 대가를 감당할 수 있는가이다. 물론 공부에 재능이 있고 근면한 데다, 약간의 행운도 있었기 때문에 일류 대학에 들어간 아이도 있다. 그러나 일류 대학에 들어가기 위해 어린 시절을 희생해야 했고, 자신의 정체성과 건강, 안정된 정신 상태를 희생해야 하는 아이도 있다. 이런 아이들은 아무리 부모가 "결국 우리에게 고마워하게 된다"라는 말로 자신의 행동을 합리화해도, 결코 부모를 고맙게 생각하지 않는다.

우리 아이에게 맞지 않는, 우리 가족과 어울리지 않는 과도하게 높은 기준만을 성공이라고 보는 좁은 시각은 결국 분명한 대가를 치러야 한다. 그 대가는 첫째, 대체로 부모가 여가를 즐기고 친구를 만나는 데 사용하던 극히 적은 여유 시간조차도 아이를 위해 사용해야 한다는 것이다. 둘째는 불안하고 신경질적이고 스트레스가 쌓인 아이가 있으면 집안 전체가 우울해진다는 것이다. 아이가 숙제를 어려워하거나 정신적으로 힘든 일이 생길 때는 주로 어머니와 상의하는데, 지금 아이들은 피곤하고 공포에 질릴 때가 자주 있기 때문에, 이제 어머니는 아이를 양육하는 역할보다 외상 후 스트레스 장애를 예방하는 치료사 역할을 해야 할 때가 더 많아졌다. 사실 어머니가 된다는 것은 힘든 일이다. 아주 일찍부터 아이가 가야 할 대학을 걱정하거나 아이의 성적을 고민하고 크루즈 디렉터처럼 아이를 중심으로 일정을 짜지 않더라도, 필요한 역할을 제대로 해내지 못했다는 생각에 괴로워하지 않는다고 해도 충분히 힘이 든다. 어머니 역할에서 아이의 성적 관리가 큰 부분을 차지하면 가장 큰 임무에 소홀하게 된다. 아이가 자라면서 어려움을 겪을 때 평온하고 안락하며 사랑을 주는 보금자리 역할을 해주지 못하는 것이다.

수전은 서른여섯 살인 선생님이다. 몇 년간 수전은 전임 교사로 근무할지 전업주부가 될지를 결정하지 못해 힘들어했고, 그럴 때는 나를 찾아왔다. 수전의 가정 형편은 넉넉하지 않다. 당연히 수전은 일을 해야 했다. 몇 번 상담을 받은 뒤에 수전은 일당을 받는 기간제 실습 교사로 일하기로 했다. 그뒤로는 수전을 만날 기회가 별로 없었고, 가끔 만났을 때 수전은 자신이 옳은 결정을 했고, 아이들과 함께 집에서 보내는 시간이 아주 즐겁다고 했다. 적어도 내가 수전을 마지막으로 보았을 때는 그랬다. 그때 수전의 아이들은 캐시가 열 살, 라이언이 여섯 살이었다.

하지만 지금 내 앞에 앉아 있는 수전은 절대로 행복해 보이지 않았다. 완전히 지쳐서 불안에 떨며 울고 있었다. 수전은 도저히 '따라갈 수'가 없다고 했다. 아이들 일정이 너무 빡빡해서 아무리 자신의 일정을 유연하게 조정해도 도저히 자기 일을 할 수가 없다고 했다. 이런 이야기는 많이 들어봤을 것이다. 이제 캐시는 고등학교 2학년이었고, 대학 입학시험 때문에 잔뜩 예민해져 있었다. 고등학교 진로 상담 선생님은 캐시에게 계속 "조금만 더 노력하면 된다"라고 했고, 중요한 몇몇 대학에 들어갈 가능성도 있었다. 하지만 이미 캐시는 밤늦게까지 공부하는 상황이었다. 도대체 어떻게 더 노력할 수 있다는 것인지 알 수가 없었다. 학교를 대표하는 운동선수였고, 로컬 푸드local food 프로그램에 자원봉사자로 참여했고, 대학수학능력시험을 준비하기 위해 학원에도 다녔다. 라이언은 축구 선수여서 주말마다 원정 경기를 했다. 수전과 수전의 남편은 아들의 시합을 모두 보러 갔기 때문에 사회생활을 전혀 할 수 없었다. 두 사람은 누나와는 여러 가지로 다른 어린 아들을 '지원해주는 자신들의 역할'이 아주 중요하다고 여긴다.

수전의 집에 어떤 일이 있는가는 중요하지 않다. 많은 사람이 자기 상황을 수전 이야기에 대입할 수 있을 것이다. 완전히 같지는 않겠지만, 정신없고 빡빡하다는 점에서는 내가 관찰했거나 상담을 한 여러 가정의 삶은 수전 가족의 삶과 그다지 다르지 않았다. 다른 사람들에게 뒤처지지 않기 위해 애쓰는 동안 수전은 당연히 점점 더 불안해지고 우울해질 것이다.

이제 한 발 뒤로 물러나 엄청난 요구를 감내해야 하는 수전의 시간을 전체적으로 조명해보자. 수전이, 그리고 우리가 제대로 살아가려면 어떻게 해야 할까? 먼저 다른 어른들과 교류해야 한다. 수전은 어머니이지만, 아내이고 친구이고 선생님이고, 무엇보다도 자기 자신에게 관심이 있는 사람이다. 계속 그렇게 지쳐 있으면 어느 역할 하나 제대로 해낼 수 없다. 아이가 아주 어릴 때는 쉽게 다칠 수 있기 때문에 당연히 아이에게 엄청난 시간과 에너지를 쏟아부어야 한다. 그러나 수전의 아이들은 이제 열두 살과 열여섯 살이다. 청소년기인 자녀도 걱정하고 돌보아야 할 이유는 많지만, 더이상은 전기 콘센트를 막아야 한다거나 문밖으로 나가지 못하게 감시해야 한다거나 수영장에 빠질까봐 촉각을 곤두세우고 있을 이유가 없다. 청소년도 당연히 뒤를 따라다니며 보살펴야 한다고 주장하는 사람도 있을 것이다. 하지만 청소년에게 필요한 보살핌은 관심을 가지고 아이를 이해해주며 적절하게 지도하는 것이지, 뒤를 따라다니며 보살피는 것이 아니다. 청소년기는 성장해야 하는 시기이다. 하지만 보살피는 방식이 잘못된 경우가 많다. 성적은 정확하게 파악하면서 아이들이 어떻게 살고 싶은지, 어떤 일을 하고 싶은지에는 관심을 갖지 않는다. 아이들이 해낸 결과는 점검하면서, 아이들의 특성은 생각하지 않는다.

그렇다면 수전은 자신의 인생을 살아야 할까, 아니면 자신의 인생을 포기하더라도 아이들이 모든 기회를 누릴 수 있게 해주어야 할까? "내 인생은 우리 아이들이 모두 자란 뒤에 다시 찾으면 돼요. 지금 내가 해야 할 일은 아이들이 성공할 수 있도록 모든 지원을 아끼지 않는 거예요. 그게 내가 아이들에게 물려줄 수 있는 유산이에요"라고 말하는 엄마가 많다. 하지만 엄마들은 아이들이 그 유산을 어떻게 생각하는지 알아야 한다. 엄마는 아이에게 모든 것을 주고 있다고 믿지만 아이는 엄마를 짜증스럽게 생각하고, 너무 강압적이며 자기에게 전혀 관심이 없다고 느낀다. 왜 그런지는 조금만 생각해봐도 알 수 있다. 엄마가 자신의 삶과 정체성을 스스로 포기했는데, 아이가 어떻게 다른 사람의 가치관을, 그것도 엄마의 가치관을 존중할 수 있겠는가?

얼마 전에 있었던 어머니의 날에는 내 전화기가 불에 타버리는 줄 알았다. 왜 그랬을까? 많은 엄마가 아이들에게 사랑받지 못한다고 느끼고 상처를 받았기 때문이다. 학교에서 어머니의 날 카드를 만들어 보내는 시기를 지나버린 다 큰 아이들은 대부분 엄마들에게는 가장 중요한 날인 어머니의 날을 중요하게 여기지 않는다. 신중하게 고른 선물은 고사하고 꽃을 받는 엄마도 별로 없다. 그나마 받은 꽃도 한 엄마의 표현대로라면 "분명히 쓰레기통에서 주워 온 듯한 시든" 꽃이었다. 그날 늦게 전화를 건 엄마들은 '그래도 딸아이의 목소리를 들었다'는 데 위로를 받으려고 애를 썼다. 이런 엄마의 아이들은 엄마는 바라는 게 없고, 바랄 자격도 없으니까 목소리를 들려주는 것만으로도 고맙게 생각하라고 말하는 것 같다.

  이런 엄마들이 받는 고통은 실제적이고도 아주 크지만, 사실 당연한 결과이다. 엄마로 살기 위해 당신은 자신의 삶과 흥미와 우정과 직업을 모두 버리고, 아이가 시합을 하는 동안 외야석에 앉아 있는 모습만 아이에게 보여주었다. 친구나 배우자와 함께 외출하는 대신 아이 옆에 앉아 아이를 감시하거나 숙제를 도우며 밤을 지새우는 모습만 보여주었다. 부부가 함께 주말여행을 가거나 가족 여행을 가는 대신 아이를 학원에 보내고 과외를 하느라 모든 경비를 썼다. 그러니 '시든 꽃'을 받는 것도 당연하다. 세상은 아이들 중심으로 돌아가고, 가족(노인도 구성원이 될 수 있다)을 돌보고 지원할 의무가 있는 어른의 욕구는 열두 살짜리의 축구 시합보다, 열여섯 살짜리의 수학 시험보다 가치가 없다는 생각을 아이들에게 심어준 사람은 엄마인 당신이다. 그런 교육을 받고 자란 아이는 가족의 한정된 시간과 에너지는 아이인 자신에게 써야지 어른인 부모에게 써야 한다고 생각하지 않는다.

주변 사람 모두 자신과 비슷한 믿음을 가지고 있을 때, 사람들은 자신의 상황을 정상이라고 생각하기 쉽다. '아이들이 좋은 대학에 가려면 유치원부터 제대로 선택해야 한다. 운동은 아주 일찍 시작해야 한다. 여름은 특별한 재능을 키울 수 있는 절호의 기회이다. 아이들은 모든 분야에서 엄격하게 훈련해야 한다. 과외는 당연히 해야 한다. 학년, 흥미, 활동 내용, 추구하는 목적에 따라 우리 아이들이 학교에서 좋은 성적을 내느냐 그렇지 못하느냐가 결정된다. 아이들은 외부에서 철저하게 관리해야 한다.' 이런 생각이 옳다고 믿는 것이다. 아이들은 제대로 된 가치관도 없고, 어떤 삶이 진짜 의미 있고 만족스러운 삶인지를 판단할 능력도 없다고 믿는다. 이런 가치관을 가진 부모가 할 수 있는 일은 모든 아이가 같은 방식대로 살아야만 성공한다는 주장을 앵무새처럼 따라하는 것뿐이다. 제 기능을 못하면서도 가혹하기만 한 주장이다. 어째서 부모들은 허깨비보다 못한 이런 끔찍한 삶을 성공이라고 여기게 되었을까?

# 2장 어째서 이런 혼란에 빠지게 되었을까?

여덟 살인 아이는 활동 공간이 확장된다. 이제 아이는 조금 먼 곳에서도 혼자 버스를 타고 돌아올 수 있다. 마을 곳곳을 돌아다니기 때문에 가끔 어디에 있는지 찾으려면 애를 먹을 때도 있다.[1]

열 살인 아이는 엄청나게 활동적이게 되고, 야외 활동을 완전히 사랑하게 된다. 온몸을 써서 하는 놀이에 열광하고 자전거를 즐겨 탄다…… 놀이야말로 인생 최대의 목표이며, 거의 모든 놀이를 아낌없이 즐긴다.[2]

열네 살인 아이는 잠이 제일 중요하다. 대략 열네 살인 아이는 "나는 주로 혼자 자러 간다. 침대가 어디에 있는지는 잘 알기 때문이다"라고 했다. 보통 9시 30분이나 10시에 잠자리에 들어 아홉 시간에서 열

시간 정도 잔다.[3]

위의 세 글은 우리 아들들이 어렸을 때 내가 자주 읽어주던 시리즈 책에 실린 글들이다. 시리즈물의 저자인 루이스 에임스Louise Ames와 프랜시스 일그Frances Ilg는 아이의 성장기별로 『활기찬 독립운동가, 여덟 살Your Eight-Year-Old: Lively and Outgoing』 같은 책을 썼다. 나는 두 사람의 책을 한 권도 빼놓지 않고 꼼꼼하게 읽었다. 나에게는 이제 그 책들이 소중한 유산이 되었다.

맞다. 이제 우리 아들들은 다 자랐다. 하지만 막내아들은 작년에야 대학을 졸업했다. 나의 양육 기간이 몇백 년 전에 끝난 건 아니라는 뜻이다. 그러나 아이들의 삶을 조금이라도 들여다본 사람은 현재 아이들이 우리가 살던 우주와는 전적으로 다른 우주에 살고 있다는 사실을 잘 안다. 최근에 나는 부모 연수회를 열고 아이들의 '활동 공간'에 관해 물어보았다. '몇 살이면 부모 없이 아이 혼자서 동네를 돌아다니며 놀 수 있을까?' 적지 않은 부모가 훨씬 나이가 든 뒤에도 혼자 돌아다니는 것은 허락할 수 없다고 대답했지만, 가장 많이 나온 대답은 열두 살이었다. 여덟 살인 아이가 혼자 돌아다닌다는 사실에 불편해하지 않은 부모는 한 명도 없었다. 사정이 그랬기 때문에 감히 나는 버스를 혼자 타도 되는 나이는 물어볼 생각도 하지 않았다. 얼마 전에도 뉴욕에 사는 한 엄마가 아홉 살인 아들을 혼자서 지하철에 타게 했다는 이유로 아동 학대라고 비난받지 않았는가그 엄마는 『자유방목 아이들』이라는 책을 쓴 미국 작가 리노어 스커네이지(Lenore Skenazy)이다—옮긴이. 지금은 여덟 살

아이가 '어디에 있는지 모른다'라는 사실이 엄마가 아이를 찾아다니느라 땀에 흠뻑 젖어도 좋을 충분한 이유가 된다.

누구나 예측하겠지만, 현재 열 살인 아이가 야외 활동을 하는 시간은 10년 전이나 20년 전에 비해 크게 줄어들어 절반 정도밖에 되지 않는다. 밖에 나가 걷거나 하이킹을 하는 열 살 아이는 열 살인 아이 전체의 8퍼센트밖에 되지 않는다. 에임스와 일그가(그리고 아동 발달을 연구하는 모든 현대 과학자가) 이 시기에 꼭 필요하다고 강조한 놀이를 하는 대신에 오늘날 열 살인 아이들은 공부, 비디오게임, 컴퓨터, 전화, 스마트 폰을 하면서 대부분의 시간을 보낸다.[4] 어른이 감독하는 조직적이고 안전한 운동을 선호하는 부모들은 열 살인 아이에게 '밖에 나가서 놀아라'는 말을 쉽게 하지 못한다.

그리고 마지막으로 아홉 시간 반에서 열 시간 정도 잠을 자는 열네 살 아이는 자기 관리를 아주 잘하는 아이라는 독특한 견해도 있다. 미국소아과학회는 열네 살 아동의 수면 시간을 아홉 시간 반에서 열 시간 정도로 권장하고 있지만, 실제로 평범한 10대 청소년들은 하루에 일곱 시간 정도 잠을 자며, 10대 청소년의 4분의 1은 여섯 시간 반도 채 자지 않는다. 충분히 자지 않을 경우 청소년은 기억장애, 짜증, 뇌 시냅스 손실(이 경우 효율적으로 공부할 수 없다), 판단력 장애, 의욕 상실, 우울증, 주의력 장애 등이 올 수 있다.[5] 아이들이 충분히 잠을 자지 못하는 이유는 늘어난 숙제와 SNS 때문이다.

불과 10년 혹은 20년 전에 전문가들이 강조하던 내용과 현재 부모들이 가장 걱정하는 일 사이에 커다란 괴리가 생겼다는 것은 아무리 좋게 생각하려고 해도 심란할 수밖에 없다. 아주 짧은 시간에 우리 부모들은 아이가 한 사람으로 성장하는 데 중요한 아동기와 초기 청소년기를 좋은 대학에 가고 좋은 직업을 얻기 위한 훈련 기간으로 바꾸어버렸다. 우리는 아이들을 작은 어른처럼 대하면서도 영원히 감시해야 하는 갓난아기처럼 취급한다. 현대인은 이 세상을 아주 위험한 장소라고 생각한다. 너무나 위험해서 아이들이 여기저기 놀러다니는 것은 절대 안 될 일이라고 믿는다. 그러면서도 지난 20년 동안 우리가 걱정하는 잔혹한 범죄가 50퍼센트 이상 감소했다는 사실은 무시한다.[6]

부모는 미래가 어떤 모습일지 온전히 알지도 못하면서 우리 아이가 다른 사람에게 뒤질지도 모른다는 걱정을 한다. 이번 장의 맨 앞에 실린 세 인용문의 내용은 경쟁이 심하지 않던 옛 사회에서는 성공에 필요한 요소였을지 몰라도, 이제는 너무 순진한 생각이라고 여기는 부모가 많다. 노는 시간이나 잠자는 시간을 희생하는 것은 궁극적으로 우리 아이가 '잘 살기 위해서'라고 믿는다. 놀 시간과 잠잘 시간이 부족한 아이는 안쓰럽지만 부모는 태도를 바꿀 생각이 전혀 없다. 인내는 쓰고 열매는 단 법이니까.

그렇다면 이런 상황 때문에 우리 아이들이 단 한 명의 예외도 없이 서서히 무너져내리고 있는 것일까? 물론 그렇지는 않다. 이런 교육 상황에 잘 적응하고, 행동 발달 및 정서 면에서 문제를 전혀 겪지 않는 아이도 있다. 하지만 감히 단언컨대, 이런 아이들도 사실은 현행 교육체계를 따라가려면 상당한 대가를 치러야 한다. 교육가들이 '전인 아동whole child'이라는 개념으로 강조하는 측면은 무시되고 있다. 여가 시간조차도 빡빡하게 짜인 일정을 소화해야 하는 아이, 여행을 아주 많이 하는 운동부에 가입해야 하는 아이, 언제나 시간이(그리고 잠이) 부족한 아이는 성장 발달에 중요한 과제를 제대로 수행하지 못한다. 정해진 규칙이 없는 자유 놀이를 즐기지 못하는 아이는 학습 의욕이 떨어지고, 창의력이 부족하고, 사교 기술social skill이 제대로 발달하지 않는다. 너무 일찍부터 직업 운동선수처럼 활동하는 중학생은 부상을 입을 수도 있고, 여러 분야를 경험하고 그중에서 자신에게 가장 맞는 분야를 선택할 수 있는 기회를 얻지 못한다. 마지막으로 치러야 할 대가는, 할 일이 너무 많기 때문에 10대에 반드시 경험해야 할 일들(정체성을 확립하고 친밀함을 경험하는 일 등)을 해낼 시간이 없다는 것이다. 어쩌면 부모는 그런 아이들에게 "글쎄, 그런 건 나중에 얼마든지 할 수 있어. 좋은 고등학교에 가고, 좋은 대학에 가고, 좋은 직장을 얻고…… 그뒤에 얼마든지 해도 돼"라고 말할 수도 있다. 하지만 심리학적 현실은 그게 아니다. 이런 심리적 요소들은 절대 뒤로 미룰 수 없다. 아동의 발달은 누구나 예상하는 순서대로 진행되어야 한다. 유치원에서 의자에 앉아 손을 드는 법을 배우지 않으면 청소년기에 필요한 자제력은 발달하지 않는다.

아이가 놀아야 하는 이유는 아주 많다. 아이는 놀면서 창의성, 기지(경우에 따라 재치 있게 대응하는 지혜), 사교 기술을 배운다. 이런 과제를 제대로 수행하지 못하면, 더 나이가 들었을 때 친구들과 놀러간다거나 새로운 일을 시도하는 등 흥미로운 여러 가지 일을 제대로 해내지 못한다. 기지는 아이가 바깥세상으로 나가 자신을 시험해볼 수 있는 용기인 기개를 키운다. 사교 기술과 창의성이 발달한 아이는 새로운 시도를 할 때 만나는 사람들과 잘 지낼 수 있다. 다양한 경험을 하는 동안 아이는 자신에게 가족과 닮은 점도 있고 그렇지 않은 점도 있다는 사실을 깨닫는다. 독립심과 정체성이 형성되면 아이는 자연스럽게 "우리 엄마는 수영을 좋아하고 우리 아빠는 자전거를 좋아하지만, 난 축구가 정말 좋아"라고 말하게 된다. 혼자서 조금씩 해나가는 이런 과정이 없다면 아이는 자신에게 독립할 능력이 없다고 생각하거나, 낫으로 막아야 하는데 호미밖에 들고 있지 않다는 사실을 깨닫고는 공포에 질릴 것이다. 아이들은 특정한 시기에 배워야 할 기술을 그때 반드시 익혀야 한다. 창의성 같은 '소프트 스킬'을 무시하거나, 아이가 세상에 나갔을 때 불이익을 받을 수 있다는 걱정을 너무 많이 하면, 아이들이 심리적으로, 그리고 사회적으로 성장하는 것이 왜 중요한지 잊어버리게 된다. 일부러 잊는 부모는 거의 없겠지만, 부모의 지나친 걱정 때문에 오히려 아이들이 제대로 성장하지 못하는 경우가 많은 것이다.

우리는 다시 제자리로 돌아갈 수 있다. 그러려면 먼저, 현행 제도에 맞서려는 의욕이 들지 않게 하고, 마비에 가까운 무력감까지 조장하는 다양한 힘을 이해해야 한다. 제도가 바뀌면 양육 방식, 교육 방법, 사회정책, 정치가 바뀌는데, 그 과정에서 언제나 승자와 패자가 생긴다. 하지만 어떤 아이도 패자가 되면 안 된다.

미국은 혈통이 아니라 근면이 개인의 운명을 결정하는 '기회의 땅'

이다. 미국은 미국인이 믿고 싶어하는 정도만큼 능력 위주의 사회가 아니지만, 그래도 미국인들은 여전히 계층이나 인종이라는 개념에 엄청난 거부감을 보인다. 오프라 윈프리, 버락 오바마, 래리 엘리슨오라클의 최고 경영자―옮긴이, 샘 월턴월마트 창업자―옮긴이 등으로 대변되는 성공한 미국인들은 엄청난 고난 앞에서도 자신의 책임을 다하고, 근면하고 독립적이며 스스로 고난을 헤쳐나가고 타인에게 자비로우며 자발적으로 모든 일을 한다는 공통된 특징을 가지고 있다.

국가적으로 이런 특별한 이야기는 선하고 고귀하다. 출생이라는 돌발 기회가 아닌 내면의 자질을 갈고 닦으면 기회를 잡고 발전할 수 있다는, 가능성에 관한 이야기이기 때문이다. 이런 이야기는 성공에 관한 현실적 관점이 투영된 것으로, 대다수 미국인이 성공(재산을 축적하는 것이든 그저 좋은 삶을 살았다는 느낌이든 간에)이라고 생각하는 삶의 궤도와 거의 일치한다. '부자는 3대를 못 간다'라는 속담이 인기가 있는 것도 이 때문이다. 성공은 대부분 획득하는 것이지 거저 얻는 것이 아니라고 생각하는 것이다.

그러나 풍요로웠던 1970년대를 지나면서 미국인이 성공을 보는 시각은 180도 바뀌었다. 자존감과 성공의 관계가 터무니없이 왜곡되고 말았다. 아이들은 단 한 명도 패배자가 되지 말아야 한다고 외치면서 운동 시합에 참가한 아이들 모두에게 상을 주고, 외로운 아이는 없어야 한다며 모든 아이를 생일 파티에 초대하고, 참가하는 데 의의를 둔다며 '참가상'을 주고, 조금만 노력해도 엄청난 칭찬을 쏟아부으면서, 아이에게 진짜 자존감이 발달할 기회는 철저하게 빼앗는다. 진짜 자존감은 스스로 성취한 내용을 객관적으로 평가하고 기량을 닦는 과정에서 자연스럽게 생기는 건강한 마음이다. 아이에게 자존감을 심어주기 위해 학교에서는 자존감을 키우는 수업을 하고, 부모는 수많은 책을 읽지만, 어른들이 간과하는 중요한 한 가지가 있다. 우리 어른들은 아이에게 자존감이 아니라 자아도취(나르시시즘)를 부추긴다는 것이다. 아주 유명해서 누구나 잘 안다고 생각하지만 사실은 쉽게 이해할 수 없는 복잡한 심리학적 개념을 마음대로 훼손한 것이라 할 수 있다. 자신이 이룩한 성과를 적절하게 기뻐하는 것은 자존감이다. 그러나 자신은 남들이 못하는 특별한 일을 했다고 생각하고, 다른 사람에게 공감하지 못하면 그것은 자아도취이다.

자아도취와 자기 예찬은 아이의 성공에는—그 성공이 학업과 관련된 것이든 대인 관계에 관한 것이든 간에—크게 상관이 없어 보인다. 사실 진짜 자존감도 성공에 그다지 큰 영향을 미치지 않는다.[7] 그보다는 성공을 해야 자존감이 높아진다. 아이는 무엇을 해야 하고, 그것을 잘 해낼 때 자존감이 높아진다. 아이들이 "이건 공주가 입는 옷이야" "자유세계를 다스릴 미래의 지도자가 입는 옷이야" "우리 엄마, 아빠가 파리에 갔다 왔는데, 고작 이 티셔츠 쪼가리나 사다줬어" 같은 말을 하면서(이것은 결국 아주 이른 나이에 물질주의에 심취하게 된 것이라고 볼 수 있다), 방종과 물질주의에 찬사를 바치는 것에 지나지 않는 옷을 입기 시작하고, 로레알 샴푸(나는 소중하니까)와 까르띠에 반지(이 모든 것이 영원히 나를 위한 것이니까)가 언제나 나에게만 몰두하라고 요구할 때, 능력과 근면과 인내와 협동은 설 자리를 잊는다. 우리는 자신을 사랑하기에도 너무 바빠서, 능력을 개발하고 사랑하는 법을 배우고 다른 사람에게 봉사할 시간이 없다. 그 결과 진짜 자존감이 자랄 기회를 잃게 된다.

현재 아주 많은 부모가 자존감을 제대로 알지 못하는 상태로 아이를 기르기 때문에 여러 가지 끔찍한 일이 벌어지고 있다. 연구 결과에 따르면 자아에 과도하게 초점을 맞추면 자아도취에 빠질 수 있고, 자아도취의 사악한 쌍둥이라고 할 수 있는 특권 의식도 더불어 증가한다. 성적, 학교, 직장 같은 모든 분야에서 '어떻게 경쟁할 것인가'를 강조하면 당연히 그다음에는 '어떻게 1등을 할 것인가'가 중요해진다.

많은 사람들 앞에서 벌떡 일어나 댁의 아이들은 대부분 아주 특별하지는 않다고 말해 보라. 사람들 대부분이 병적인 자아도취에 빠져 있지는 않더라도, 아주 놀랍고도 통계학적으로 전혀 틀린 것이 없는 이런 말을 공개적으로 지지하는 사람은 없을 것이다. 오늘날 부모들은 대부분 특별해져야 한다고 강조하는 문화 속에서 자랐다. 특별해지려면 열심히 노력해야 한다. 아이들을 믿는다고 말하면서 무책임하게 내버려두면 안 된다. 하지만 아이가 진짜 노력을 하는지, 제대로 결과를 내고 있는지를 끊임없이 감시하면, 아이는 오히려 자신감이 떨어지고 능력도 저하된다. 그렇게 되면 부모는 아이를 감시하는 강도를 더욱 높일 수밖에 없다. 끊임없는 악순환이 반복되는 것이다. 자존감은 아이가 실제로 능력을 갖추었을 때 생기기 때문에, 지금처럼 아이가 부모에게 의존할 수밖에 없는 상태로 키우면 자생력이 떨어지고 결국 자존감도 낮아진다. 부모들은 교과목 선생님이나 운동부 선생님과 실랑이를 벌이거나 아이에게 한계를 극복하라고 촉구할 때 아무 근거도 없는 특별함을 들이대곤 하는데, 우리는 이 특별함을 아이의 타고난 특성과 구별할 수 있어야 한다. 아이의 타고난 자질은 아이를 발전하게 하지만, 아무 근거도 없는 특별함은 아이의 성장을 막는다. 우리 아이가 특별했으면 하는 욕망은 부모인 자신이 특별해지고 싶다는 욕망의 결과물이자 부산물일 수 있다. '우리 아이가 우등상을 받았기 때문에 나는 좋은 부모다'라는 생각은 옳지 않다. 부모라면 '우리 아이가 좋은 사람이기 때문에 나는 좋은 부모다'라고 생각해야 한다. 보통 아이에 관한 스티커를 자동차에 붙일 때는 대부분 아이의 성적을 뽐내는 스티커를 붙인다. '우리 아이는 우등생이에요'라거나, 좀더 재치 있게 '우리 아이가 우등생의 엉덩이를 걷어찼어요'와 같은 스티커를 붙이는 것이다. '공격보다 친절을'이라거나 '모르는 사람에게 친절을'과 같이 삶의 가치관을 담은 스티커는 다른 어른에게 건네는 메시지이거나 허공에다 날리는 메시지이다. 나는 아이에게 필요한 덕목을 이야기하는 스티커 가운데 성적이 아닌 다른 내용을 적은 경우를 한 번도 보지 못했다. 부모들은 정말 성적만이 우리 아이에 관해 말하고 싶은(그리고 말할 수 있는) 유일한 덕목이라고 생각하는 것일까?

물론 우리가 성공을 편협하고 근시안적으로 보게 된 것은 자아도취에 빠진 문화에서 비롯한 심리적 문제 때문만은 아니다. 사회가 변했고, 정치와 경제도 우리가 성공을 정의하는 방식을 변화시키는 데 큰 역할을 했다. 지난 50년 동안 우리의 교육제도는 성적도 숙제도 중압감도 없는 학생 중심의 개방적인 서머힐 교육(영국 서픽 주에서

1921년에 서머힐이라는 대안 학교가 개교한 뒤, 1960년대부터 1970년대까지 인기를 끈 창의적이고 자유로운 교육)에서, 성적이 가장 중요하고 많은 숙제와 중압감에 시달려야 하는 시험 중심의 편협한 교육으로 바뀌었다. 서머힐 교육이 현행 교육 방식보다 훨씬 좋다는 뜻은 아니다. 두 교육 방법 모두 좋은 점과 나쁜 점을 고루 갖추고 있다. 중요한 것은 교육을 바라보는 관점이 180도 바뀌는 모습을 내가 직접 목격했다는 것이다. 내가 현행 교육제도를 바꾸어야 한다고 믿는 것은 그 때문이다.

1983년, 미국의 교육 경쟁력이 심각한 위기에 처했다는 믿음이 팽배하자 로널드 레이건 대통령은 최고 전문가 패널을 구성해 초등학교부터 대학교까지, 미국 내 모든 교육기관과 교육제도를 평가하게 했다. 2년 동안 강도 높은 연구를 진행한 최고 전문가 패널은 「위기에 빠진 나라—반드시 개혁해야 하는 교육제도A Nation at Risk: The Imperative for Educational Reform」(이하 「위기에 빠진 나라」)라는 제목으로 보고서를 발표했다. 이 얇은 보고서는 일반적인 미국 정부 보고서에는 거의 등장하지 않는 솔직하고 설득력 있는 언어로, 미국의 교육제도를 개선해야 한다고 주장했다. 보고서의 주요 저자인 제임스 하비James Harvey는 "이런 평범한 교육제도를 비우호적인 외부 세력이 우리나라에 침투해 만들었다면 그것은 명백한 도발 행위이다"라는 유명한 말을 했다.[8] 그 보고서는 '미국은 더는 아이들에게 성공하는 교육을 시키지 않기 때문에 세계를 이끌 수 없다. 따라서 고등학생들은 숙제를 더 많이 해야 하고, 중요한 전환기마다 표준화된 학업 성취도 평가를 받아야 하며, 교사의 월급도 실적에 따라 차등 지급해야 한다'고 권고했다. 어느 정도 오해의 소지가 있음에도 불구하고 첫 번째와 두 번째 권고안은 심각하게 받아들여졌고, 결국 2001년에 조지 W. 부시 대통령이 승인한 아동낙오방지법NCLB의 주요 골자를 이루었다. 세 번째 권고안은 선생님의 실력을 향상하고 교수 방법을 개선할 방안으로서 가장 중요한데 (왜냐하면 선생님의 자질은 학생의 학습 성취도를 예측할 수 있는 중요한 지표이기 때문이다), 이 권고안은 채택되지 않았다.

「위기에 빠진 나라」 작성자들은 숙제를 더 많이 해야 한다고 권고했지만, 그렇다고 해도 현재 많은 고등학생이 매일 그러듯이 3~4시간이나 되는 긴 시간을 숙제에 써야 한다고 생각하지는 않았을 것이다. 미국보다 국제 시험 점수가 높은 여러 국가에서 학교 숙제의 양은 미국보다 적다(그렇다. 절대로 많지 않다). 그리고 아동낙오방지법이 정한 대로 3학년 초에 시험을 보라는 권고는 「위기에 빠진 나라」 어디에도 적혀 있지 않다. 학생들에게 가장 중요한 전환기는 초등학교, 중학교, 고등학교에서 각각 졸업반일 때이다. 「위기에 빠진 나라」는 고등학교를 졸업하는 아이들은 졸업한 뒤에 대학교에 갈 것인지, 취직을 할 것인지를 분명히 알 수 있는 자질을 길러야 한다고 했다. 버락 오바마 대통령이 승인한 '정상을 향한 경주Race to the Top' 프로그램(아동낙오방지법과 상당히 유사하다)은 가장 지원이 필요한 학교에 벌금을 부과하고 있다. 표준화 시험이 아이들의 탁월함을 측정하는 가장 경쟁력 있는 평가 방법이 맞다면, 미국 아이들이 세계 경제 무대에서 가장 경쟁력이 높아야 할 것이다. 하지만 현실은 그렇지 않다. 다른 선진국 아이들과 비교할 때 미국 아이들의 실력은 여전히 정상이 아니라 바닥에 훨씬 가깝다.

지난 40년간 실시한 교육개혁을 훑어보면 지금처럼 압박이 심하고 위태로운 교육제도와, 그런 교육제도와 같이할 수밖에 없는 부모의 양육 방식이 태동한 것은 그보다 오래되었다는 사실을 알 수 있다. 하지만 우리가 실시한 교육개혁에 어떤 장단점이 있는지를 파악하는 문제는 교육 역사가의 몫이라고 생각한다. 나는 다른 내용에 관심이 있다. 더 나은 성과를 내기 위해 우리 아이들에게 스트레스를 주고, 부모를 공포에 몰아넣는 것이 과연 꼭 필요한 일인가? 우리 아이들은 실제로 학업 성취도가 뒤처진다고 믿을 수도 있고, 우리가 가장 잘하는 창조와 혁신은 표준화 시험으로는 측정할 수 없다고 믿을 수도 있지만, 한 가지 변하지 않는 사실이 있다. 아이의 건강한 발달과 학습 의욕 고취를 막고, 실제 세계에서 성공할 수 없게 방해하는 인식의 틀을 우리가 그저 참는 것에 그치지 않고 적극적으로 따르고 있다는 것이다.

우리 아이는 과연 앞으로 잘 살 것인가? 부모들이 아이의 미래를 현재에 걱정하게 된 데는 몇 가지 이유가 있다. 대공황이 끝난 뒤로 지금 가장 높은 실업률을 기록하고 있고, 미국인 대부분은 자산 가치가 폭락하는 것을 경험했다. 소득 불평등은 그 어느 때보다 심하다.[9] 부가 불공평하게 분배되면서 승자가 모든 것을 갖는 경제체제가 탄생했다. 이렇게 불안하고 위험한 시기에는 모두 확실한 무엇을 잡으려고 한다. 확실한 무엇이 하버드 대학에 들어갈 수 있는 성적이라거나 의사가 될 수 있는 자격이라면, 부모는 아이에게 안락한 미래를 만들어준다는 생각에 아이 눈 밑에 생긴 다크서클쯤은 무시해버린다. 그런 생각이 문제이다.

학교나 직업은 어떠한 성공(경제적으로든 다른 방식으로든)도 보장하지 않는다. 어른의 조언을 소중하게 생각하는 아이는 규모가 커서 스승과 제자가 인간적 관계를 맺지 못하는 학교에서는 자신이 성공했다는 확신을 갖지 못한다. 그 학교가 아무리 유명하다고 해도 말이다. 혈관에 음악이 흐르는 학생은 치의학과 프로그램 속에서는 분명히 만족하지 못한다. 우리 몸에 새겨진 부모 마음, 즉 아이를 보호하려는 마음이 '나도 알아. 하지만……'이라는 말을 하더라도(그 목소리는 "나도 알아. 하지만 유명한 대학을 나오면 취직은 어렵지 않아"라든가 "나도 알아, 하지만 치과 의사는 굶을 걱정은 없잖아" 같은 말을 한다), 우리는 항상 우리가 틀리지는 않았는지, 우리가 바라 마지않는 아이의 성공을 정작 막는 것은 우리 자신이 아닌지 고민해야 한다.

탁자 위에 많은 것을 펼칠 필요는 없다. 누구나 자기 아이는 특별하다고 생각하는 게 당연하지만, 모든 아이가 공부에 재능을 타고나지는 않는다. 물론 공부에 엄청난 재능을 타고나는 아이는 분명히 있고, 그런 아이들은 일류 학교에 가서 그 아이에게 맞는 교육을 받아야 한다. 이런 일류 학교에 들어갈 아이는 언제나 차고 넘친다. 내 아이는 반드시 특정 학교에 들어가야 한다고 생각할 이유는 없다. 세상에는 다양한 재능이 있고, 그 재능에 맞는 학교는 아주 많다. 어른이 그래도 되는 것처럼, 아이도 재능이 있는 분야가 있으면 재능이 없는 분야가 있어도 된다.

우리 아이들은 학교 성적이나 대학수학능력시험 점수, 입학하는 대학으로는 규정할 수 없는 아주 복잡하고 흥미롭고 독특한 존재이다. 보건 복지에 관심이 많은 우등생이 있다면, 학교 공부만큼이나 친구들과 함께하는 시간을 중요하게 생각하는 친절한 아이도 있고, 학교 성적은 중간이지만 음악과 소리를 좋아해 자기 방을 녹음실처럼 꾸며놓은 아이도 있게 마련이다. 부모는 대부분 세 아이 중에 골라야 한다면 '우리 아이는 공부를 잘하는 아이였으면 좋겠어'라고 생각할 테지만, 사실 이 아이들 모두 근사한 존재들이다. 세 아이 모두 부모로서 긍지를 느껴도 좋은 멋진 아이들이다. 세 아이 모두 존중받고 격려를 받으면서 자신의 삶을 성공적으로 이끌 재능과 열정을 충분히 갖추고 있다.

성적이나 대학, 혹은 전공 선택이 중요하지 않다는 뜻은 아니다. 당연히 중요하다. 아이들보다는 부모들이 그런 문제를 먼저 걱정하기 시작할 테지만, 결국 그 문제는 아이들에게도 중요해질 것이다. 결국 선택하고 목표를 세우고 성취해야 할 사람은 아이들이다. 부모는 아이들이 다양한 활동을 경험할 수 있도록 격려해주어야 한다. 아이들이 힘들어할 때는 힘을 내고 계속할 수 있도록 이끌어주어야 한다. 어떤 일을 해냈다는 느낌이 드는 것은 그 일을 어느 정도는 잘하게 되었다는 뜻이며, 무엇을 잘한다는 것은 꾸준히 노력했다는 뜻이다. 하지만 부모에 따라 차이가 나게 된다. 숙련된 재능을 익히는 일이 생과 사를 가르는 문제나 되는 듯 부모가 걱정하고, 반드시 익혀야 한다고 재촉해서 재능을 익히는 아이도 있다. 그와 달리, 재능을 익히는 일이 얼마나 어려운지 부모가 잘 알고 있어서 결과에 연연하지 않으면서도, 오랫동안 아이가 노력할 수 있도록 북돋워서 아이가 재능을 익히는 경우도 있다. 자신이 택한 재능과 흥미에 노력을 쏟아붓는 아이가 가장 성공한다. 이것은 성장에 관한 문제이다. 살아가는 동안 해야 할 일(여러 일을 하게 될 수도 있다)을 결정하는 선택의 문제이며, 가지고 있는 자원을 바탕으로 자신이 관심을 갖는 일을 취미로 즐길 것인가 열정을 쏟아붓는 일로 만들 것인가를 이해하는 과정이다. 그 과정에서 아이들은 스스로 하버드 대학에 입학해 의사가 될 것인지, 뱅크 스트리트 사범대학에서 교사자격증을 취득할 것인지, 할리우드에서 영화 산업에 뛰어들 것인지를 결정하게 된다.

부모와 자신의 열망이 완벽하게 일치하는 아이도 있다. 가족 대대로 진학한 대학에 가기를 진심으로 원하는 아이도 있고, 부모님이 살아온 과정을 그대로 밟기를 원해서 엄마처럼 의사가 되고 싶다거나 아빠처럼 작가가 되고 싶다는 꿈을 꾸는 아이도 있다. 아이가 자발적으로 가족의 가치관과 선택을 따를 때 부모는 보통 자신들이 정말 운이 좋다고 생각한다. 여기서 분명히 알아야 할 점은 아이가 부모가 졸업한 학교에 가든 부모처럼 법률가가 되든 간에, 아이의 선택은 미리 예정되어 있는 것이 아니라 자신의 의지로 결정하는 것이라는 사실이다. 따라서 아이가 가족의 전통을 잇는다는 사실에 기뻐하는지, 좋지는 않지만 꼭 지켜야 할 의무라고 여기는지를 살펴보아야 한다. 나는 한 아이는 가족의 가업을 잇고, 다른 아이는 요가 선생님이 된 가정을 안다. 건강한 가족은 아이들이 어떤 선택을 하든지 기뻐한다.

경제적 능력은 분명히 중요하고, 부모는 당연히 아이의 경제적 문제를 걱정할 수밖에 없지만, 지금 우리는 우리를 현혹하는 엉뚱한 곳을 바라보고 있다. 부모가 아이와 좋은 관계를 맺고, 충분히 달성할 수 있는 목표를 세워주고, 아이를 이해하고 인정하고 있다고 느끼게 해주면, 아이는 성적과 학교가 중요하다는 사실을, 그리고 궁극적으로는 직업이 중요하다는 사실을 자연스럽게 깨닫는다. 끊임없이 성적, 학교, 수능 점수를 이야기하면 부모도 아이도 지칠 뿐 아니라 부모와 자녀의 관계도 엉망이 된다. 마을에서 연 사진 전시회에 작품을 내고 자랑스럽게 부모를 초대한 아이에게 "우린 네가 사진에 쏟는 시간을 반만이라도 학교 공부에 쏟았으면 좋겠다"라고 말하는 부모를 본 적이 있다. 자신은 운동을 잘하고 외향적이기 때문에 규모가 큰 대학college에 가서 기량을 펼쳐보고 싶지만, 작은 학부 중심 대학liberal arts school에 가라는 부모 때문에 우울하고 근심 가득한 아이들도 보았다. 아주 심각한 경우에 아이들은 자신이 도저히 실현할 수 없는 기대에 힘들어하기보다 대학 진학을 아예 포기하거나, 자신을 제대로 알아주는 사람이 없다고 절망하거나, 학교와 부모에 대해 엄청난 반감을 갖게 된다. 이런 사실을 충분히 잘 알고 있으면서도 부모는 뒤로 물러나 있으려고 하지 않으며, 자신이 나서야만 아이가, 그리고 아이의 삶이 발전한다고 믿는다. 부모는 자신이 개입하는 이유가 아이를 걱정하기 때문이라고 하지만, 아이는 부모가 자신을 믿지 않기 때문이라고 생각한다.

1980년대 중반의 인구 상황도 현행 교육제도가 제 기능을 못하게 만드는 데 기여했다. 그때는 자녀를 많이 낳지 않았기 때문에 대학에 입학하는 아이가 적을 수밖에 없었다. 그러자 대학들은 자기 대학에 입학하려면 아주 까다로운 조건을 통과해야 하는 것처럼 조작하고, 학생과 부모를 유혹하는 다양한 기술을 개발했다. 『유에스 뉴스 앤드 월드 리포트U. S. News & World Report』는 미국에서 '가장 좋은(누구에게 좋은 지는 모르겠지만)' 대학을 결정할 수 있다는, 어딘지 믿음이 가지 않는 통계적 측정 방법을 날조해 들이대며 학생과 학부모 들의 경쟁을 부추겼다. 태교 음악 음반(아무 이득이 없다), 언어능력 향상 학습 비디오 (절대 향상되지 않는다), 방과 후 특성화 교실(몇 시간 한다고 습득할 수 있는 재능이 아니다) 같은 아동 능력 개발 시장이 크게 성장했고, 자신이 충분히 뒷바라지를 못하고 있을지도 모른다고 염려하는 부모의 공포를 이용하는 시장도 점점 더 힘을 키웠다. 또한 학교가 끝난 뒤에도 아이를 돌봐줄 사람이 필요한 맞벌이 가정이 늘면서 과외 시장도 커졌다. 현재 미국인이 과외 시장에 쏟아붓는 돈은 연간 70억 달러에 달한다. 당연히 걱정스러울 수밖에 없는 현실이다. 자궁에 있는 아이부터 대학에 입학하는 아이까지, 수많은 상품과 서비스가 내 아이를 경쟁력을 갖추고 성공하는 똑똑한 아이로 만들어준다고 유혹한다. 노력하면 영재가 될 수 있다는데, 자기 아이를 그냥 내버려둘 부모가 어디 있겠는가?

내 아이에게 비상한 재능이 생긴다는 것은, 정말 끝내주는 일이다. 당연히 근사할 수밖에 없는 이유가 여럿 있다. 먼저 부모로서 이보다 기쁜 일이 어디 있겠는가? 친구들이 깜짝 놀랄 테고, 사실 부러워할 것이다. 우리 아이의 능력에는 한계가 없다는 것을 보여줄 수 있다. 시장의 논리에 비하면 학계나 과학계에서 발표하는 내용은 너무나 보잘것없고 딱딱해 보인다. 다음은 사교육 시장과 학계에서 각각 발표한 것으로, 내용은 10대 청소년의 수면 시간에 관한 것이다.

맞다. 아이들은 닦달하면 잠이 부족할 수 있다. 그러나 결국 아이가 모든 과목에서 A를 받고 좋은 대학에 들어가면 얼마나 자랑스러울지를 생각해보라.

깨어 있는 동안 진행되는 뇌 가소성 과정 때문에 많은 뇌 회로에서 시냅스 강도가 증가한다. 수면은 시냅스 강도를 최소로 낮추어 에너지를 계속 사용하고, 회백질 공간을 효율적으로 이용하고, 학습과 기억력을 강화한다.[10]

명문 고등학교와 대학교, 과외와 선행 학습을 위한 학원, 교육 자재 제조사 들은 맨해튼의 매디슨 거리에 밀집한 가장 공격적인 마케팅 회사들의 도움을 받아, 감성과 정서에 호소하는 '뜨거운' 인지 언어를 철저하게 익혔다. 그런 회사들은 부모를 설득하는 방법을 잘 안다. '잠이 부족해도' 괜찮다고 말하고, 부모의 본능을 자극하며, 아이에게 대학에 갈 수 있다고 부추기며, '분명히 자랑스러운 결과가 나올 것'이라고 예측하면서 부모의 나르시시즘을 자극한다. 이런 회사들이 부모에게 영향을 미칠 수 있는 이유는 부분적으로는 친밀하고 사적인 문구를 쓰고('이걸 못 본다면 당신은 미친 것이다' 같은 문구들이 그런 예이다), 별생각 없이 쉽게 결정할 수 있게 하기 때문이다. 이런 회사들은 또한 학습 시장에서 제공하는 서비스를 활용하면 아이들의 성적이 크게 향상된다고 암시한다. 부모라면 도저히 쉽게 거부할 수 없는 제안을 하는 것이다.

이제 교육 산업계에서 주장하는 내용을 학계의 논문에 실린 엄연한 사실과 비교해보자. 학부모는 학계에서 발표하는 연구 결과를 읽을 기회가 별로 없을뿐더러, 읽어도 무슨 내용인지 잘 모른다. 부모의 사정이 이렇다면 아이는 말할 필요도 없다. 온통 경고와 거부로 점철된 것 같은 논문보다는 성공을 약속하는(약속까지는 아니더라도 암시하는) 산업계의 주장을 당연히 훨씬 쉽게 이해하고 받아들일 수 있다.

동서고금을 막론하고 부모는 누구나 자기 아이의 미래를 걱정한다. 그러나 나는 부모들이 예전과 달리 지나치게 불안해하는 이유는 부모라면 누구나 하는 평범한 걱정(내 아이가 21세기 세계경제 속에서 성공할 수 없을지도 모른다는 것)을 엄청난 공포로 바꾸는 과도한 마케팅 전략 때문이라고 생각한다. 원래 과외는 아이가 공부를 어려워할 때 잠깐씩 보충수업을 받는 형식으로 진행했지만, 이제는 이미 충분히 잘하는 아이를 단기간에 더 잘하게 만들기 위해 끊임없이 받아야 하는 필수과목이 되었다. 많은 상품을 사들이는 동안 우리의 판단과 상식은 흐려졌다. 하지만 진실은 이렇다. 제대로 관리하고 참견하지 않으면 아이가 성공할 수 없다고 확신하는 부모에게서 지나치게 거센 압력을 받으며 잠도 제대로 자지 못하는 아이는 결국 정서적이고 심리적인 문제뿐 아니라 학습에도 문제가 생긴다.

어째서 우리 부모들은 실제 가치는 보잘것없는데도 과대 선전을 하는 주장에 현혹된 것일까? 물론 과외를 받아야 하는 학생도 있고, 학습 장애를 치료하기 위해 특별 수업을 받아야 하는 학생도 있고, 바쁘게 지내는 것이 좋은 학생도 있고, 경쟁이 심한 학교에 다니는 것이 좋은 학생도 있다. 하지만 이런 특별한 경우에 속하는 아이는 많지 않다. 현재 해당 지역에 사는 학생들 절반에게 학습 장애라는 꼬리표를 단 학군도 있다(그래야 대학수학능력시험을 더 많이 준비할 수 있기 때문이다). 보충수업을 하는 것이 당연한 학교도 있고, 졸업생 대부분이 아이비리그에 입학원서를 내는 학교도 있다. 유치원에 들어가기 위한 선행 학습 프로그램도 있다. 부모들은 좋은 유치원에 들어가는 순간 아이가 일류 대학에 합격하는 것은 떼어놓은 당상이라고 여기는 것이다. 이런 일들은 심리학 박사가 아니더라도 누구나 잘못되었다는 것을 알 수 있다.

지금 내가 무엇을 해야 내 아이가 15년 후에 성공할 것인가를 알 수 있는 방법은 전혀 없다. 부모가 알 수 있는 것은 아이에게 바라는 현재 자신의 기대와 바람뿐이다. 지금 아이를 보면서 꾸는 많은 꿈들은 실현될 수도 있고 실현되지 않을 수도 있다. 부모가 일찍부터 아이의 미래를 결정해버리면, 부모는 아이에게 자신의 흥미와 바람과 계획이 섞인 이야기 외에는 전할 것이 없게 된다. 추론은 조금만 하자. 아이가 독특한 자기를 나타내 보일 때까지 기다려야 한다. 아이의 특성과 가치관에 집중하고 기회를 주자. 제발 아이가 스스로 자랄 때까지 기다려주자.

우리 아이를 뛰어난 인재로 만들 수 있다는 선전에 넘어가는 이유는 어쩌면 부모가 자기 자신을 잃어버렸기 때문인지도 모른다. 기술은 사람들이 교류하는 방식을 크게 바꾸었다. 직접 사람을 만나지 않고 스마트 폰, 태블릿 PC, 인터넷 전화, 페이스북, 인터넷 인맥 사이트로 교류하는 동안 사람들은 오히려 더 고립되었다고 느낀다. 직접보고 만지면서 교감하고 공감하는 시간이 크게 줄어들었기 때문이다. 자주 이사를 다니기 때문에, 예전 같으면 힘든 육아 문제가 생길 때마다 서로 마음을 다독여주고 보듬어주던 안정된 마을 공동체도 형성되지 않는다. 지금 우리는 개별성과 경쟁을 강조하고, 자신이 세상의 중심이라고 주장하는 문화에서 살고 있다. 그런 문화 속에서는 자신의욕구를 제대로 충족할 수 없기 때문에 사람들은 더욱 외로워지고 절망감을 느낀다. 그 때문에 우리는 같은 성인과는 관계를 맺지 않고 자신의 지속적인 발전도 포기한 채 웅크리고 앉아서 아이들의 삶에 간섭하고 있는지도 모른다. 자신의 삶에서 의미를 찾고 성취할 일이 없기 때문에 점점 더 아이들에게 매달리는 것이다.

부모는 결국 아이들을 떠나보내야 한다. 아이들이 부모 곁을 떠나서 새로 들어가는 세상이 최상의 상태라면 더없이 좋겠지만, 현실은부모의 바람과는 전혀 다를 때가 많다. 분명히 우리는 지금 불확실한시대에 살고 있다. 하지만 그렇다고 하더라도 21세기의 실제 삶과, 부모들이 걱정하는 자녀의 삶 사이에는 엄청난 괴리가 있다. 많은 부모가 아이의 삶에 영원히 개입하고 관리하지 않으면 큰일이라도 생길 것처럼 두려워한다. 그런 생각을 하는 이유는 다양하고 복잡하지만, 대부분은 본인이 자각하지 못한다. 의도적으로 자기 아이를 방해하고 약하게 만드는 부모가 있다고 생각해보자. 그런 사람은 누구에게나 비웃음을 살 것이다. 그런데 실제로 많은 부모가 그렇게 하고 있다.

자신도 부모님이 이혼을 했기 때문에, 이혼 가정의 아이들은 아주 외롭고 불안정하다는 사실을 잘 아는 부모가 많다. 그 때문에 과도하게 간섭하는 것과 아이에게 안정을 제공하는 것을 혼동하기도 한다. 그중에는 자신도 이혼한 경우가 많다. 그런 사람들은 아이가 더는 상실을 느끼지 않도록 자기 옆에 단단히 매어둔다. 많은 사람이 좋은 부모가 되겠다며 좋은 직장을 그만두고, 자신이 좋아하는 활동도 더이상 하지 않는다. 그런 사람들은 직장에서 그런 것처럼 자기 가정도 아주 정확하고 꼼꼼하게 성공적으로 운영하기를 바란다. 자신이 하는 희생을 (유치하게도) 보상받기를 바라는 것이다. 많은 사람이 자신의 뿌리에서 멀리 떨어졌다. 그렇기 때문에 예전에는 전체 공동체에서나 제공하던 엄청난 지원을 전적으로 아이에게 쏟아부으며, 달걀을 한 바구니에 모두 담곤 한다. 위를 향해 올라가는 아이도 결국 밑에서 살거나, 지금과는 전혀 다른 반대편 세상에서 살게 될 수도 있다는 사실 역시 많은 사람이 알고 있다. 그럼에도 그들은 대학이 가정의 운명을 결정할 권리가 있다는 듯이 가능한 오랫동안 고집스럽게 버틴다. 과학적이고 객관적인 평가를 중요하게 여기는 문화 속에서 자란 사람들도 부모로서 성공했는지를 측정하는 문제에서는 갈피를 잡지 못할 때가 많다. 아이의 성공이 부모의 자격을 측정하는 분명한 증거라고 믿는 것이다.

부모가 아이에게 매달리는 마지막 이유는 그래야만 변화와 상실이 동반하는 슬픔과 비통함에서 (일시적으로) 벗어날 수 있기 때문이다. 한때 아이와 나눈 엄청난 사랑은 결국 사라져버린다. 나이가 들면 우리는 변한다. 우리 아이들은 나이를 먹으면 한때 우리가 그런 것처럼 젊은이가 된다. 물론 우리는 우리가 항상 아이 곁에 남아서, 아이가 살아가면서 겪을 수밖에 없는 상실과 변화를 다독이고 치유하고, 아이가 무사할 수 있도록 보호해줄 수는 없다는 사실을 안다.

우리 아이가 권리만 내세우는 유약한 어른이 되기를 바라는 사람은 없다. 누구나 아이는 실패를 경험해야 하며, 힘든 일에 도전하고, 자기 마음대로 해보기도 하고, 자기 힘으로 성취한 일에 대단한 자부심도 느껴보아야 한다는 사실을 잘 안다. 두 살인 아이가 "나 혼자 했어"라고 의기양양하게 외치는 소리도, 10대 아이가 "내 인생이야"라고 반항적으로 외치는 소리도 모두 아이의 능력이 발전했다는 축복의 소리이며, 사실은 그 인생이 누구의 인생인지를 분명하게 알려주는 자각의 소리이다. 그때 부모가 할 일은 아이의 감정에 공감해주고, 아이 옆에서 제대로 축하해주는 것이다. 아이의 미래를 걱정하느라 걱정에 잔뜩 싸여 있으면 축하는커녕 아이의 기분을 망쳐버린다. 지나치게 걱정을 하는 부모는 창의성과 유연성을 발휘할 기회를 빼앗긴다. 또한 부모로서 제대로 대처하지 못한다. 심판이 우리 아이에게 부당하게 반칙 판정을 내리면 참지 못하고 고함을 지르는 부모가 되는 것이다. 아이가 입학시험에서 떨어지면 차분하게 받아들이지 못하고

통곡을 하는 부모가 되는 것이다. 자신의 직감을 믿지 못하고, 혹시 하게 될지도 모를, 하지만 하지 않을 수도 있는 실수를 할지도 모른다며 끊임없이 걱정하는 부모가 되는 것이다.

부모가 제공하는 풍성한 경험도, 부모가 고용하는 수많은 과외 선생님도 아이의 미래를 확실하게 보장하지는 않는다. 물론 공원에서 야구를 가르쳐주는 선생님이나, 도움이 필요한 아이가 받는 과외, 관심과 흥미와 재능을 적절하게 일깨워주려는 노력이 모두 쓸모가 없다는 뜻은 아니다. 그러나 적정한 선을 넘기 때문에 아이에게 도움이 되기는커녕 해가 되는 경우가 지나치게 많다. 부모는 문화라는 미명하에 아무렇지도 않게 자행되는 아동 폭력을 방치해서는 안 된다. 수면 박탈, 어린 나이에 과도하게 운동을 하기 때문에 발병하는 반복적인 스트레스성 부상, 지나친 학업 스트레스, 철저한 무시 등은 아이의 성장 발달에 나쁜 영향을 미친다.

우리는 아이가 건강하게 성장하려면 어떤 기본 원칙을 지켜야 하며, 아이가 성장하는 동안 어떤 단계를 거치는지를 다시 배우고 익혀야 한다. 아이의 성장 단계에 맞춰 아이를 정확하고 깊이 이해해야만 부모는 부모 역할을 제대로 할 수 있다. 성장은 엄청난 도전이다. 그런데도 부모는 아이의 성과와 성적(즉 머리)에만 신경을 쓰며 많은 시간을 보내기 때문에 아이의 마음에 충분히 신경쓸 여유가 없다.

아이의 욕구를 충족해주어야 한다는 강박관념을 잠시 내려놓으면, 사실 우리가 우리 아이들이 가장 가졌으면 하는 것(의미 있고 만족하는 삶을 사는 것)을 끊임없이 빼앗고 있다는 사실을 알게 될 것이다. 2부에서는 아이가 각 성장 단계에서 겪을 수 있는 어려움을 알아보고, 다음 단계로 무사히 넘어갈 수 있도록 기회를 최대한 활용하고 문제를 해결하는 방법을 살펴볼 것이다. 우리는 자신의 육아 방식을 되돌아보고, 다른 사람의 장점을 배워야 한다. 아이의 발달을 학습에 국한하지 않아야 부모의 더욱 중요한 역할들이 눈에 들어올 것이다. 부모는 아이들이 스스로 할 수 있는 시간을 주고, 이끌어주고, 생각할 수 있는 여유를 주고, 조건 없이 사랑해주어야 한다. 그래야만 아이들은 진정한 자아를 개발하고, 겉으로 보이는 피상적인 성공이 아니라 깊은 곳까지 진짜인 성공을 할 수 있다.

·2부·

## 학창 시절은 성적만을 위한
## 기간이 아니다

# 3장
# 초등학생 때 할 일

　　중기 아동기가 '잠재기(심리학적으로 말하자면 별다른
일이 일어나지 않는 시기)'라는 이전의 개념은 아주 잘못되었다는 사실
이 드러나고 있다. 초등학교에서 아이들은 자아감을 형성한다. 우정
을 오랫동안 깊이 있고 충실하게 유지할 수 있게 되며, 학교에서 인기
있는 여러 분야에서 잘하고 싶다는 마음도 먹게 된다. 초등학생 시기
는 성장을 멈춘 채 겨울잠을 자는 시기가 절대 아니다. 물론 아이가
너무 어리기 때문에 불침번을 서야 하는 유아기와, 많이 인내하고 마
음을 다스려야 하는 청소년기 사이에서 부모가 꿈같은 휴식을 취할
수 있는 시기이기는 하다. 하지만 그런 식으로만 생각해버리면 왠지
초등학생 시기는 아무 문제 없이 지나가는 휴식 시간이라고 생각하기
쉽지만, 사실은 절대 그렇지 않다. 그저 부모와 아이가 입씨름을 할
일이 조금 줄어들 뿐이다. 하지만 이 시기에도 아이는 많이 성장하기

때문에 부모의 역할도 쉽지 않다.

다섯 살 아이와 열한 살 아이에게 공통점이 많다는 생각을 하기는 쉽지 않다. 다섯 살 아이는 아직 혼자서 운동화 끈을 매지 못하지만, 열한 살 아이는 바보처럼 보인다는 이유로 운동화에서 끈을 모두 빼버린다. 초등학교를 졸업할 무렵이 되면, 다섯 살 아이가 할 법한 고민보다는 10대 아이들이 할 법한 걱정들을 확실히 더 많이 하게 된다. 하지만 오래전부터 다섯 살부터 열한 살까지를 한데 묶어 분류하는 데는 다 그럴 만한 이유가 있다. 초등학생 아이가 풀어야 할 가장 중요한 과제는 가족이 규칙('저녁 먹기 전에 과자는 먹지 마라'거나 '오빠 장난감을 망가뜨렸으면 미안하다고 해야지'라는 말을 듣는 것)으로 정한 통제에서 벗어나 욕구와 감정, 행동과 가족 관계를 스스로 조절하는 능력('저녁 먹은 다음에 디저트를 먹을 거야'라거나 '미안, 장난감이 망가졌어. 실수였다고'라고 말하는 것)을 키우는 것이다.

외부의 통제를 받고 의존하는 아이가 아니라 내면에 자신만의 방향성을 정한 독립적인 아이가 되는 것은 아이가 가진 자원 외에도 부모의 관리와 지도가 필요한 어려운 과제이다. 초등학생은 자신이 경험할 일을 대부분 스스로 결정하고 조절하지만, 제대로 성장하려면 부모가 많이 보살펴주어야 한다. 초등학생 시기는 자아를 다듬고, 사춘기에 형성해야 할 건강한 독립성과 상호성을 기르고, 성인이 되었을 때 타인과 관계를 맺는 방법을 익힐 수 있도록 토대를 쌓는 '공동규제coregulation' 기간이다. 초등학생은 여전히 부모의 손길이 많이 필요하다.

어린아이들은 여러 번 바뀌면서 자신만의 특성을 형성해나간다. 아이들은 느슨하던 유치원 생활을 뒤로 하고 규칙과 규율이 중요한 초등학교에 입학한다. 초등학교에 들어간 아이는 다양할 뿐 아니라 가혹하기까지 한 과제를 수행해야 한다. 사람을 사귀는 법, 옷 입는 법, 운동 능력 등이 부족하면 쉽게 용서받지 못한다. 아이들은 편안한 마음으로 마음껏 누빌 수 있던 동화의 세계에서 끌려나와 조직적이고 사실에 기반을 둔 현실 세계로 들어가야 한다. 아이에게는 여전히 '상상 속 친구'가 있지만, 그 친구는 집에 두고 학교에 가야 한다. 좋은 것과 싫은 것, 옳은 것과 그른 것으로 나누던 단순한 기준은 상대적 가치와 여러 관점이라는 복잡한 기준으로 바뀐다. 하룻밤 자고 일어났는데, 몸이 훌쩍 커질 때도 있다. 동네를 쏘다니고, 자전거를 배우고, 학교 버스를 타고, 스케이트보드를 타면서 아이가 갈 수 있는 세계는 더욱 넓어진다. 넓은 세상이 아이를 손짓해 부른다.

우리 막내아들 제러미는 초등학교 2학년 때 학교에서 도망친 적이 있다. 아이를 데리러 간 외할머니는 손자가 보이지 않자 공포에 질려 나(딸이자 엄마이다)에게 전화를 했다. 나는 그 길로 사무실에서 나와, 몇 블록 떨어진 학교까지 뛰어갔다. 학교 주차장에 서 있는 경찰차를 보는 순간, 나는 숨도 쉬지 못할 정도가 되었다. 유일하게 안심이 되는 사실은 내 아들뿐 아니라 아들의 가장 친한 친구인 맷도 함께 없어졌다는 것이었다. 여기저기 전화를 하고, 상황 설명을 들은 경찰이 동네를 수색해볼 테니 나는 집에 가 있으라고 했다. 경찰차가 우리 집 진입로에 들어서고, 뒷좌석에서 일생일대의 모험을 한 것 같은 표정을 한 채(사실 그 순간에는 정말 그랬다) 앉아 있는 아들을 보는 순간, 나는 안심이 되면서도 화가 났다. 나는 아이를 붙잡고 눈물을 질질 짜고 딸꾹질을 하면서 계속 "대체 어디 갔었어?"라고만 물었다.

제러미가 학교에서 도망친 날에 내 육아 경력은 16년째를 지나고 있었다. 큰아들이 그랬다면 분명히 아이를 방에 가두고 영원히 밖에 나오지 못하게 했을 것이다. 하지만 그때는 이미 육아 경험이 풍부한 베테랑 엄마였다. 나는 숨을 깊이 들이마시고, 경찰에게 잡혔다는 사실보다도 엄마가 화났다는 사실을 걱정하는 게 분명한 제러미에게 집중하려고 애썼다. 제러미는 내성적이고 조용한 아이였기 때문에 아이가 입을 열 때까지 조용히 기다렸다. 제러미는 여섯 살 아이에게는 전혀 문제가 되지 않을 경험담을 이야기해주었다.

학교가 끝나자 제러미와 맷은 학교 버스를 기다리며 운동장에서 농구를 했다. 두 아이는 몇 블록만 가면 고등학교 체육관이 있다는 사실을 문득 깨달았다. 그곳에 가면 훨씬 편하게 농구를 할 수 있다. 제러미는 고등학교 농구 선수인 형을 따라 농구장에 간 적이 많았다. 제러미와 맷이 고등학교 체육관까지 가려면 복잡한 뒷골목을 지나야 했지만, 독립적인 탐험가가 되려면 그 정도 일은 거뜬히 해치울 수 있어야 했다. 다행히 두 초등학생은 무사히 고등학교에 도착했고, 쉽게 철제 담장을 기어올라 넘어갔고, 경찰에게 발견될 때까지 인생을 건 시합을 마음껏 했다. 경찰을 본 두 아이는 겁을 먹기는커녕, 긴박감 넘치던 오후를 완벽하게 마무리하는 근사한 사건이라고 생각했다.

제러미가 무사히 돌아오고 내가 다시 평정심을 되찾은 뒤에야 우리는 제러미의 '모험'(제러미는 지금도 이렇게 부른다)을 이야기할 수 있었다. 아이의 말에 귀 기울일 수 있게 된 뒤에야 비로소 나는 제러미의 장점과 단점, 그 아이가 생각하는 방식, 그 아이의 기질을 상당히 많이 이해할 수 있었다.*

초등학생을 기르는 부모에게 가장 어려운 일은 아이를 얼마나 감독하고, 얼마나 자유롭게 해줄지를 결정하는 일이다. 열한 살 아이는 데이트를 하고 싶어하고, 여섯 살 아이는 건널목을 혼자 건너고 싶어한다. 아이들은 저마다 호기심과 모험심이 다르며, 부모도 참을 수 있는 한계치가 모두 다르다. 그러나 한 가지는 분명하다. 아이들에게 꼭 필요한 내용을 가르쳐주려면 감정에 치우치지 말고 아이의 입장에서 생각하고 조언하고 이끌어주어야 한다는 것이다. 안전에 관한 문제라면 아이에게 어느 정도 책임감이 있는지 정확하게 평가하고, 명확하게 지시를 내려야 한다. 하지만 지시할 때에도 먼저 아이의 의견을 존중하고 아이의 말에 충분히 귀 기울여야 한다. 아이에게 으름장을 놓을 때도 부모와 아이의 관계가 손상되지 않아야만 사춘기가 되었을 때 좀더 수월하게 아이를 이끌 수 있다.

우리 막내아들은 그날 밤 자기 방으로 돌아갔는데, 영원히 못 나오게 하는 벌을 받기 위해서가 아니라 잠을 자기 위해서였다. 하지만 잠들기 전에 나는 아들에게 그날 있었던 일을 이야기하고, 내가 화난 이

---

* 제러미에게 이 일화를 책에 실어도 되는지 허락을 구하면서, 그때 학교에서 왜 도망쳤는지 물었다. 아들은 "엄마는 심리학자잖아. 그런데도 어린아이는 미리 계획하지 않는다는 걸 모른단 말이야?"라고 했다. 명심해야 할 말이다.

유를 설명해주었다. 그리고 앞으로는 학교 운동장을 벗어나면 안 된다는 규칙을 세웠고, 행동하기 전에 '생각'하겠다는 약속을 받았다. 나는 학교를 벗어나는 것은 허락할 수 없으며, 같은 일이 또 생기면 중요한 권리를 빼앗을 거라고 아들에게 분명히 말했다. 잠자리에 들 때쯤에는 우리 둘 다 평정심을 되찾았다(적어도 나는 그랬고, 아마 아들도 그랬을 것이다). 나는 평소처럼 침대 옆에 앉아 아이가 좋아하는 책을 몇 쪽 읽어주고, 아이를 꼭 끌어안으면서 사랑한다고 말했다. 아들역시 나에게 사랑한다고 말했다. 우리 이야기의 결말은 전혀 극적이지 않았다. 부모와 아이가 아무리 힘든 날을 보냈다고 해도 저녁에는 이렇게 끝나야 한다.

어린 시절을 낭만적으로 묘사하기는 쉽다. 근심 없고 단순한 시절이라고 말하는 것도 쉽다. 특히 부모 되기를 인내력 시험장으로 만드는 10대 자녀를 기를 때는 더욱더 그런 생각이 들 것이다. 하지만 어린 시절은 결코 쉽지 않다. 자유로운 탐험가 정신으로 충만한 아이들이 규칙을 지키는 학생으로 탈바꿈해야 하는 시기인 것이다(앞에 나온 이야기를 생각해보자!). 가족이나 친한 친구들과 있을 때 안심이 되는 나이임에도, 매일 밖으로 나가서 낯선 어른이나 아이 들을 만나야 한다. 자신을 관리하고 계획을 세우는 법을 배워야 하고, 얌전히 앉아 있는 법과 적당히 주목받는 법을 배워야 하고, 점점 늘어나는 규칙을 익혀야 한다. 어린아이에게 해내라고 요구하는 과제는 너무 복잡하고 많다. 그중에서도 가장 어려운 것은 무엇일까?

## 친구를 사귀고 스스로 친구가 되는 법 배우기

:

유치원에 다닐 때는 가까운 곳에 살거나 부모끼리 잘 알거나 우연히 만난 아이들이 친구가 된다. 다시 말해서 옆집에 사는 아이거나, 부모 친구의 또래 아이거나, 사촌이거나, 같은 시간에 놀이터에 나온 아이가 친구가 되는 것이다. 친구가 되는 방법도 간단하다. "같이 놀래?" 한마디면 누구나 친구가 된다. 그렇게 생긴 우정은 오래 지속되는 경우도 있지만, 대부분은 순간적이며, 우정을 상실해도 아이들은 그다지 슬퍼하지 않는다. 유아기 때 쌓는 우정은 협동과 동료애를 키우는 훈련장 역할을 한다. 유치원에 다니는 아이들은 모래 위에서 놀다가 같이 놀던 아이의 머리를 플라스틱 양동이로 때리거나, 미끄럼틀에서 밀어내거나, 좋아하는 인형을 빼앗는 경우가 자주 있다. 좀더 시간이 흘러야 흔히 '우정'이라고 부르는 사려 깊고 상호적이고 서로를 지탱해주는 관계를 맺을 수 있다. 유아기 때의 훈련 과정은 아주 중요한 출발점이 된다. 아이가 학교에 들어가면 중기 아동기뿐 아니라 아이의 전체 인생에까지 중요한 영향을 미칠 기술(상호적인 관계를 만들어내고 유지하는 능력)을 익혀야 하기 때문이다.

그보다 조금 더 나이가 많은 아이들은 전체 활동 시간 중에 절반이 조금 안 되는 시간을 학교에서 보낸다. 그리고 남는 시간은 대부분 재미있고 진실하고 충실하고 협동적인 친구가 되기 위해 필요한 개인적 자질과 사회적 자질을 개발하는 데 쓴다. 이 시기의 여자아이들에게 '저 친구가 특별한 이유'를 물으면, 많은 아이들이 '나를 진짜로 이해

하기 때문'이라고 대답한다. 다음 대화를 읽어보자. 열 살 먹은 여자
아이들의 대화 속에는 아주 복잡한 의미가 숨어 있다.


　스텔라: 난 글씨를 못 써서 반 아이들이 놀려.
　엘리나: 그애들이 하는 이야기 들었어. 진짜 못됐더라. 나도 네 기분
　　　　 알아. 우리 엄마, 아빠도 내가 철자를 잘 모르니까 속상해하
　　　　 셔.
　스텔라: 네가 나 좀 도와줘. 아이들이 놀리는 거 진짜 싫어. 넌 글씨
　　　　 잘 쓰잖아.
　엘리나: 알았어. 쉬는 시간에 도와줄게.
　스텔라: 고마워. 진짜 잘됐다. 넌 정말 좋은 친구야.
　엘리나: 영원한 절친?
　스텔라: 그래, 영원한 절친이야!


　지금 스텔라와 엘리나의 정서 지능EQ은 발달하고 있다. 상대방의
감정을 확인하고 이해하고, 감정을 조절하는 법을 배우고 있는 것이
다. 아주 어린 아이들은 그저 감정을 느낄 뿐이다. 그러나 스텔라와
엘리나의 나이가 되면 문제를 해결하고 우정을 쌓는 데 감정을 이용
한다. 스텔라가 자신의 고민을 인식하고 표현하는 방법은 울고 소리
치고 포기하는 더 어린 아이들의 방법과는 하늘과 땅 차이이다. 또한
스텔라는 어떤 친구에게 이야기를 해야 위로를 받을 수 있는지 정확
히 안다. 엘리나가 부모의 마음을 아는 것은 타인의 감정을 의식한다

는 뜻이다. 엘리나는 친구의 감정에 공감할 뿐 아니라 자신의 처지에 비추어 생각할 줄도 안다. 또한 스텔라가 보답할 것을 알기 때문에 기꺼이 시간을 내어 자신의 재능을 나누어줄 마음까지 있다. 스텔라와 엘리나는 끈끈한 우정을 나누는 영원한 절친이다. 두 아이가 깊은 우정을 나누고 있음은 의심할 여지가 없다. 두 아이는 서로를 많이 아끼며, 그 때문에 스텔라의 기분은 한결 좋아졌다.

　여자아이들의 우정을 정서 교류와 공감으로 특징지을 수 있다면 남자아이들의 우정은 신체 접촉으로 특징지을 수 있다. 남자아이들은 끊임없이 난투극을 벌인다. 이 무렵 여자아이와 남자아이는 모두 적(또래 이성 아이들)과 친하게 지내면 안 된다는 엄격한 규칙이 있으며, 실제로 같이 놀지 않는다. 남자아이와 여자아이 중에 어느 쪽이 더 순진한지는 알 수 없지만, 남자아이들은 여자아이들을 이해할 수 없는 위험한 존재로 여기고, 여자아이들 역시 남자아이들을 그렇게 생각한다. 서로 어울리지 않는 이런 유예 기간이 있기 때문에 아이들은 동성인 아이들에게 둘러싸여 혼란을 거의 느끼지 않은 채로 자신의 성 정체성을 확립해나갈 수 있다.

　여자아이와 남자아이가 초등학교 때 친구를 사귀는 방법은 다르지만, 자신을 좋아하는 친구에게 끌린다는 점은 같다. 그 때문에 공부를 좋아하는 아이들, 운동을 좋아하는 아이들, 음악이나 야외 활동, 비디오게임을 좋아하는 아이들처럼 취향이 서로 비슷한 아이들끼리 뭉친다. 이 시기에는 '나를 좋아한다'는 사실이 '나를 좋아하지 않는다'는 사실보다 친구를 선택하는 데에서 훨씬 중요한 이유가 된다. 아직은 성격이 완전히 형성되지 않았다는 사실을 고려하지 않으면 이 시기의 아이들을 제대로 파악할 수 없다. 우리 아이가 다양한 친구를 사귀고 여러 분야에 관심을 갖기를 바랄 테지만, 이때 부모가 할 일은 의견을 제시하는 것이지 강요하는 것이 아니다. 아이들이 시간을 가지고 서서히 자신의 관점을 형성할 수 있도록 도와주자.

### 부모들이 가장 많이 묻는 초등학생의 우정 문제

"열 살인 제 딸은 친구가 한 명밖에 없어요. 그 친구는 아주 사랑스럽지만, 그래도 너무 붙어 있어서 걱정이에요. 시간만 나면 둘이 같이 있고, 주말에는 아예 잠도 같이 자요. 다른 아이들하고 친해질 생각이 전혀 없어서 사교성이 떨어질까봐 걱정이에요. 당연히 걱정해야 할 일 맞죠?"

아니, 걱정할 일이 아니다. 그 나이 때 아이들은 흔히 한 아이하고만 논다. 선천적으로 사교성을 타고난 아이도 있다. 하지만 한두 아이하고만 노는 아이도 있다. 우울증이나 사회 공포증을 걱정해야 하는 증상이 나타나지 않는다면 전혀 걱정할 이유가 없다. 지금 아이는 서로 힘이 되어주고 공감하는 멋진 우정을 나누고 있다. 그런 우정은 평생 동안 지속될 수도 있다.

"아홉 살인 제 아들은 수줍음이 너무 많아요. 친구는 몇 명 있지만, 자기가 먼저 다가가서 친구가 된 경우는 한 번도 없어요. 모두 친구들이 먼저 다가왔어요. 어떻게 해야 아이가 외향적인 성격으로 바뀔 수 있을까요?"

대개 수줍음은 타고난 기질에서 비롯한다. 반응 속도가 아주 느린 아이도 있다. 그런 아이들은 친구가 되기 위해 먼저 다가가는 경우가 거의 없으며, 마음이 편안해질 때까지는 새로운 상황을 받아들이지 않는다. 부모가 사교적이라면 내성적인 아이를 더욱 걱정할 것이다. 그러나 아이의 수줍음에 정말 문제가 있는 것이 아니라면, 아이의 기질에 순응해야 할 사람은 부모일 수도 있다. 아이에게는 친구가 있다. 그러니 걱정할 이유가 없다. 수줍음이 많은 아이는 새로운 환경에 들어갈 수 있도록 부드럽게 이끌어주면 된다. 아이가 새로운 경험을 할 수 있도록 자연스럽게 도와주는 것이다. 예를 들어, 아이가 생일 파티에 참석해야 한다면, 아이가 보고 들을 일들을 파티에 가기 전에 미리 알려주고, 친구들에게 말을 거는 연습을 해보게 하는 것이다.

"여덟 살인 제 딸은 친구가 없어요. 한 명도요. 매일 혼자서 놀고, 자기를 좋아하는 사람이 없어서 슬프대요. 친구들을 집으로 초대했는데, 오려는 아이가 없어요. 간신히 친구를 초대해도 모두 빨리 돌아가 버리고요. 어떻게 해야 할지 모르겠어요."

친구가 한 명도 없다면 정말 걱정해야 한다. 아이의 문제를 제대로 파악하려면 아이가 처한 상황을 충분히 살펴보아야 한다. 아이의 상황을 제대로 파악하려면, 아이가 익숙한 환경에 있을 때 해야 한다. 아이들의 등교 지도를 할 때나 현장학습 때 보호자로 동행하자. 내 아이가 난폭하거나 공격적으로 행동하기 때문에 아이들이 피하는 것은 아닌지, 아이들과 어울리지 못하고 아이들의 관심을 끄는 사교 기술이 없기 때문에 혼자 지내는 것은 아닌지 파악해야 한다. 아이들끼리 지켜야 할 규칙과 관습을 빨리 익히지 못하는 아이도 있다. 그런 아이들은 다른 아이에게 바짝 붙어서 지나치게 큰 소리로 떠들거나, 다른 아이가 이야기할 때 갑자기 끼어들기도 한다. 내 아이가 그런 행동을 한다면 아이를 다룬 경험이 많은 선생님을 만나보는 게 좋다. 운동장에 설치한 감시 카메라를 확인하는 것도 좋은 정보를 얻는 방법이다.

아이가 친구를 사귀지 못하는 이유를 정확하게 파악했다면, 그다음에는 아이와 그 문제를 상의해보자. 이미 아이는 충분히 상처를 받았기 때문에 부모는 온화한 태도로 협조자의 위치에서 대화를 나누어야 한다. 그래도 아이가 "아무도 나를 좋아하지 않아"라고 말하면, 그때는 친구들이 아이를 좋아하게 하려면 어떤 태도를 바꾸어야 할지 말해보라고 하자. 아이가 잘 모르겠다고 대답하면 부모 쪽에서 한두 가지 제안을 해주는 게 좋다.

다른 사람의 마음을 읽는 기술이 부족한 아이에게 도움을 주는 사회단체가 있다. 가까운 곳에 그런 단체가 있으면 찾아가서 도움을 청하자. 아이가 계속 슬퍼하고 외로워하면 소아과 의사와 상담해보고,

필요하다면 치료를 받아야 한다.

"우리 아들은 열한 살인데, 친구가 아주 많아요. 하지만 모두 진짜 엉망이에요. 솔직히 말해서 모두 청소년 범죄자 같아요. 축 늘어진 바지를 입고 머리는 산발을 해가지고는 끊임없이 불평만 늘어놓다가 음란한 말도 해요. 우리 아들은 항상 착한 아이였는데, 왜 갑자기 그런 불량한 애들과 어울리는지 모르겠어요. 이젠 괜찮은 애들이 우리 아들을 멀리할까봐 걱정이에요. 어떻게 해야 그런 애들이 나쁜 친구라는 걸 알려줄 수 있을까요? 그냥 같이 놀지 못하게 하면 될까요?"

남자아이를 친구와 놀지 못하게 하는 것은 맞불을 놓는 것과 같다. 아이는 하루의 대부분을 학교에서 지내기 때문에 친구들과 떼어놓고 싶어도 현실적으로 그럴 수가 없다. 하지만 아들의 친구를 굳이 부모가 좋아할 이유는 없다. 부모인 당신은 특별히 지적할 내용이 있을 때는 그 사실을 분명하게 알려야 한다. "우리 집에서는 욕하면 안 돼. 친구들이 우리 집에 있으려면 그 규칙을 꼭 지켜야 해. 아니면 우리 집에 있을 수 없어." 이런 식으로 분명하게 말해주어야 한다. 그러면 아이들은 적어도 당신 아들 방에 있을 때는 심한 욕설을 하고 싶어도 몇 마디쯤은 꾹 참을 것이다.

하지만 그 아이들은 보이는 것과 달리 엉망이 아닐 수도 있다. 아이들은 이제 곧 사춘기에 접어들 테고, 그 준비를 하고 있다. 다른 사람과 다르게 보이기 위해 당연히 이런저런 시도를 할 것이다. 부모가 비판만 하고 자신을 이해하지 않는다고 생각하면, 아들은 더는 부모와 대화하지 않을 것이다(사실 통설과 달리 열한 살 소년은 수다쟁이다). 축 늘어진 바지와 더부룩한 머리는 잊자. 그런 모습 때문에 아들이 그 친구들을 좋아하는지도 모르니까. 그보다는 어째서 그런 식으로 옷을 입는지 알아보자. 부모는 이상한 머리 스타일, 당혹스러운 옷차림, 거친 행동을 문제라고 생각하지만, 폭이 좁고 쪽 뻗은 길만 걸어온 바른 아이에게는 그런 특성이 아주 매력적으로 느껴질 수 있다. 분명히 그런 모습을 보고 어른으로서 참기는 힘들겠지만, 그보다 중요한 것은 내 아이에게 진짜 위험한 일이 생기고 가족의 가치관을 심각하게 흔드는 일이 발생했을 때 문제를 해결할 수 있는 권위를 갖는 것이다.

긴 머리나 헐렁한 바지보다 더욱 걱정스러운 것은 아들의 친구들이 정말로 문제아일 수도 있다는 것이다. 그 아이들은 학교 성적도 엉망이고 마약을 할지도 모른다. 나쁜 친구를 사귄다는 것은 내 아이도 나쁜 아이가 될 수 있다는 뜻이다. 아들이 정말로 문제가 있는 아이를 사귄다면, 정서 문제가 있어서 그런 친구를 사귀는 것은 아닌지 살펴보아야 한다. 가정의 문제는 아이의 심리 상태에 영향을 미친다. 부모가 이혼 절차를 밟고 있거나 가정이 화목하지 않을 수도 있고, 최근에 동생이 태어났을 수도 있다. 이 시기의 남자아이에게는 말로 모든 것을 해결하려는 엄마보다는 다양한 야외 활동을 함께할 수 있는 아빠가 더 도움이 된다. 선생님, 다른 학생의 부모, 소아과 의사처럼 아이를 잘 아는 사람과 상의하자. 그래도 걱정해야 할 이유가 있다고 생각되면 학교 상담 선생님을 만나보자.

## ◎ 어떻게 도와주어야 할까?

아이가 종일 집에 안 들어오고, 부모보다 친구를 의지하고 편안해 한다며 슬퍼하는 엄마가 있다. 아이는 엄마와 나누던 신뢰와 비밀을 이제 다른 아이들과 나눈다. 초등학생이 성장할수록 부모는 아이의 내면을 들여다볼 기회를 더 많이 잃는다. 하지만 그런 변화를 반기는 엄마도 있다. 다른 자녀를, 자신의 직업을, 배우자를, 무엇보다도 엄마 자신을 돌볼 시간이 더 많아지기 때문이다. 대부분의 엄마들에게는 이 두 마음이 공존한다. 그런데 이 시기에 부모는 아이와 완전히 분리되어야 하는 동시에, 세상을 탐험하고 활발하게 활동하고 싶어하는 아이의 욕구에 적극적으로 관여하기도 해야 한다. 아이는 새로 사귄 친구들과 함께 차를 타고, 함께 새로운 일정을 짜고, 새로운 팀에 들어가 활동하고, 새로운 친구들과 파티를 하고 잠을 잔다. 이제부터는 아이의 삶 중 일부분을 새로운 사람과 새로운 친구들에게 맡겨야 하기 때문에, 부모는 건강하고 만족스러운 우정을 쌓을 수 있는 기술을 아이에게 정확하게 알려주어야 한다.

당신이 어렸을 때 사귄 친구들을 생각해보자. 그때 사귄 친구 중에 지금까지 연락하는 친구가 있는가? 그 친구와 더욱 친해진 계기는 무엇이고, 싸운 적이 있다면 어떤 일로 싸웠는지 기억해보자. 부모의 태도, 부모가 펼쳐 보이는 그림, 부모가 들려주는 이야기는 아이들이 우정이라는 관념을 형성하는 데 영향을 미친다. 아이들에게는 밝은 이야기를 들려주어야 한다. 우정은 서로 협력하는 과정이며, 그 과정에서 때로는 실망할 수도 있다는 사실을 알려주어야 한다. 어렸을 때 부모가 허용한 규칙과 기대와 행동은 아이에게 내면화되어, 자라서 친구를 사귈 때 지켜야 할 원칙을 세우는 데 토대가 된다는 사실을 명심하자. 내 동료의 아홉 살배기 딸은 이렇게 말했다.

""안녕"이라고만 하면 친구는 쉽게 사귈 수 있어요. 친구가 되려면 절대 뒤에서 욕하면 안 돼요. 그건 나쁜 짓이에요. 같이 있지 않은 사람 이야기는 하면 안 돼요. "넌 바보야" 같은 나쁜 말은 절대 하면 안 돼요. 자기소개를 할 때는 꼭 웃어야 해요. 그건 정말 중요해요. 그리고 예의바르게 행동해야 해요. 화가 나도 친구에게 소리치면 안 돼요. 정말 화가 나면 엄마를 데려오면 돼요."

이 아이의 말을 들으면, 누구든 내 동료가 아이에게 그렇게 가르쳤다고 생각할 것이다. 다른 사람에게는 친절해야 하고, 무례한 행동을 하면 안 되고, 정말로 화가 나면 도움을 청해야 한다고 말이다. 아이는 바로 이런 식으로 사회화가 된다. 아이는 늘 열린 마음으로 조언하고 지도하는 부모와 따뜻하게 교감하면서, 부모가 중요하게 생각하는 가치를 자신의 것으로 받아들인다. '친절해야 한다. 인사를 해야 한다. 욕을 하면 안 된다.' 이 세 가지 덕목은 친구를 만들고자 하는 사람이라면 반드시 갖추고 있어야 한다. 하지만 이제 막 사교 기술을 익히는 초등학생은 이 기술을 제대로 구사하지 못한다. 여전히 아이들은 많은 것을 배워야 한다.

다음은 반드시 기억해야 할 몇 가지 내용이다.

• 다른 사람의 마음을 헤아리는 연습을 시키는 부모의 아이는 사회 적응력이 훨씬 뛰어나다는 연구 결과가 있다. 이는 부모가 아이로 하여금 아이의 행동이 아이 자신뿐 아니라 타인에게 미칠 영향까지 생각하게 한다는 뜻이다. 그런 부모는 "할머니께서 선물을 주셨는데 고맙다는 말씀을 안 드리면, 할머니 마음이 어떻겠니?"라고 말한다. 또한 아이를 다독일 때는 아이가 자유롭게 의사를 표현하게 해준다. 이런 환경에서 자란 아이는 친구로 선택될 가능성이 크고, 다른 아이에게 친구가 되어달라고 부탁할 때 거절당할 확률도 낮다.[1]

• 아버지가 육아에 적극적으로 참여하는 가정의 아이는 당연히 공감 능력이 뛰어나다. 적어도 아이가 초등학생이 되면 아버지는 적극적으로 육아에 참여해야 한다. 유치원을 졸업하고 초등학교에 들어가는 것은 아이에게는 정말 엄청난 변화이다. 이때 아버지는 바깥세상이 멋진 곳이라는 사실을 알려주고, 아이가 세상에 나갈 수 있도록 '아이라는 전차 바퀴'에 기름을 칠하는 역할을 해야 한다. 아버지의 역할은 아들과 딸에게 동일하게 영향을 미친다.[2] 변화에 쉽게 적응하는 아이는 친구를 사귀고 공감하는 일에 에너지를 더 많이 쓸 수 있다. 아버지가 이끌어준 아이는 좀더 매력적인 친구가 된다.

• 아이들의 우정이 아주 복잡한 양상을 띠는 것을 간과하면 안 된

다. 어른에게는 그저 공원을 산책하는 정도의 일도 아주 수줍고 자신 감 없는 아이에게는 끔찍하고 두려운 일일 수 있다. 새로운 교실에 들어가는 것은 어디에 앉을지, 어떻게 해야 아이들에게 인정을 받을지, 반에서 가장 힘이 센 아이가 누구인지를 파악해야 하는 어려운 과제이다. "그냥 옆 반에 들어가는 것일 뿐인데, 바보처럼 굴지 마"라는 말로 아이의 고민을 하찮게 여기면 안 된다. 당연히 아이에게는 세상의 반대쪽 끝으로 이동하는 것만큼이나 어려운 일일 수 있다.

• 아이가 다양한 재능을 발견하고 발전시킬 수 있도록 도와야 한다. 아이에게 음악 재능이 있는데, 학교에서 따돌림을 받는다고 느끼면, 방과 후 음악 학교에서 도움을 받을 수 있을 것이다. 그곳에서 아이는 음악을 좋아하는 친구들을 만나고, 노력을 인정받으면서 자신감을 회복할 수 있다.

• 가족의 삶은 반드시 아이가 사람들과 관계를 맺는 방법을 배우는 '숙영지'가 되어야 한다. 따뜻하게 교감하고 격려하는 가정에서 자라는 아이는 따뜻하게 교감하고 격려하는 방법을 배운다. 원칙이 없고 가혹한 가정에서 자라는 아이는 우정을 쌓는 데 필요한 기술과 지식을 익힐 수 없다. 사람들이 대화하는 방법을 관찰하고 집에서 따라 해보자. 도움이 필요하다면 받아야 한다. 특히 우울할 때는 반드시 도움을 받아야 한다. 우울한 엄마는 아이의 삶에 여러모로 나쁜 영향을 미친다. 대인 관계도 그렇다.

## 능숙함과 학습 의욕을 키우는 법
:

우리 막내아들은 다섯 살 때 운동화 끈을 매려고 애를 썼다. 그 모습을 지켜보면서 나는 줄곧 시계를 들여다보았다. 우리 아들은 계속해서 끈의 양쪽을 잡고 이리저리 움직이면서, 거의 활처럼 생긴 고리를 만들어 조심스럽게 매듭을 묶었지만, 끈을 잡아당기는 순간 고리는 어김없이 풀려버렸다. 아들은 수백 번 실패했지만, 조금도 지치지 않았고, 유머 감각도 사라지지 않았다. 우리 막내아들은 자신이 배우는 속도를 형들이 배우는 속도와 비교한 적이 한 번도 없다. 아무리 속도가 느려도 비통해하는 법이 없었다. 우리 막내아들이 딱 한 번 화를 낸 것은 내가 매직테이프가 붙은 신발을 사는 게 좋겠다고 말했을 때뿐이다(그러니까 아들이 배우는 속도가 느리다는 사실을 견디지 못한 것은 바로 나였다). 아들은 그때 나에게 "꼬마들은 참을성을 배워야 해. 그게 중요해"라고 했다. 돌이켜보면 어린 시절이야말로 학습에서 황금기라고 할 수 있다. 무엇이든 자발적으로 호기심을 가지고 유연하게 즐기면서 배울 수 있으니 말이다.

갓난아기들이 몇 년 안에 얼마나 많은 것을 배우는지 생각해보라. 정말 놀라울 정도이다. 기고 서고 걷고 먹고, 대소변을 가리고 뛰고 공을 잡고 그림을 그리고, 줄넘기를 하고 펄쩍펄쩍 뛰고 기어오르고, 옷을 입고 사물을 구별하고 이름을 배운다. 처음 몇 년 동안에 소화하는 학습량은 나머지 인생을 살면서 배우는 것보다 훨씬 많다(당신이 MIT에서 항공학이나 우주비행학으로 박사 학위를 받았다고 해도 그 사실에는 변함이 없다). 아이들은 적극적으로 배운다. 실패할지도 모른다는 두려움이 없고, 다른 사람과 비교하지도 않고, 영리하다거나 영리하지 않다는 개념도 없기 때문에 열정적으로 배우며, 자신은 틀림없이 무엇이든지 해낼 수 있다고 믿는다. 한 가지 일을 터득하면 아이들은 정말 으쓱해하면서 자신이 잘했다고 생각한다. 넥타이는 삐뚤어지고 셔츠는 거꾸로 입어도 말이다. 초등학교에 들어가기 전까지 아이들을 이끄는 동기는 '참 잘했어요'라는 글이 적힌 스티커도 아니고 성적이나 상장도 아니다. 도전은 그 자체로 아이들에게 동기가 된다. '숙달 동기mastery motivation'라고 부르는 이런 동기야말로 자발적으로 참여하고 지속적으로 노력하고 결국에는 습득하게 되는 학습을 가능하게 한다.

그렇다면 유치원을 졸업하고 중학교에 들어가기 전까지 무슨 일이 있기에 열정적인 어린 학습자들은 사라지고 마는 걸까? 무엇보다도 일곱 살 정도 되면 생각하는 방식이 크게 바뀐다. 초등학교에 들어가면 아이들은 전혀 다른 마음을 갖게 된다. 논리적이고 현실적이고 통계적으로 생각하는 능력을 갖게 되는 것이다. 이같은 변화는 '인지 혁명cognitive revolution'이라고 부를 정도로 극적이며, 전 세계 모든 아이에게서 공통적으로 나타난다. 이 시기에는 불과 1~2년 전만 해도 자기들 능력으로는 풀 수 없던 온갖 문제와 씨름할 수 있는 자유를 얻는다. 아이들은 정확하게 분류할 수 있게 된다. 그렇기 때문에 끊임없이 물건을 나누고, 야구 카드를 정리하고, 돌멩이를 분류하고, 바비 인형 장신구를 수집한다. 아이들은 유치원이라는 마법의 세계에서 벗어나, 환상세계가 아닌 뚜렷한 현실 세계에 점점 적응한다. 기호에 담긴 의미를 알게 되기 때문에, 고등 교과목을 학습하기 위한 필수 관문인 수학을 공부하고 책을 읽을 수 있게 된다. 무엇이 중요하고, 무엇에 주의해야 하는지를 분명히 이해할 수 있게 되고, 중요한 정보를 기억하는 전략을 발전시킨다.

이런 능력들이 더해지면 학습 의욕은 더욱 높아질 것이라고 생각하기 쉽다. 그런데 현실은 그렇지 않다. 초등학교 저학년 때는 아이들이 대부분 학습 의욕이 높지만, 고학년이 될수록 학습에 대한 흥미와 의욕은 급격하게 사라진다. 도대체 왜 그런 걸까?

### 더는 공부가 즐겁지 않다

어린아이는 주로 놀면서 배운다. '내 코가 어디 있나?'라든가 '강아지는 어떻게 울지?' 같은 질문을 들으며 학습하는 것이다. 아이들에게 인생은 계속되는 깜짝 시험pop quiz이다. 코를 가리키지 않고 눈을 가리켜도, '멍멍'이라고 하지 않고 '음메'라고 해도 낙제점을 받지 않는다. 답을 말하면 모두 웃어주고, 틀린 답을 말하면 자상하게 고쳐주면서 다시 해보라고 격려해준다. 아이들에게 이 세상은 신기하고 소소한 일로 가득차 있다.

### 다른 아이와 비교하기 시작한다

아이들은 자신이 이룩한 결과에 대단히 만족한다. 배워야 할 것이 많아서 아주 바쁘고, 자신에게 집중하기 때문에, 옆에 있는 아이가 블록을 쌓는 방법에는 전혀 관심이 없다. 이런 태도는 얼핏 보면 불합리해 보이지만, 그렇기 때문에 긍정적인 마음으로 열정을 불태울 수 있다. 여덟 살 정도가 되면 아이는 본격적으로 남과 자신을 비교하기 시작한다. 같은 점과 다른 점을 구분하고 분류하고 나열할 수 있기 때문이다. 아이들은 더이상은 자신이 가장 잘하며 가장 뛰어나다고 생각하지 않는다. 훨씬 현실적인 자아감이 생기면서 더욱 쉽게 상처를 받는다.

### 표준화 시험 결과에 상처를 받는다

학교와 사회에서 잘 지내려면 누구나 교과목을 제대로 익혀야 한다. 그러나 현행 표준화 시험 제도는 고작 몇 가지 기술, 주로 수학과 영어만 중요하게 생각하기 때문에, 수업 시간은 대부분 두 과목에 대한 시험을 준비하는 데 쓴다. 따라서 다른 과목 내용을 충실하게 배울 시간도, 비판적 사고 능력을 기를 시간도 아주 부족하다. 표준화 시험은 기계적인 암기 능력만을 측정할 뿐, 어려운 문제를 해결할 때 필요한 훨씬 중요하고 복잡한 기술은 평가하지 않는다. 학교 예산은 학생들의 성적에 따라 달라지는데, 이는 아이들에게 '너의 적성과 재능과 흥미가 무엇인지는 모르겠지만, 쉽게 측정할 수 없는 것이라면 우린 관심이 없어'라는 부정적인 메시지를 전달한다. 사정이 이렇다보니 학교에서는 체육, 음악, 미술, 연극 같은 다양한 활동을 할 시간이 거의 없다. 무엇보다도 걱정스러운 점은 비판적으로 사고하는 방법을 알려주지 않기 때문에, 아이들이 냉철하게 생각하는 능력을 키우지 못한다는 것이다. 학년이 올라갈수록 학습 흥미도가 급격하게 떨어진다는 연구 결과도 있다(학생들 75퍼센트가 공부에 관심이 없다고 대답했다. 그 말은 열정도 관심도 없이 그저 학교에 다니고 있을 뿐이라는 뜻이다).[3]

## '똑똑하다'는 것은 무슨 뜻인가?

지능을 보는 관점은 둘이다. 캐럴 드웩Carol Dweck(지능을 개념화하는 방법을 연구하는 유명한 미국 학자)은 두 관점을 각각 '고정된' 사고방식 fixed mind-set과 '성장하는' 사고방식growth mind-set이라고 불렀다. 고정된 사고방식을 가진 사람은 지능이 바뀌지 않는다고 가정한다. 당신은 똑똑하게 태어났거나 그러지 않았거나 둘 중 하나라고 생각하는 것이다. 성장하는 사고방식은 당신이 어떤 일을 열심히 하는 경우 거기에 대해서만큼은 똑똑해질 수가 있다고 보는 것이다.[4] 아주 어린 아이가 열정적으로 배우는 이유는 자기중심적이기 때문이다. 하지만 자신을 분류하거나 측정하는 사람이 없고, 모든 배움이 즐겁고 보람이 있는 것도 이유가 된다. 부모는 아기가 익힌 아장아장 걷는 기술에 놀라워한다. 아기 옆에서 "이런 또 넘어졌어? 제대로 하긴 한 거야?"라는 신랄한 말을 퍼부을 부모는 없다. 아기가 첫걸음을 떼고 정해진 위치까지 아장아장 걸어오면 아이를 번쩍 들어올리고는 "우와, 우리 아기 진짜 잘했다. 진짜 멋져!"라고 소리쳐줄 것이다. 어린아이들은 열심히 노력하면 새로운 기술을 익힐 수 있다고 믿는다. 실제로 정말 시간을 들여 열심히 노력하면 엄청나게 많은 기술과 지식을 제대로 익히고, 여러 문제를 해결할 수 있다.

　물론 당연히 모든 일을 잘할 수는 없다. 타고난 재능도 절대 무시할 수 없다. 그러나 사람은 보이는 것보다 훨씬 더 잘할 수 있다. 자신의 장점을 소중하게 생각할 때 특히 그렇다. 물론 무슨 일이든 척척 잘하는 아이도 있다. 악기도 잘 연주하고 야구도 잘하고, 학교 신문에 기사도 쓰고 자전거까지 조립한다. 시험을 치면 늘 1등을 하고, 피아노를 치면서 정말 행복해한다. 그런 아이도 있다. 하지만 다른 아이들도 많다. 정말로 귀중한 재능이지만, 대부분 양으로 가늠할 수 없기 때문에 우리가 쉽게 무시해버리는 재능을 가진 아이들 말이다. 시공간적 학습 능력에는 별다른 흥미도 재능도 없지만, 사람들과 잘 어울리고, 다른 사람을 이해하는 능력이 뛰어난 아이에게 그 소질을 개발하라고 격려해준다고 하자. 그러면 이 아이는 다양한 분야에서 능력을 키울 수 있을 뿐 아니라 아주 잘할 수도 있게 된다. 학교 성적이 좋지 않은 아이가 공학박사는 될 수 없을 것이다. 하지만 사업가가 될 수도 있고, 심리학자나 변호사가 될 수도 있다. 그런 자질을 가진 아이는 분명히 좋은 친구이자 멋진 아빠가 될 것이다. 하지만 "그래, 말은 잘하지. 하지만 넌 대학교엔 못 갈 거야" 같은 말로 아이의 사교성을 인정해주지 않고 무시하면, 풀이 잔뜩 죽은 아이는 자신이 최대로 행복할 수 있는 재능을 발전시킬 생각을 전혀 하지 않게 된다. 아이를 진짜 성공하는 사람으로 키우고 싶다면 아이의 재능을 기쁜 마음으로 빨리 알아보고, 아이에게 그 재능이 얼마나 소중하고 가치 있는지를 알려주어야 한다. 없는 재능을 있는 것처럼 위장할 수는 없다. 부모는 내 아이 가운데 적어도 한 명은 의사가 되기를 바랄 수도 있다. 하지만 아이들은 과학에는 재능도 흥미도 없을 수 있다. 아이가 자신의 재능과 꿈에 맞게 성장할 수 있도록 해주자.

건강한 아이는 무의미한 곳에 관심을 갖지 않는다. 그런 경우를 나는 한 번도 보지 못했다. 우리 동네에는 어렸을 때부터 식물이라면 사족을 못 쓰는 아이가 있었다. 지금 그 아이는 저명한 대학에서 양치류를 전문적으로 연구하는 식물학자가 되었다. 학교를 아주 좋아하지는 않았지만 공상하기를 좋아해서 끊임없이 상상 속 인물들과 대화를 나누던 아이도 있었다. 그 아이는 지금 픽사 애니메이션에 나오는 아주 매력적인 캐릭터들의 목소리를 담당하고 있다. 두 아이는 자기 재능을 뚜렷하게 알고 그 재능을 살린 경우이지만, 그보다 중요한 것은 자신의 흥미(특이한 흥미이든 아니든 간에)를 좇는 아이만이 자기 일을 즐겁게 할 수 있다는 것이다. 안타깝게도 많은 부모가 가치 있는 재능과 흥미는 극히 일부라고 주장하면서 수많은 아이들이 간직한 불꽃과 잠재력을 깨부수고 있다. 하지만 우리는 다음 두 가지를 명심해야 한다.

성과와 숙달은 다르다

성과를 내는 것에만 관심이 있는 아이, 다른 사람에게 훌륭한 평가를 받는 것만 중요한 아이는 목표가 좁을 수밖에 없다. 그런 아이는 학습한 내용이 아니라 성적만 중요하게 여긴다. 실패를 아주 두려워하기 때문에 쉬운 일에만 도전하고, 모험은 하지 않는다. 따라서 성장할 수 있는 기회도 적을 수밖에 없다. 이런 아이들은 우울증의 뚜렷한 전조라고 알려진 완벽주의자가 될 가능성도 크다.

반면에 성과를 내는 것이 아니라 제대로 배우는 것이 중요한 아이
도 있다. 그런 아이들은 내적으로 성공할 수 있다. 도전을 즐기며, 노
력하고 성취해나가는 동안 아주 행복해진다는 사실을 안다. 흥미롭게
도 그다지 어렵지 않은 과목을 공부할 때는 두 부류의 아이가 성적이
크게 다르지 않다. 하지만 아주 어려운 과목을 공부할 때는 사정이 다
르다. 공부를 즐기는 쪽, 즉 숙달에 관심을 갖는 아이들이 확실히 성
적이 훨씬 좋다. 아이들이 도전을 즐기게 하려면 아이가 편안해하는
지점에서 조금 벗어난 곳에서 도전할 수 있게 격려하고, 필요할 때는
도와주고, 부모 자신이 열정적으로 도전에 임하는 사람임을 직접 보
여주어야 한다.

### 지능은 다양한 형태를 띤다

가장 권위 있는 교육 연구가들은 지능은 하나뿐인 고정된 상태가
아니라는 생각에 동의한다. 하워드 가드너Howard Gardner는 다중 지능
이론을 발표하면서 지능은 논리적 지능, 언어적 지능, 대인 관계적 지
능, 운동적 지능, 시각/공간적 지능, 실존적 지능, 자기 이해적 지능,
자연 친화적 지능, 음악적 지능으로 구분할 수 있다고 했다. 로버트
스턴버그Robert Sternberg는 삼각 지능 이론을 발표하면서 지능을 분석적,
창조적, 실용적 지능으로 나누었다. 피터 샐러비Peter Salovey와 존 메이
어John Mayer는 감성 지능을 강조했고, 캐럴 드웩은 고정된 사고방식과
성장하는 사고방식을 말했다. 지능이 높은 사람들의 모임인 멘사는

교수, 의사, 연구원, 기술자, 경찰, 소방관, 요리사, 택시 운전사, 종업원 등 다양한 사람이 회원으로 가입한다. 누가 보아도 영리하지만 맡은 일을 제대로 해내지 못해 당황하는 사람도 있고, 누가 봐도 평범하지만 맡은 일을 다방면으로 잘하는 사람도 있다는 것을 우리는 안다. 실제로 전통적인 지능검사에서 점수가 높게 나온 아이가 학교에서 공부를 잘하고 직장에서 성공할 확률은 10퍼센트 정도이다.[5] 이 10퍼센트의 아이들을 위해 시중에 나와 있는 책과 프로그램은 아주 많다. 하지만 이 책은 나머지 90퍼센트에게 초점을 맞춘다.


## ◎ 어떻게 도와주어야 할까?

아이가 "내 친구는 정말 똑똑해"라고 말하면 부모는 "어떤 점에서?"라고 물어야 한다. 그런 질문을 받으면 아이는 똑똑하다는 것에는 여러 형태가 있을 수 있고, 성공하는 길도, 생산적이고 의미 있는 삶을 살아가는 방식도 여러 가지라는 사실을 깨닫게 된다. 이제부터 아이의 지능을 발전시킬 수 있는 몇 가지 방법을 살펴보자.

### 계속 호기심을 갖게 하자

아이에게 세상은 경이로운 곳이다. 아이와 함께 앉아, 욕조에 부은 투명한 액체가 여러 색깔의 거품이 되는 모습을 지켜봐주자. 아이가 입김을 불어 그 거품들을 터뜨리는 동안 함께 있어주자. 평범한 일상이 놀라운 사건으로 변해가는 모습을 아이의 눈을 통해 보면서, 우리가 예전에 잃어버린 경이감을 다시 찾을 수도 있다. 아이가 세상을 보면서 느끼는 매력을 서둘러 차단하지 말자. 세상의 가치를 부모가 대신 정하면 안 된다. 벌레를 보고 비명을 지르지 말자. 아이는 세상을 똑바로 보면서 관찰하는 법을 배워야 한다. 호기심과 관찰은 학습에 꼭 필요한 요소이다.

질문을 하게 하자

보통 '바르게 대답하는 법'에만 초점을 맞추기 때문에 '바르게 질문하는 법'이 학습에 가장 중요한 요소라는 사실을 쉽게 잊는다. 저명한 여러 교육자와 심리학자는 제대로 질문하는 능력이야말로 지능과 창의성을 측정하는 지표라고 믿는다.[6] 아이들은 질문을 아주 많이 한다. 질문을 많이 해야만 거의 아는 것이 없는 세상을 제대로 헤쳐나갈 수 있고 이해할 수 있다. '해는 밤이 되면 어디로 가?' '왜 밖에서 자면 안 돼?' '신은 어디에서 살아?' '왜 밤에는 아이스크림 먹으면 안 돼?' 같은 질문을 해야 한다. 아이가 자신이 알고 싶은 정보를 최대한 많이 모을 수 있는 방법은 어른에게 묻는 것이다. 자신과 자신을 둘러싼 세상을 관리하는 가장 빠른 방법이기도 하다. 그때 부모는 두 가지 역할을 해야 한다.

• 답을 알려준다.
• 아이가 답을 찾을 수 있도록 돕는다.

살아가는 데 필요한 기본욕구를 충족하기 위해 하루에도 수십 번씩 외부의 도움을 받아야 한다고 생각해보라. "엄마, 여기 식당은 화장실이 어디 있어?" "엄마, 레이철이 자꾸 내 숙제를 베끼는데 어떻게 해?" "엄마, 분수가 뭔지 모르겠어. 좀 도와주면 안 돼?" 같은 이야기를 끊임없이 해야 한다고 말이다.

아이의 이런 질문에 제대로 대답해주어야만 아이는 계속 호기심을 가지고, 비판적으로 사고하는 방법도 알게 된다. 하지만 부모가 항상 아이의 질문에 제대로 대답해줄 수는 없다. 부모에게는 해야 할 일이 너무 많아서 아이가 하는 모든 질문에 적절한 답을 해줄 시간이 거의 없다. 그때 우리가 할 수 있는 가장 좋은 방법은 "엄마는 잘 모르겠다. 나중에 같이 알아보자"라고 말하는 것이다. 가장 나쁜 방법은 당연히 "제발 질문 좀 그만해"라고 말하는 것이다. 하지만 부모라고 해서 언제나 모범적으로 행동할 수는 없다.

친구가 숙제를 베끼는 문제는 어떻게 해결해야 할까? 어떤 방법이 가장 좋을까? 얼핏 보면 딸의 친구가 저지른 부정행위에 관한 문제 같지만, 사실 본질은 훨씬 복잡하다. 지금 아이가 해결해야 할 문제는 최소한 세 가지이다. 사회적 문제, 정직에 관한 문제, 주체성에 관한 문제가 그것이다. 엄마는 그냥 "그런 문제는 네가 해결해야지"라고 말하고 싶을 테지만, 아이는 혼자서 그 문제를 해결할 수 없다. 아이에게는 자신의 문제를 이해하고 도와줄 어른이 필요하다.

그저 "레이철에게 하지 말라고 해"라고 말할 수도 있겠지만, 부모가 진짜로 아이에게 길러주어야 할 능력은 아이가 우정과 신뢰에 관한 문제를 더 넓은 범위로 확장해 적용할 수 있는 기술이다. 앞으로 살아가면서 생기는 다양한 문제(친구가 아이의 시험지를 베끼거나 빌려간 블라우스를 돌려주지 않거나 남자 친구를 가로채는 일 따위)에 아이가 제대로 대처할 수 있도록 도와주어야 한다.

이런 문제를 해결하는 가장 좋은 방법은 아이가 문제를 명확하게 볼 수 있도록 질문을 많이 하는 것이다. 레이철이 부정행위를 할 때가 많은지, 혹시 남의 물건을 자기 집에 가져가지는 않는지, 학교 수업은 제대로 이해하는지 등을 물어야 한다. 이런 질문에 아이가 제대로 대답하고 스스로 해결 방법을 찾을 수 있도록 이끌어주어야 한다. 아이가 아무 의견도 제시하지 못하면 한두 가지 제안('선생님께 말씀드려볼까?'라거나 '레이철이 숙제를 할 수 있도록 도와주는 게 어떻겠니?' 혹은 '레이철과 놀지 않는 게 좋지 않겠니?' 등)을 해주는 게 좋다. 또한 아이가 생각해낸 해결책이 어떤 결과를 가져올 수 있는지도 함께 고민해준다. "레이철이 너랑 같이 더이상 안 놀겠다고 하면 어떤 기분이 들까?"라거나 "선생님한테 말씀드리면 어떻게 될까?" 같은 질문을 하는 것이다.

부모가 이런 식으로 반응하면 아이는 사회적으로 개인적으로 그리고 학문적으로 복잡한 문제가 생길 때 스스로 답을 찾는 기술을 익힐 수 있다. 부모의 반응을 보면서 아이는 자신의 질문이 가치가 있으며, 어떤 행동이든 결과가 따르게 마련이며, 우정에는 한계가 있을 수 있고, 어떤 문제가 되었든 간에 문제를 해결하려면 다른 사람과 협력하는 것이 가장 생산적이라는 사실을 깨닫는 것이다.

위험을 감수하는 공부를 하게 하자

학문적 위험을 기꺼이 감수하는 학생은 시험 결과가 좋고, 학습 의욕이 높고, 점점 어려워지는 학업 내용에 흥미를 더 많이 보인다. 여덟 살밖에 안 된 아이에게 학문적 위험을 감수하게 하라니, 무슨 뜻인지 쉽게 이해가 되지 않을 것이다. 하지만 아이가 일이 진행되는 방식을 제대로 알려면 반드시 학문적 위험을 감수해야 한다. 이 나이의 아이가 위험을 감수한다는 것은 아이의 대답이 아니라 질문에 초점을 맞추어야 한다는 뜻이다. 아이들은 대부분 암기를 잘한다. 아이들이 암기야말로 가장 좋은 학습 방법이라고 생각하게 되면, 평생 학습에 동기를 제공하는 진짜 호기심과 노력하는 자세, 적극적 탐구 자세를 기를 수 없다. 초등학교 3학년은 과학 교과서에 나오는 무생물과 생물을 분류하는 것만으로는 충분하지 않다. 적극적으로 학습하는 학생은 더 많이 질문한다.

학문적 위험을 어느 정도 감수하는 것은 인내와 자생력을 기를 수 있는 중요한 기회가 된다. 자신의 답이 "틀렸다"는 대답을 듣는 아이와 "재미있는 답이네. 어떻게 그런 생각을 한거야?"라는 대답을 듣는 아이는 다른 식으로 반응한다. 시험에 떨어진 아이에게 A를 주라고 주장하는 것은 아니다. 아이들의 학습에서 교과 내용을 익히는 것은 쉬운 부분이다. 초등학생에게 정말로 필요한 것은 계속해서 학습에 흥미를 갖고, 공부한 내용을 다양한 방식으로 생각하는 능력이다. 우리는 아이가 바로 그런 자세를 갖출 수 있도록 도와야 한다. 어려운 문제를 해결하기 위해 창조적이고 열정적으로 끈기를 발휘하는 능력이야말로 가장 재능 있는 학생임을 보여주는 증거이다.

### 아이들을 자연의 품으로

아이들이 가장 좋아하는 교실은 자연일 것이다. 전통적으로 자연은 어린아이를 가장 잘 키워왔고, 가장 유익한 경험들을 선사해왔다. 그런데 위험할 수도 있다는 걱정 때문에 우리는 아이들에게서 자연을 빼앗아버렸다. 아이들은 감각으로 느끼면서 배운다. 아이들은 진흙탕이나 웅덩이를 좋아한다. 엄마에게 진공청소기를 한 번 더 돌릴 기회를 주고 싶어서가 아니라 그것이 가장 쉽게 열정적으로 정보를 얻을 수 있는 방법이기 때문이다.

아이들은 자연에 대한 친화력을 가지고 태어난다. 심리검사를 할 때 일곱 살 미만인 아동에게 그림을 그리라고 하면 사람보다는 동물을 훨씬 많이 그린다. 날개를 다친 새를 집으로 가져와 돌봐주는 아이는 정말 사랑스럽다. 아이에게 관찰하는 힘을 길러주고 다른 존재에게 연민을 품게 하고 자존감을 높이며 독립심을 길러주는 데 있어 자연처럼 멋진 기회를 제공하는 곳은 없다. 당신도 어렸을 때 슬프면 찾아가던 비밀의 장소가 있었는지 모르겠다. 나는 슬플 때마다 떡갈나무를 찾아갔다. 우리 큰아들과 둘째 아들은 우리 집 뒤에 있는 검은딸기나무 숲으로 갔고, 막내아들은 우리 동네에 있는 작은 시냇가로 갔다. 자연은 아이들의 마음과 영혼을 살찌우고, 아이들이 편안하게 쉴 수 있도록 아주 느긋한 속도로 움직인다. 물가에서 노는 아이들을 몇 시간 관찰해보자. 아이들은 물을 가만히 쳐다보다가 깡충거리면서 바위를 건너고, 지나가는 기러기떼를 올려다본다. 아이들을 컴퓨터 앞에만 앉아 있게 하거나, 칼 같은 시간표에 맞춰 생활하게 하면 안 된다. 어린 시절은 소중하다. 고등학교를, 대학교를, 직장을 준비하는 시기가 아니다. 어린아이라면 누구나 누릴 권리가 있는, 무엇과도 바꿀 수 없는 짧고도 귀한 시간이다.


## 자아감 길러주기: 나는 누구인가?
:

아이는 누구나 자기에 관해 생각한다. 그런데 자기에 대한 생각은 성장하면서 크게 바뀐다.

다섯 살: "나는 최고 가수야."

아홉 살: "난 노래를 잘해. 하지만 내 친구 에이미만큼은 아니야. 에이미는 진짜 노래를 잘해."

열다섯 살: "난 노래를 할 수 있어. 하지만 절대 카네기 홀에서 노래할 순 없을 거야. 뭐, 그래도 상관없어. 노래도 재밌지만 진짜 재미있는 건 수학이랑 과학이니까."

어린아이들은 생동감이 넘치고 긍정적이다. 현실을 고민하지 않으며, 자기에게 집중하기 때문에 다른 사람과 비교하지 않는다. 그러나 중기 아동기가 되면 논리적으로 현실을 이해하기 때문에, 자신의 능력을 좀더 냉정하게 생각한다. 그리고 한 번에 한 가지씩 자신의 능력과 다른 아이의 능력을 비교해본다. 사춘기가 되면 어른과 거의 비슷할 정도로 복잡하고 구체적으로 생각할 수 있다. 이제 막 초등학교에 입학한 아이가 현실적이고 다면적이고 탄탄한 자아감을 완성하려면 아주 오랜 시간이 필요하다. 하지만 그때가 되면 적어도 자아감을 향한 여행을 시작했다고 볼 수 있다.

초등학교를 졸업할 무렵이 되면 아이들은 대부분 분명한 자아감과 자부심을 형성한다. '학교도 좋지만 친구들이랑 돌아다니는 게 더 좋아. 중학교에 가면 어떻게 될지 조금 걱정은 되지만, 열심히 해야 할 때는 늘 열심히 했으니까 괜찮을 거야. 어려운 일이 생겨도 잘해나갈 수 있어. 대체로 나는 좋은 친구이고 좋은 사람이라고 생각해.' 이 열살 먹은 소녀는 자신이 좋은 사람이라는 자아감이 잘 발달했다. 자신을 정의하는 분명한 관점이 있고, 자신의 장점과 약점을 잘 알며, 자존감이 적절하고 높게 잘 형성되어 있다. 대처 기술이 발달하면 자부심, 현실적인 자존감, 근면성, 자신감 같은 여러 요소도 함께 성장할 것이다.

부모가 내 아이는 특출한 아이로 만들어야 한다는 강박관념에 사로잡혀 있으면 또다른 나쁜 결과가 나올 수 있다. 내 아이는 모든 분야에서 특출해야 한다고 기대하면, 아이는 바람직한 자아감을 형성하지 못할 수도 있다. 다음은 아홉 살인 두 소녀의 독백이다. 두 아이의 태도가 얼마나 다른지 살펴보자.

테일러: 이런, 수학이 C잖아. 엄마, 아빠가 뭐라고 하겠다. 하지만 난 최선을 다했는걸. 수학은 진짜 어렵단 말이야. 난 반에서 잘하는 게 많아. 영어랑 역사는 정말 잘하는걸. 수학을 못했지만, 나쁘진 않아. 어쨌거나 난 영리하니까. 그래도 수학은 좀더 공부해야겠다. 하지만 난 기자가 될 거지 컴퓨터 프로그래머가 될 건 아니니까, 크게 걱정할 건 없어.

그레이스: 어떻게 해. 수학이 C야. 어제 밤늦게까지 공부했단 말이야. 우리 아빠가 수학과 과학이 제일 중요하다고 했는데. 알아. 난 국어를 잘해. 하지만 아빠가 국어는 대학에 갈 때 별로 중요하지 않다고 했어. 난 바보인가봐. 수학은 포기해야 하나봐.

테일러는 자신의 장점과 단점을 분명히 안다. 자기 자신을 상반되는 관점으로 볼 수 있어야만 강인하면서도 편안한 자아감이 형성된다. 어린아이는 자기 자신을 전적으로 착하거나 전적으로 나쁜 존재라고 생각한다. 하지만 나이를 먹으면 사람은 자신이 대단히 복잡한 존재임을 이해하고, 자기 자신을 여러 관점으로 볼 수 있는 공간을 내면에 형성하게 된다. 테일러와 그레이스는 둘 다 자기 자신을 정확하게 파악하고 있다. 하지만 테일러는 자신에게 수학은 별로 중요하지 않다는 사실도 잘 안다. 그렇기 때문에 테일러의 단점은 테일러의 자존감을 해치지 않는다. 반면에 그레이스는 자신에게 중요한 것과 타인에게 중요한 것이 다르다는 사실을 알지 못한다. 그 때문에 다른 사람의 의견에 크게 휘둘리고, 결국 자존감과 자아감이 크게 손상되었다. 부모를 언급하는 부분은 두 아이가 타인의 시선에 어떻게 반응하는지 알려준다. 테일러와 그레이스는 수학 점수를 좀더 올릴 필요가 있다. 하지만 실제로 수학 점수를 높이려면 자신을 패배자라고 생각하지 않아야 한다.

초등학생 시절에 형성되는 자아는 아이의 기질, 성장하는 인지력, 정서 발달, 우정, 여러 분야에서 쌓는 재능, 든든한 가족이라는 여러 요소가 한데 섞여 만들어진다. 부모는 이제 막 형성되기 시작한 아이의 자아감이 미묘하고 연약하다는 사실을 잘 알아야 한다. 성장하고 발전할 수 있는 기회는 퇴화하고 실망할 수 있는 순간이기도 하다는 사실을 기억해야 한다. 초등학생의 성장은 균일하게 일어나지 않기 때문에, 한 분야를 잘하더라도 다른 분야를 못할 수 있다. 당연한 일이다.

부모는 우리 아이가 활력이 넘쳤으면 하고, 현실에 기반을 둔 풍요로운 자아감을 형성하기를 바란다. 부모는 적절한 기대를 하고 적당한 한계를 정해주며, 아이가 조금 더 노력할 수 있도록 격려해주고, 아이가 부모의 지도를 바랄 때 그 어려움을 그대로 받아들일 뿐 비난하지 않는다는 믿음을 주고, 조건 없이 사랑해주어야 한다. 그래야만 아이는 적절하게 자아를 발전시킬 수 있다.

## ◎ 어떻게 도와주어야 할까?

초등학생은 인지력이 아직 발달하지 않았기 때문에 자아를 생각하는 능력에 한계가 있다. 초등학교 저학년 때는 아직 자기를 성찰하는 능력도, 자신을 투영하는 능력도 없다. 여섯 살 아이에게 어째서 학교 바자회에 가져갈 쿠키를 모두 먹었냐고 물으면 "조리대 위에 있었단 말이야" 같은 대답을 듣기 십상이다. 아이들은 분명히 호기심이 많다. 그런데 아이들의 호기심은 주로 바깥세상을 향해 있다. 아이들은 과학자처럼 바깥세상을 세밀하게 관찰한다. 내부 세계에는 거의 관심이 없다. 그러니까 부모가 내부 세계에 훨씬 흥미가 있다는 사실을 아이가 깨닫기 전까지는 그렇다는 것이다. 부모가 내면에 관심이 있다는 사실을 깨닫는 순간 아이의 내면에는 자아가 구축되기 시작한다. 부모가 감정과 생각에, 의무를 지키는 것과 규칙을 위반하는 일에 신경쓴다는 사실을 알면 아이도 그런 일에 신경을 쓴다. 아이의 다양한 충동과, 그 충동에 대한 부모의 반응이나 평가가 상호작용하면서 아이의 자아는 성장한다.

허용할 수 있는 행동의 범위를 명확하게 구분짓는 능력이 부모에게 있으면 아이는 가족의 가치관에 맞는 자아를 형성할 수 있다. 부모는 결과를 생각하면서 행동하는 법을 어린아이에게 가르쳐줄 수 있다. 그리고 가치관을 직접 심어줄 수는 없지만, 제대로 생각하고, 원칙을 정해주고, 정당한 지시를 내리는 등의 모범을 보일 수는 있다. 행동 방식을 놓고 아이와 끝없이 논쟁하는 것은 대부분 시간 낭비이다. 어린아이가 너무 먹고 싶어서 길모퉁이 가게에서 사탕을 하나 훔쳤다고 생각해보자. 부모가 할 일은 그런 행동은 하면 안 된다는 사실을 분명히 알려주고, 아이가 직접 가게로 되돌아가서 훔친 사탕을 돌려주든지 사탕 값을 지불하게 하는 것이다. 당연히 부모는 아이에게 도둑질이 잘못인 이유를 말해줄 것이다. 그런데 실제로 아이들이 더 민감하게 반응하는 감정은 자신의 죄책감이 아니라 부모의 고통이다. 아이들은 대부분 더는 부모를 슬프게 하고 싶지 않다는 이유로 부모의 규칙을 내면화하고, 결국 부모의 규칙을 자신의 규칙으로 삼는다.

부모가 자신에게 중요한 일들에 대해 확고한 기준을 세우면, 아이들이 자신의 이야기를 만들어가는 데 도움이 된다. 아이가 친절하게 행동할 때 부모가 그 사실을 분명하게 인지하고 칭찬하며, 교활하거나 비열하게 굴 때 정확하게 벌을 주면, 아이는 부모의 가치관을 분명하게 깨닫는다. 부모는 자신이 아이를 얼마나 소중하게 생각하는지 말해주고, 어떤 자질과 행동을 가장 중요하게 생각하는지 알려줌으로써 아이의 자아가 발전하도록 도울 수 있다. 집안 곳곳에 가족사진을 걸고, 휴가 때면 비디오를 촬영하고, 가족들의 특별한 의식을 만드는 것도 도움이 된다. "태어나고 열한 달밖에 지나지 않았는데, 네가 걷는 것 좀 봐. 넌 어렸을 때부터 박력이 있었어"라거나 "우리가 여행 갔을 때 생각나니? 네 동생이 물에 들어가면 무섭다고 하니까 네가 도와줬잖아. 정말 멋진 오빠였어" 같은 말을 해주자. 아이들의 장점을 부각하고 가족의 가치관에 맞는 행동을 하도록 격려하면 아이들은 올바른 자아를 형성할 수 있다.

## 타인의 감정에 공감하는 아이로 기르기

:

당신은 당신의 자녀가 좋은 사람이 되기를 바라는가, 똑똑한 사람이 되기를 바라는가?

예리한 내 동료 데니즈 포프Denise Pope는 부모 모임에서 이 질문을 종종 한다. 이 질문을 처음 들었을 때 나는 '이런, 세상에. 도대체 얼마나 똑똑하고 얼마나 착하다는 거야?'라고 생각했다. 나에게는 이런 질문에 대답하면 안 되는 온갖 이유가 떠올랐다. 이 질문은 전혀 구체적이지 않은 것 같았다. 너무 바보 같았고 너무 가설적이라고 느껴졌다. 이런 식이라면 나도 이 세상에서 가장 황당한 수수께끼를 낼 수 있을 것 같았다. 바로 '내 아이가 이 세상 모든 굶주림을 없앨 수 있을 만큼 똑똑한데, 연쇄살인범이면 어떻게 하나?' 같은 질문 말이다. 포프의 질문은 포프가 알리려고 하는 핵심 내용을 제대로 전달할 수 없을 것 같았다. 실제로 포프가 묻고 싶은 것은 부모가 가장 중요하게 생각하는 가치는 무엇인가였기 때문이다.

그런데 정말 완벽하게 평범한 어느 날이었다. 갑자기 막내아들의 미적분 선생님이 전화를 하셨다. 선생님은 "어머님께서도 이미 잘 알고 계시겠지만, 꼭 말씀드리고 싶었어요. 제러미는 정말 좋은 아이예요. 비열한 구석이 전혀 없답니다. 제러미는 모든 사람에게 친절해요"라고 했다. 미적분 선생님이라니. 우리 막내아들은 미적분을 간신히 통과했다. 그런데도 선생님은 아이의 성격에 대해서만 말할 뿐 성적 이야기는 한마디도 하지 않았다. 이 전화는 28년 동안 세 아들을 키우면서 내가 받은 가장 친절한 전화였다. 선생님의 전화는 내가 가장 중요한 일을 해냈다는 사실을 입증해주는 증거였다. 그 전화를 받은 뒤에야 나는 데니즈 포프의 질문에 분명하게 대답할 수 있었다. 당연히 나는 내 아이가 똑똑하기를 바란다. 하지만 그보다는 좋은 사람이 되는 것이 훨씬 중요하다. 좋은 아이들은 비열하지 않다. 좋은 아이들은 친절하다.

자기 아이를 '똑똑한 사람'으로 만드는 데 들이는 노력과, '좋은 사람'으로 만드는 데 들이는 노력은 실제로 크게 차이가 난다. 부모들 대부분이 그렇다. 부모는 아이들의 성적 변화를 매섭게 관찰하고, 표준화 시험에서 아이가 상위 몇 퍼센트에 속하는지 점검하고, 선생님을 만나 상의하고, 학습 강화 프로그램에 등록하고, 필요한 경우 과외를 시킨다. 그러나 아이가 얼마나 좋은 사람인지는 평가하지 않는다. 내 아이를 '좋은 사람'으로 만들기 위해 특별 프로그램에 등록하는 부모는 없다. 대학 입학원서에 쓰기 위해 내 아이를 정수 처리장 시설을 건설하라며 몇 년 동안 개발도상국으로 보내는 부모도 없다. 아이의 인격을 기르기 위해 과외를 한다는 이야기도 나는 들어본 적이 없다.

하지만 부모는 누구나 내 아이가 좋은 사람이기를 바란다. 친절하고 배려심 많은 아이였으면 하고, 다른 사람과 고민을 나눌 수 있고, 정직과 진실의 가치를 알았으면 한다. 불의를 참지 말고, 사회봉사 단체에 가입하고, 부당한 대우에 맞서고, 내 이익뿐 아니라 다른 사람의 이익도 함께 생각하고 행동하기를 바란다. 친절과 공감 능력은 내 아이가 우정을 쌓고, 친밀한 인간관계를 맺고 결국 직장에서 잘 지내는

데 크게 도움이 된다. 친절, 연민, 공감 능력이 아이의 자아에 형성되려면, 부모가 많이 노력해야 한다. 학습이나 운동 재능을 길러주기 위해 아이들에게 모범이 되고 아이들의 재능을 강화하기 위해 노력하는 것만큼이나 많이, 아니 사실은 그보다 더 많이 노력해야 한다. 친구와 과자를 나누어 먹거나 동생이 수학 문제를 풀 때 도와주는 등 아이가 일상에서 조그만 친절을 베풀 때 부모는 그 사실을 부각하고 격려해 주어야 한다. 좋은 행동을 할 수 있을 거라는 기대를 하고 조그만 보상을 주면 아이는 점점 더 좋은 사람이 될 수 있다.

아이가 학업에 능숙하게 하기는 쉽다. 아이의 흥미와 재능을 파악하고, 노력하고 조금씩 향상되는 것이 왜 중요한지 알려주고, 피상적으로 공부하지 않고 깊이 공부했을 때 칭찬해주면 된다. 하지만 우리 아이의 공감 능력이 어느 정도인지를 알 수 있는 방법은 무엇이며, 공감 능력을 키우려면 어떻게 도와주어야 할까? 현재 초등학교에서 가혹 행위는 폭발적으로 늘어나고 있다. 전체 초등학생의 75퍼센트가 학교 폭력 문제에 시달리며, 전체 학생의 25퍼센트가 희생자이다. 안타깝게도 이 사실은 아이들의 학습 능력을 길러주는 교육과 달리 아이들에게 인격을 길러주는 교육은 실패했다는 뜻이다.[7] 공감 능력이 높은 아이는 친구를 잘 사귀고, 인기가 많고, 호감을 얻고, 무엇보다도 선생님에게 인정을 받는다.[8] 아동 발달 전문가는 다섯 살부터 열한 살까지를 '학령기school years'라고 부르지만, 이 시기는 또한 성격의 토대가 만들어지는 시기이기도 하다. 이 토대는 학교 안과 밖 모두에서 형성되며, 어린 시절은 물론이고 궁극적으로 어떤 어른이 될 것인

지에도 크게 영향을 미친다. 지금부터는 아이에게 공감 능력을 키워
줄 수 있는 방법을 살펴보자.


◎ **어떻게 도와주어야 할까?**


　학교에서 친구들이 어떤 욕을 하는지 물어보기 위해 친구 아들에
게 전화했다. 아이는 엄마가 운전하는 차를 타고 있었다. 우리 아들은
모두 이미 다 컸고, 내가 선명하게 기억하는 욕들은 이제는 아무렇지
도 않게 하는 말이 되어버렸다. 한 가지 예를 들자면, '샌님geek'은 우
리 아들들이 어렸을 때는 아주 심한 욕이었지만 이제는 유명한 텔레
비전 쇼에 등장하는 말이 되었고, 『타임Time』이 올해의 인물을 묘사할
때 쓰기도 한다. 단어에 내포된 가혹한 의미가 사라진 것이다. 우리
집에서 길을 하나 건너면 중학교가 있고, 몇 블록만 더 가면 초등학교
가 있다. 학생들은 여전히 친구를 놀리는 나쁜 말을 많이 한다. 하지
만 내 친구 아들은 나쁜 말을 한마디도 알려주지 않았다. 엄마하고 차
를 타고 있기 때문이 아니었다. 아들 친구가 다니는 학교에서는 욕을
한마디도 하지 않기 때문이었다. 계속 말해보라고 재촉하자 그 아이
는 간신히 '얼간이idiot'라는 말을 했다. 친구 아들은 자기 학교에는 '모
욕 금지'라는 규칙이 있고, 규칙을 어기는 학생은 무조건 교장실로 불
려간다고 했다.
　친구 아들은 유명한 유대인 통학 학교에 다닌다. 아이들이 친구들

에게 무례하게 굴지 않도록 적극적으로 통제하며, 학업만큼 인성을 중요하게 생각하는 학교이다(많은 유대인 교구 학교가 그렇다). 분명히 이 학교 학부모들은 '똑똑한 아이'로 키울 것인가 '좋은 아이'로 키울 것인가 하는 문제를 놓고 나처럼 고민하지는 않을 것이다. 다양한 사회 활동에 적극적으로 참여하고, 신앙심이 강하고, 가정에서 부모가 하는 행동이 아이에게 내면화된다고 굳게 믿는 사람들이니까. 그 부모들은 수학이나 과학처럼 성격도 가르칠 수 있다고 굳게 믿는다. 유대 학교 부모들은 생일 파티에 초대할 아이를 정할 때도, 역사 숙제에 어느 정도 노력을 해야 할지를 결정할 때도 똑같이 높은 기준을 적용한다.

아이의 성격은 유전자와 기질, 기회와 부모의 양육 방식이 한데 어우러져 형성된다. 그중에 어떤 요소가 가장 중요한지는 결정할 수 없다. 그러나 우리가 바꿀 수 있는 것은 있다. 바로 부모의 양육 방식이다. 지금부터는 다양한 연구를 통해 밝혀진, 아이의 공감 능력을 길러주는 방법을 알아보자.

### 자신의 행동이 다른 사람에게 미치는 결과를 알려주어야 한다

당신이 아이의 학교 운동장에서 여덟 살 아이를 기다리다가 우리 아이가 가장 친한 친구를 놀리는 모습을 보았다고 생각해보자. 우리 아이는 가장 친한 친구에게 "네가 항상 제일 마지막에 뽑히는 게 당연해. 넌 진짜 바보잖아. 나도 너랑 같은 팀은 되기 싫어"라고 했다. 그 말을 듣고 몹시 당황한 당신은 아이를 차 안으로 밀어 넣으면서 화를 냈다. "넌 대체 어떻게 된 아이니? 제임스가 너랑 제일 친한 친구 아니야?" 하지만 그런 말을 들어도 아이는 무슨 뜻인지 모르겠다는 표정으로 엄마를 쳐다보기만 할 것이다.

우리 아이가 무례하게 구는 모습을 보고 싶은 부모는 없을 것이다. 하지만 아이가 그렇게 하는 데는 다 이유가 있고, 부모는 아이를 제대로 가르칠 수 있는 상황에 놓인 것이다. 아이들은 원래 자기중심적이다. 친구가 야구를 하다가 공을 놓치면, 아무리 친한 친구라고 해도 창피를 주는 것이 당연히 해야 할 일이다. 왜냐고? 아이들은 다른 사람의 입장에서 생각하는 법을 모르기 때문이다. 아이는 항상 자기 입장에서 생각한다. 아이의 입장에서는 친구가 공을 놓쳤기 때문에 시합에서 졌다는 생각밖에 할 수 없다. 아이들이 공감 능력을 배울 수 있는 이유는 부모가 다른 사람의 감정을 이해하는 법을 가르쳐주기 때문이다. 부모는 아이에게 늘 "만약에 너라면 어떤 기분이 들겠니?"라고 물어야 한다. 공감하는 능력도 다른 능력과 마찬가지로 일종의 기술이다. 아이들이 공감 능력을 충분히 연습할 수 있도록 기회를 많이 주어야 하며, 아이들이 공감 능력을 키울 수 있도록 도와주어야 한다. 부모가 자신을 자랑스럽게 생각하기를 바라기 때문에 이 나이 때 아이들은 좋은 사람이 되어야겠다는 마음을 먹게 된다.

### 윤리 문제 이야기하기

가족이 함께 모여 저녁을 먹어야 하는 이유는 여러 가지이다. 그중에서도 아이들과 많은 대화를 나눌 수 있는 소중한 시간이라는 것이 아주 중요한 이유이다. 부모가 아이들에게 여러 상황에서 사람들이 느끼는 감정을 생각해보게 하면, 아이들은 다른 사람에게 공감하는 바른 사람이 된다. 다행히 부모는 아이의 윤리 의식에 크게 영향을 미칠 수 있다. 바른 윤리 의식을 가져야 하는 이유를 자주 설명해주고, 윤리 의식은 아주 중요하기 때문에 반드시 좋은 윤리 의식을 형성해야 한다는 사실을 분명하게 알려주어야 한다. 이런 대화는 아이의 인생에 직접적으로 영향을 미치는 문제를 예로 들면 도움이 된다. 이 나이 때 아이들에게 월스트리트에서 가져야 하는 책임감을 이야기하는 것은 전혀 공감을 얻지 못할 것이다. 그보다는 아이의 수학 시험 답안지를 베끼는 친구의 책임감을 이야기하는 편이 낫다. 가장 좋은 방법은 아이의 생각을 지지해주고, 토론을 하되 굳이 결론을 내리려 하지 말고, 아이가 스스로 생각할 수 있도록 격려해주는 것이다.[9] 일방적으로 부모가 정보를 제공하거나 설교를 하는 것은 별로 효과가 없다.

### 아이에게 공감 능력을 기를 수 있는 기회를 많이 주자

가능하면 지역사회에서 봉사 활동을 할 때는 아이를 데려가자. 옷을 기부하거나 분류하는 일, 요리를 만들거나 나르는 일, 양로원이나 재활원을 방문하는 일 등을 하다보면 아이들이 자신의 생활을 돌아볼 수 있다. 그리고 욕구를 자제하는 것이 인생에는 나쁘지 않으며 자신은 충분히 그럴 수 있다는 깨달음을 얻는 기회도 된다. 또한 아이들은 자신에게 능력이 있다는 사실도 알게 된다. 아이들은 부모처럼 되기를 바란다. 두 살밖에 안 된 아이가 이제 막 태어난 동생에게 노래를 불러주거나 열 살 먹은 아이가 동생에게 야구를 가르치는 것은 모두 그 때문이다. 이런 아이들이 크면 사회정의를 위해 노력하고 가치 있는 일에 헌신하는 젊은이가 된다. 이런 젊은이들에게는 당연히 사회를 위해 노력하고 아이들과 대화를 많이 나누고 아이들과 함께 다양한 활동을 하면서 역할 모델이 되어준 뛰어난 부모가 있다.[10]

## 놀이를 기억하자

:

아이들에게 놀이는 가장 효과적인 학습 방법이다. 몸과 마음의 발달뿐 아니라 사고력 발달에도 놀이는 가장 효과적이다. 사실 놀이는 아이들이 건강하게 발달하는 데 꼭 필요한 요소로, 국제연합UN은 놀이를 모든 어린아이가 누려야 할 권리라고 선언했다.[11] 확실히 초등학교 저학년은 초등학교 고학년보다 훨씬 많이 논다. 그러나 공부 양이 늘어나고 과외활동과 기술 습득 시간이 늘어나면서 놀이 시간은 크게 줄어든다. 심지어 휴식 시간마저 없는 학교도 많다. 놀이의 중요성을 모르는 어느 학교 감독관의 말처럼 '우리는 학생들의 성적 향상에 집중하고 있다. 아이들이 철봉에 매달려 시간을 낭비하게 할 수는 없다'고 생각하는 것이다.[12] 정말 어처구니없는 일이다. 아이들은 놀지 못하면 몸과 마음은 물론 사회성 면에서도 문제가 생기고, 마땅히 누려야 할 어린 시절을 누릴 수도 없다. 교육 수준이 높고 극도로 산업화되었으며 자본이 풍부한 나라인 미국에서는 아이가 잘 살기 위해 반드시 필요한 한 가지를 무시해버린다. 아이의 실력을 높인다는 이유에서다. 이는 우리 사회가 아동의 기본 발달과정을 제대로 이해하지 못하고 있다는 뜻이다. 인생은 이전 단계가 제대로 완결되어야만 다음 단계로 넘어갈 수 있다. 발달은 비계를 오르는 것과 같아서 밑에 있는 가로대에 올라서야만 위에 있는 가로대에 올라갈 수 있다. 기어야만 설 수 있고, 서야만 걸을 수 있고, 걸어야만 뛸 수 있는 것이다.

일곱 살인 타일러와 존이 쉬는 시간에 운동장에 나와서 술래잡기를 한다. 지금 두 아이는 그저 에너지를 소비하고 열량을 태우고 있는 것 같지만(그것만으로도 충분히 의미가 있다), 아주 정교한 사회적 거래도 하고 있다. 술래잡기를 하려면 둘 중에 한 명은 쫓는 사람이 되어야 하고 나머지 한 명은 쫓기는 사람이 되어야 한다. 다시 말해서 놀려면 서로 협력해야 하는 것이다. 술래잡기는 상호작용하는 활동이다. 두 아이 가운데 한 명이라도 상호작용할 의사가 없다면 더이상은 술래잡기를 할 수 없다. 다른 사람과 상호작용할 수 있는 아이는 대부분 공부도 잘할 뿐 아니라 공감하고 협력하는 능력도 뛰어나다.[13] 남자아이들은 거친 놀이를 해야 한다. 그래야 공격성을 조절할 수 있다. 친구끼리 맞붙어 싸울 수는 있지만, 한 친구가 다른 친구를 흠씬 두들겨 패면, 맞은 친구는 때린 친구와 다시는 맞붙어 싸울 생각을 하지 않을 것이다. 놀면서 공격성을 조절하는 법을 배운 남자아이는 자신을 '좋은 친구'라고 생각하게 되고, 친구와 장난을 치면 재미있다는 사실을 알게 된다. 이것은 아이가 자신을 정의할 수 있도록 돕는, 놀이의 여러 기능 가운데 하나일 뿐이다.

지난 20년 동안 아이들의 하루 놀이 시간은 평균 두 시간 정도 줄었는데, 대부분 자유 놀이 시간이 사라졌다. 자유 놀이는 아이들의 호기심, 창의성, 자발성, 협동심을 기르는 데 크게 도움이 된다. 자유 놀이를 하려면 아이들은 놀이 친구들과 협상을 해야 한다. 협상을 하는 동안 의견 차이를 좁히는 법을 알게 되고, 협력하는 법, 규칙을 세우는 법, 그리고 무엇보다도 규칙대로 노는 법을 배운다. 아이들의 일상에서 당연히 한자리를 차지해야 하는 자유 놀이는 사교 능력을 키울 수 있는 기반이 된다. 놀이 시간이 사라진 것은 그다지 놀라운 일이 아니다. 정말로 놀라운 것은 '아이'가 성과를 낼 수 있도록 언제나 눈을 켜고 노력하는 부모가 정작 가장 효과적인 방법으로 '성과'를 낼 수 있는 방법을 외면한다는 사실이다. 자유 놀이를 하면 상상력이 커진다. 상상력은 창의성을 키우는 토대이며, 궁극적으로는 혁신을 이룰 기반이다. 창의성과 혁신이야말로 21세기 세계경제에 꼭 필요한 가장 중요한 기술이다.

## 부모가 놀이를 중요하게 생각하지 않는 이유

• 부모는 아이가 다양한 기술을 익히는 과정을 자신이 방해할지도 모른다는 두려움에 사로잡혀 있다. 부모들은 대부분 정해진 내용(특히 텔레비전 프로그램)을 보면서 화면을 쳐다보는 것은 막으면서도 자신들이 '생산적'이라고 생각하는 컴퓨터 화면에 빠져 있는 것은 그냥 내버

려둔 채 스스로 잘하고 있다고 위로한다. 부모는 아이가 컴맹이 될지도 모른다는 두려움에 사로잡혀, 컴퓨터를 쓰지 못하면 아이가 제대로 살아갈 수 없을지도 모른다고 생각한다. 물론 컴퓨터로 앵그리버드 게임을 하는 것과 가족사진을 꾸미는 것은 전적으로 다르다. 하지만 자유 놀이 시간을 빼앗기는 마찬가지이다.

• 지금은 어린아이도 할 일이 아주 많기 때문에 부모들은 교육적이지 않은 일에는 조금도 시간을 낭비하려 하지 않는다. 밖에서 자유롭게 노는 일을 배움이라고 생각하는 부모는 거의 없다. 그러나 실제로 밖에서 마음껏 뛰어놀 때 아이는 아주 중요한 것들을 배운다. 우리 세대의 어머니들이 "밖에 나가 놀아!"라고 한 이유는 방해받지 않고 일하기 위해서였겠지만, 그 덕분에 우리는 우리 종족과 관계를 맺는 법을 배우고 자연을 잘 알게 되었다. 그 어떤 교육 자재도 시냇가를 산책하는 것보다 좋을 수는 없으며, 수많은 탐험을 포기하게 할 정도로 가치 있는 일은 없다. 나에게는 초등학교 3~4학년 때의 기억이 거의 없지만, 학교가 끝나면 가장 친한 친구인 레슬리와 함께 집까지 돌아오던 기억은 있다. 우리는 길모퉁이 식료품점에서 빨간 피스타치오를 사고, 우리 집 뒤에 있는 무성한 덤불숲에 앉아 손가락을 붉게 물들이며 피스타치오를 먹으면서, 각자의 꿈을 이야기했다.

• 우리는 노는 법을 잊어버렸다. 우리가 노는 법을 잊어버렸기 때문에 놀이는 좋은 삶을 살기 위해 꼭 해야 하는 것이라는 사실을 아이

들에게 알려줄 방법이 없다. 어른들은 서둘러야 하고, 억눌려 있고, 할 일이 너무 많고, 너무 많은 곳을 돌아다녀야 한다. 그러니 놀 시간을 내기 어렵다.

소아종양학과 의사이자 젊은 엄마인 어느 여성이 너무 많은 일을 하다가 견디지 못하고 안절부절못한 상태로 내 상담실로 뛰어들어왔다. 그 여성과 내가 나눈 대화는 전적으로 병참술에 관한 것이었다. 하루에 몇 시간 동안 효율적으로 일할 수 있는가? 두 아이가 몇 살이 되어야 자신이 전업 의사로 복귀할 수 있을까? 남편은 아이들의 과외 활동에 어느 정도까지 책임질 수 있는가? 그 여성과 대화를 하면서 나는 순서도를 그린 홍보물을 상담실 벽에 붙여야겠다는 생각을 했다. 그 여성의 말을 듣는 동안, 어느 누구도 매일, 매 순간을 다른 사람에게 필요한 것이 무엇인지만을 생각하면서 보낼 수는 없다는 사실을 깨달았다. 나는 지난 몇 년 동안, 그 여성과 같은 이유로 힘들 때 죄의식을 동반하는 기쁨(코카인이나 알코올에 대한 의존 따위)을 찾는 엄마들을 여럿 상담했었다. 빡빡한 일정을 소화하면서 짧은 시간에 손쉽게 자유를 누릴 수 있는 방법은 그런 것밖에 없기 때문이다.

전문가들은 조직적인 놀이를 한 시간 할 때마다 두 시간 정도 자유 시간을 가지라고 권장한다. 아이가 노는 동안, 아이 놀이 시간의 절반 정도를 내 자신이 즐기는 시간으로 만들자. 공예품을 만들어도 되고, 좋은 소설을 읽거나(나쁜 소설을 읽어도 된다), 상품 안내서를 보거나, 야외에 앉아 있거나, 춤을 춰보자. 어른처럼 노는 법을 모르겠다면, 어렸을 때 어떤 일을 하면서 시간을 보냈는지, 어떤 일을 할 때 행복했는지 생각해보자. 그리고 그 놀이를 다시 해보자. 아이는 부모의 모습을 보고 따라 한다. 놀이도 마찬가지다. 부모가 놀이를 귀중하게 생각하면 아이 역시 놀이를 소중하게 생각한다.


◎ **어떻게 도와주어야 할까?**


플러그를 뽑자

아이들이 화면 앞에 앉아 있어도 되는 시간을 정해주어야 한다. 초등학생이 텔레비전, 비디오게임, 컴퓨터, 스마트 폰, 태블릿 PC 같은 전자 기기의 화면을 하루에 두 시간 이상 들여다보고 있으면 안 된다. 당신이 이 책을 읽고 있는 지금 이 순간에도 당신의 아이는 화면을 들여다보고 있을지도 모른다.


밖에서 놀 수 있게 해주자

아이들에게 점진적으로 자유를 주어야 한다. 밖에서 놀아도 되는 안전한 동네에 산다면, 아이가 아홉 살쯤 되었고, 밖에서 놀아도 아무 일 없을 것이라고 자신한다면, 반드시 밖에 나가 놀게 해야 한다(부모가 옆에서 지켜볼 필요는 없다). 전화를 하면 집으로 돌아오고 주의 사항을 지키고 길을 안전하게 건널 수 있다면, 아이는 충분히 동네를 탐험하고 돌아다닐 수 있다. 안심이 되지 않는다면 동네에 어떤 위험이 있는지를 객관적으로 말해줄 수 있는 경찰에게 의견을 물어보자. 많은 부모가 아이가 열세 살이 될 때까지는 혼자서 동네를 쏘다니지 못하게 한다. 하지만 냉정하게 생각해보자. 미국 10대들이 섹스를 시작하는 나이는 보통 열일곱 살이다. 현실을 직시하자. 우리 아이들은 부모가 혼자서 길을 건너도 된다고 생각하는 나이에서 고작 네 살만 더 먹으면 콘돔을 사러다니는 것이다.

### 교육적인 장난감을 버리자

절대 교육적이지 않다.

### 지나치게 빡빡한 일정은 짜지 말자

과외활동은 아이에게 다양한 경험을 제공하는 좋은 기회이며, 특히 부모가 일을 하고 있을 때 아이가 조직적으로 생활할 수 있는 확실한 방법이기는 하다. 그러나 건강한 아동 발달 분야의 거두(그러니까 전문가)인 데이비드 엘킨드David Elkind는 이 나이 때 아이들은 과외활동이 세 가지를 넘으면 안 된다고 했다. 그 세 가지는 사회 활동(스카우트 활동이나 교회의 청소년 프로그램), 육체 활동(어린이 야구단이나 무용 학원), 예술 활동(피아노 학원이나 미술 학원)으로 나눌 수 있다. 게임기를 조작하는 것은 육체 활동이 아니다. 이 단계의 아이들에게 과외활동은 매일 하는 일상생활이 되면 안 된다. 과외활동을 지나치게 많이 하는 아이들은 두통이나 복통 같은 스트레스 증상이 자주 나타난다. 아이가 이런 증상을 호소하면 반드시 소아과에 가야 한다. 검사를 해도 특별한 원인이 없다면 아이의 일정이 과하지는 않은지 살펴보고, 아이와 상의해 일정을 조절해야 한다. 부모는 아이가 축구팀을 좋아한다고 믿고 있지만, 아이는 축구팀을 빼야 할 일정이라고 생각할 수도 있다. 아이가 제일 좋다고 선택한 일정 두 가지만 유지하고, 나머지는 그만두는 것이 좋다.


## 초등학생 자녀를 둔 부모라면 꼭 알아야 할 육아법
:

### 아이가 자신을 평가할 때 쓰는 언어에 주목하자

"크리스가 나를 좋아하지 않아"라고 말하는 것과 "모두 날 미워해"라고 말하는 것은 하늘과 땅 차이다. 이 나이 때 아이들은 자신의 가치를 평가할 때, 개별 사항을 전체 사항으로 쉽게 바꾸어 생각하는 경향이 있다. 아이에게 학습 장애가 있거나 주의력 문제가 있을 때는 특히 그렇다. 아이가 '수학이 어려워'라든가 '읽을 때 실수를 너무 많이 해' '아이들이 편을 짤 때 나를 맨 나중에 뽑아'처럼 자기 자신에 대해 구체적으로 불만을 터뜨릴 때는, 아이의 평가가 적절한지부터 살펴보아야 한다. 가끔은 전혀 걱정하지 않아도 될 문제일 때도 있다. 아이들은 작은 문제도 크게 느끼는 경우가 많다. 그럴 때는 모든 것을 잘하는 사람은 거의 없다는 사실을 알려주어야 한다. 아이의 장점을 부각하고, 인내할 수 있도록 가르쳐야 한다. 직접 판단을 내릴 수 없는 경우라면, 아이의 생각이 옳은지, 아니면 걱정하지 않아도 되는 일인지 선생님에게 물어보자. 아이의 판단이 옳다면 어떻게 해야 할지 선생님과 상의하자. 집에서 스스로 학습할 공부 양을 늘려야 할 수도 있고, 성적이 향상될 때까지 방과 후에 학교에 남아서 선생님과 공부하거나 개인 과외를 할 수도 있다.

개별적인 문제를 전체로 확장해 걱정하는 아이에게는 특별한 조치를 취해야 한다. 아이가 일단 자신을 부정적으로 생각하게 되면, 그 관점을 바꾸기가 쉽지 않다. 이미 자신을 부정적으로 보게 되었다면 너에게도 장점이 있다고 말하는 것만으로는 아이의 관점을 바꿀 수 없다. 아이가 좀더 현실적인 관점을 갖도록 도와주면서 적절한 치료를 받게 하는 것이 아이에게 건강한 자아상을 찾아주는 가장 빠른 방법일 수 있다. 아이가 자신을 가치 없는 존재로 생각하는 것은 정말 위험하다.


절대 다른 아이와 비교하지 말자

이 나이 때 아이들은 다른 사람과 자신을 열심히 비교한다. 거의 모든 것을 비교하는데, 그중에서도 학교 성적, 운동 능력, 인기도가 특히 중요하다. 그 때문에 재능이 있는 몇몇 아이는 자부심을 느끼고, 그렇지 않은 대다수 아이들은 우울해진다. 선생님과 부모는 의도적으로 혹은 아무 생각 없이 내 아이를 학교 친구들과, 형제와, 사촌과 비교한다. "너희 누나는 모두 A를 받았는데, 왜 넌 그렇게 못하니?" "네가 수학 공부를 열심히 하지 않으면, 너랑 제일 친한 친구인 딜런이랑은 다른 반에서 공부해야 할 거야." "에마랑 제시카는 진짜 친해 보이던데. 너도 친구를 좀더 적극적으로 사귀어야 하지 않을까?" 이런 말을 하는 것이다. 아이들은 자신을 다른 사람과 비교한다는 사실에도 상처를 받지만, 정말로 상처를 받는 이유는 부모가 자기 때문에 실망하고, 화를 내고, 불행해졌다고 생각해서다. 아이들은 부모의 감정을 귀신처럼 안다. 아이가 공을 못 쳤거나 인기 있는 아이의 집에 초대를 받지 못했거나 상위권 아이들을 위한 독서 모임에 들어가지 못했다는 이유로 부모가 실망하면, 부모의 표정을 보고 자신이 기대에 미치지 못했다는 사실을 알아챈다. 이제 막 새로운 배움의 세계에 들어간 아이들에게 가장 좋은 약은 부모의 격려이다. 노력을 했으면 칭찬해주고, 조금씩 발전했을 때 기뻐해주자. 우리 아이보다 잘하는 아이가 있으면 당연히 인정해주어야 한다. 그러나 우리 아이에게는 아이의 성적이 끝에서 첫 번째가 되었건, 네 번째가 되었건 간에 부모는 당연히 아이를 사랑한다는 사실을 알려주어야 한다.

## 아이를 단정하지 말자

아이는 마음껏 탐험해야 한다. 내가 요새 부모들에게서 가장 어처구니가 없다고 느끼는 점은 아이를 너무 쉽게 단정한다는 것이다. 너무 일찍 단정하고는 아이가 선택할 수도 있는 길을 자기들 마음대로 차단해버린다. 내 아이가 운동을 잘하는 것 같으면 부모들은 너무나도 쉽게 여덟 살 아이를 원정 경기를 하러다니는 운동부에 넣어버린다. 그러나 주말마다 차를 타고 멀리 이동하느라(그리고 허름한 모텔에 수도 없이 묵느라) 아이는 음악을 사랑할 기회를, 열정적인 자연사학자가 될 기회를, 기발한 화가가 될 기회를 놓치고 있을지도 모른다. 우리 집의 세 아들은 다 자란 뒤에도, 각자의 재능과 적성이 분명하게 드러난 뒤에도 자신을 어느 한 부류로 정의할 때면 질색을 했다. 둘째 아들 마이클은 아주 어렸을 때부터 연극을 좋아했는데도 내가 "넌 창조적인 아이야"라고 말하면 아주 싫어했다. 우리 집에서는 아이들이 나에게 배우는 것보다 내가 아이들에게서 배우는 것이 더 많은데, 내가 마이클에게 '창조적인 아이'라고 말했을 때도 그랬다. 마이클은 "내가 창조적인 아이라면 난 영리한 아이도, 경험이 풍부한 아이도 될 수 없잖아. 하지만 난 모든 경우에 속한다고. 난 나야. 그러니까 엄마, 제발 내가 어떤 아이라는 말은 하지 마"라고 했다.

당신도 가족이 나에게 어떤 꼬리표를 달아주었는지 생각해보라. 착한 딸, 나쁜 아이, 친절한 아이, 비열한 아이, 예쁜 아이, 책임감 있는 아이. 어느 쪽인가? 이런 꼬리표가 어렸을 때뿐 아니라 다 자란 지금까지도 내 인생에 어떤 영향을 미치고 있는지 생각해보자. 나를 찾아온 환자 중에는 '이기적'이라는 꼬리표가 달린 여성이 있다. 가난하고 의존적인 어머니가 딸이 독립하려고 할 때마다 이기적이라고 불렀기 때문이다. 그 어머니는 "나 혼자 집에 있는 걸 뻔히 알면서 어떻게 친구들이랑 놀러나갈 생각을 하니?" 같은 말을 했다. 이제 성인이 됐지만 그 딸은 지금도 자신이 이기적이지 않다는 사실을 입증하기 위해 혼신을 다하고 있다. 가족과 친구들에게 선물을 지나치게 많이 주고, 자원봉사 단체에서 오랜 시간 활동을 하고, 친구에게 어려운 일이 생기면 자신이 나서서 해결하고, 어떠한 오락도 즐기지 않는다. 그런데도 여전히 자신을 이기적이라고 생각했다. 어느 날 자신을 이기적이라고 욕하는 사람이 있을까봐 자동차 뒷좌석에 숨어서 아이스크림을 먹는 자신을 발견한 뒤에야 치료를 받아야겠다는 결심을 하게 됐다. 정말 꼬리표는 지독하다.

*** 

부모와 아이가 서로에게 갖는 경외감은 초등학교 시절을 특징짓는다. 어제까지만 해도 아주 간단한 일까지 부모의 손을 잡고 도움을 청하던 아이들이 오늘은 스스로 해보려고 안달이 난 아이가 된다. 물론 초등학생에게 부모는 여전히 삶의 중심에 있다. 하지만 사방에서 불길한 조짐이 나타난다. 부모는 이제 곧 아이들이 부모의 품에서 벗어나 자기만의 독특한 자아를 형성해가리라는 것을 안다. 다행히 우리는 자신만의 인생을 시작하려는 아이를 지켜볼 수 있다. 그리고 더욱 험난한 중학교 시기로 옮겨가는 아이들과 우리가 잘 지낼 수 있는 중요한 방법도 알게 될 테니 충분히 희망을 가져도 된다.

# 4장
# 중학생 때 할 일

중학교에 들어가는 순간, 사랑스럽던 아이는 하룻밤 사이에—끔찍하게 못된 아이는 아니라고 해도—사춘기에 접어든 까칠한 아이로 변한다. 그 모습을 보면, 부모는 전혀 예상하지 못한 공격을 받은 것처럼 휘청거린다. 고등학교야 대처할 준비가 충분히 되어 있다. 고등학생은 다루기 힘들다는 사실을 누구나 잘 아니까. 하지만 열두 살 아이가 인터넷을 하면서 사생활에 간섭하지 말라고 말하고, 이제 막 봉긋하게 솟는 가슴만 살짝 가린 탱크톱을 입겠다고 우기고, 할머니와 할아버지를 뵙고 오라는 말에 무서운 눈초리를 하면, 부모는 도대체 어쩌다가 우리 아이가 이렇게 나쁜 아이가 되었는지 몰라 갈팡질팡한다. 물론 부모가 잘못했기 때문에 아이가 변한 것은 아니다. 하지만 이 시기를 지나는 아이들을 이해하고 관심을 가지려는 부모들의 열정이 다른 시기에 비해 턱없이 부족한 것이 사실이다.

중학생은 초등학생처럼 귀엽지도 않고 고등학생처럼 매혹적이지도 않다. 깡마르고 여드름투성이에 찌무룩하고 혼자 있기를 좋아하는 사춘기 아이가 된 것이다. 많은 부모가 눈 한 번 감았다 뜨면 사춘기가 지나가 있기를 바란다. 사춘기는 감정 소모가 너무 크다. 그래서 초등학생과 고등학생을 기를 때 크게 도움이 되는 상상력도 이때는 활용할 생각조차 못할 때가 많다. 그러나 호기심을 가지고 진지하게 들여다보면 이 시기의 아이들처럼 흥미로운 존재는 좀처럼 없다는 사실을 알게 된다.

물론 당신이 사춘기인 아이를 기르는 부모라면 나로서는 동정심을 금치 못할 것이다. 하지만 일단 중학생이 어떤 아이들인지 살펴보아야 한다. 보통 중학교 1학년인 여자아이는 낯선 신체 변화에 적응하려고 하고, 함수를 입력하면 그래프를 그려주는 공학용 계산기 사용법을 익히려고 하고, 여전히 아메리칸 걸 인형을 소중하게 간직하려고 하고, 교내 식당에서 사회계층 간에 오가는 극심한 모욕과 짜증을 다스리려고 한다. 중학교에 가면 덩치가 큰 남자아이들은 덩치가 작은 남자아이를 괴롭힌다. 덩치가 큰 남자아이들은 동성 친구와 함께 있을 때 훨씬 편하지만, 그래도 여자아이들의 눈길을 한 몸에 받는다. 남자아이들은 말을 하다보면 갈라진 소리가 자기 입에서 나올 수도 있기 때문에, 도무지 종잡을 수 없는 자신의 성대를 몰래 시험해봐야 한다. 또한 온몸의 생물학이 끊임없이 움직이라고 재촉할 때에도 오랫동안 꼼짝하지 않고 앉아 있는 고문도 받아야 한다. 다리에는 다리만의 마음이 있고, 다리 밑으로 낯선 에너지가 요동친다. 하지만 다루기 힘든 몸에 신경쓰지 않고 가만히 앉아서 "글을 쓸 때는 수동태를 쓰지 말아야 한다"라는 선생님의 말에 귀 기울여야 한다.

이 시기의 아이들이 따라야 하는 교육제도는 정말 끔찍하다. 여러 연구에서 중학생에게 적당하다고 권장한 수면 시간, 유연한 학습 시간, 적절한 휴식 시간, 휴식 횟수 등은 교육정책에 반영되지 않는다. 이 시기에는 호르몬과 뇌가 크게 변한다. 대처 기술이 발달한 고등학생들이나 고민해야 마땅한 섹스, 마약, 학업 스트레스는 이제 중학생이 고민해야 할 문제가 되었다. 중학생이 되면 아이들에게 다양한 문제가 나타난다는 연구 결과를 명심하자. 중학생이 된 아이들은 성취율과 자존감은 낮아지고, 대인 관계는 불안정해진다. 이런 모든 상황을 고려하면, 중학교 시절은 아이들이 헤쳐나가기 어려운 가장 힘든 과도기임이 분명해 보인다.

어떻게 맞이하느냐에 상관없이 과도기는 언제나 기대와 불안을 동반한다. 분명히 중학생으로 바뀌는 과도기는 단 한 차례의 예외도 없이 아이는 물론이고 전체 가족에게 영향을 미친다. 과학은 우리가 이미 알고 있는 사실을 말해준다. 아이들은 사춘기에 접어들면 불안정해지기 시작해, 여자아이는 열한 살이나 열두 살에 최고조에 이르고 남자아이는 열세 살이나 열네 살에 최고조에 이른다는 사실을 말이다.[1] 대체 어떤 일이 일어날까? 극도의 긴장 상태? 마구 고함지르기? 물론 가끔은 그런 일도 생길 것이다. 그런데 10대 아이들과 나누는 규범적이지만 불쾌한 이런 대화나 논쟁은 흔히 '말다툼'이라고 표현한다. 이런 말다툼이 벌어지는 이유는 수십 년 동안 언론에서 떠든 것처럼 '세대 차이'가 아니라, 귀가 시간이나 옷차림 혹은 방을 치우는 문제 같은 일상적인 문제 때문이다. 가치관, 교육, 직업 선택의 문제 때문에 말다툼을 벌이는 게 아니다.

부모와 아이 사이에 갈등이 늘어나면 당연히 친밀함은 줄어든다. 가족은 가정을 재조직하고, 가족 구성원의 달라진 욕구에 맞추기 위해 노력한다. 분리되려는 욕구, 사생활을 지키려는 욕구, 진정한 자신을 재평가하려는 욕구가 커지면 아이의 자존감은 혼란스러워진다. 양측의 기대가 맞부딪칠 때 갈등은 표면으로 올라온다. 어렸을 때 아이는 부모의 말에 귀를 기울였다. 엄마가 "귀염둥이야, 저기 있는 컵 좀 줄래?"라고 하면 당연히 아이는 "알았어, 엄마"라고 했다. 하지만 사춘기에 접어들면 대화 방식이 바뀐다.


엄마: 귀염둥이야……

제시카: (말허리를 자른다) 나한테 귀염둥이야라고 하지 마. 진짜 싫다
　　　 니까. 왜 싫다는데 계속해?

엄마: 알았어, 미안한데……

제시카: (또 말허리를 자른다) 미안한데 왜 자꾸 하는 건데?

엄마: 그만하자. 저기 있는 컵을 좀 가져다……

제시카: (또 말허리를 자른다) 엄마가 나보다 더 가깝잖아. 근데 왜 날
　　　 시켜?

엄마: 지금 엄만 요리하고 있잖아. 그리고……

제시카: (또 말허리를 자른다) 내가 엄마 노예야?

이쯤 되면 엄마는 자제력을 잃고 화를 내거나, 실망감을 억누르고 직접 컵을 가져올 것이다. 도대체 진짜 문제는 무엇일까? 두 사람은 지금 컵에 대해 이야기하고 있는 게 아니다. 그보다는 누가 명령하고 누가 명령을 따르는가의 문제(더 정확히는 말을 가로막는 문제)라고 할 수 있다. 엄마는 자신과 친밀함을 유지하면서 엄마 말에 순종하던 예전 제시카와의 관계에서는 완벽하게 행복했을 것이다. 지금 제시카는 엄마가 명령하고 딸이 따르는 권위적인 관계를 깨부수기 위해 투쟁하고 있다. 그러나 중학생인 제시카는 자신의 의사를 제대로 표현해본 적이 없기 때문에 짜증(엄마로서는 견딜 수 없는 태도이다)을 내는 것처럼 반응하고 있다. 날카롭게 반응하는 것 외에는 다른 방법을 모르기 때문이다.

사춘기에 접어든 아이들에게 권력투쟁은 아주 중요하다. 자기 인생의 방향과 형태를 직접 결정하고 싶다는 욕구가 점점 자라기 때문이다. 아이는 옷차림, 음악, 귀가 시간, 성적, 친구 같은 일상생활의 모든 문제를 가지고 부모와 다툰다. 하지만 이 시기의 아이들이 성장한 어른으로 대접받고 싶어서 하는 행동은 아이러니하게도 흐느껴 울거나 부모의 말을 가로막는 등, 전혀 성숙하지 않은 형태로 나타난다. 앞에서 예를 든 엄마와 제시카의 대화에서도 알 수 있듯이 이런 논쟁은 대부분 협력이나 합의가 아니라 항복이라는 형태로 끝을 맺는다. 힘든 하루를 보내고 지칠 대로 지친 엄마가 쉽게 손을 들어버리기 때문이다. 중학생 자녀를 둔 부모가 중학생보다 정신 건강에 훨씬 문제가 많이 생기는 이유는 바로 이 때문일 것이다.[2] 엄마는 10대 자녀의 짜증을 그대로 받을 수밖에 없는 존재인데, 그 이유는 10대 아이들이 엄마와 가장 많은 시간을 보내고, 대화를 가장 많이 하고, 엄마를 아빠보다 친근하게 생각하기 때문이다.[3] 10대 아이들은 좋은 쪽으로든 나쁜 쪽으로든 엄마와 아주 강력한 관계를 맺는다.

10대 초중반의 아이들을 치료하면서 나는 한 가지 사실을 알게 되었다. 이 시기의 아이들에게는 어떤 것은 적을수록 더 좋다는 것이다. 정신과 의사들이 환자에게 결론을 내려주지 않고 그저 이야기를 들어주는 데는 다 이유가 있다. 이런 태도는 10대 아이들이 상담실의 공기를 모두 빨아들이면서, 파티에 어울리지 않는 신발을 신고 간 이야기부터 일상생활에서 겪은 자잘한 일들까지 쏟아낼 때 도움이 된다. 아이가 쏟아내는 일상 이야기에 일일이 맞장구를 쳐주면서 힘을 빼면 안 된다. 그랬다가는 진짜 치료사의 역할을 해야 할 때 너무 피곤해져서 아무 도움도 줄 수 없다. 10대 아이들과 이야기할 때는 자신을 사회학자라고 생각해야 한다. 거리를 두고 관찰해야 하는 것이다. 중학교 시절에 펼쳐지는 수많은 긴박한 위기를 넘어가는 과정은 일종의 도전이라고 할 수 있다. 아이가 자신에 대한 확신을 갖기 위해 필요한 과정인 셈이다. 부모의 진짜 힘은 자잘한 일상의 문제가 아니라 학교 폭력이나 성 문제처럼 중요한 문제를 해결할 때 사용할 수 있도록 아껴두어야 한다.

중학교에 입학하면 아이는 몇 년 안에 전혀 다른 존재로 거듭난다. 진짜 청소년이 되는 것이다. 아이가 무사히 변할 수 있게 도와주려면 부모는 어떻게 해야 할까?

### 어떤 하루

• 중학교 2학년인 브랜던은 같은 반 아이들과 점심을 먹기 위해 운동장으로 달려갔다. 브랜던은 반 아이들보다 머리 하나는 크기 때문에 학교 선생님이라는 오해도 많이 받는다. 그냥 키만 큰 것이 아니라 체격도 건장했다. 발달한 근육, 넓은 어깨, 날렵한 엉덩이까지, 정말 청년처럼 보였다. 하지만 제대로 깎지 못해 듬성듬성한 턱수염을 보면 아직 면도를 제대로 못한다는 사실을 알 수 있다. 브랜던은 자신이 남자답다는 사실에 충분히 만족했다. 자기 주위에 몰려와 재잘거리면서 애교를 부리는 여자아이들 때문에 브랜던은 아주 기쁘다.

• 타일러도 중학교 2학년이다. 반에서 가장 작은 타일러는 또래 남자아이들에게 나타나는 2차 성징이 거의 나타나지 않았다. 타일러는 자신처럼 아직 2차 성징이 나타나지 않은 남자아이 한두 명과 함께 운동장 구석에 배낭을 깔고 앉아 책을 읽었다. 같은 반 남자아이들은 대부분 점심을 먹은 뒤에 운동장으로 우르르 몰려나가 농구, 야구, 하다못해 치고받고 싸우는 등 다양한 신체 활동을 했다. 타일러는 수업 종이 울려 교실로 돌아갈 때까지 배낭 위에서 일어나지 않았다.

• 애슐리는 6학년이다. 아직 아침이지만, 벌써부터 안달이 나 있

다. 가장 친한 친구인 해나에게 새로 산 브래지어와, 브래지어 컵을 거의 가득 채우고 있는 가슴을 어서 빨리 보여주고 싶어서다. 이미 여자아이들은 대부분 브래지어를 차고 있었다. 애슐리는 이날을 얼마나 고대했는지 모른다. 선생님이 칠판에 글을 적기 위해 몸을 돌리는 순간, 애슐리는 해나에게 몸을 기울이고 두 팔로 가슴을 끌어모아 상체를 쭉 내밀었다. 해나는 애슐리의 셔츠를 뚫어지게 쳐다보면서 놀랍다는 듯이 말했다. "그게 다야?" 그 순간 애슐리는 실망스러운 가슴부터 얼굴까지 온몸이 빨갛게 물드는 것만 같았다.

사춘기 문제가 생기는 이유들 가운데 하나는 문제가 일어나기는 하는데 언제 일어나는지는 알 수 없다는 것이다. 여자아이는 여덟 살부터 열세 살 사이에 가슴이 발달하기 시작한다. 생리는 열 살에서 열여섯 살 정도에 시작한다. 아이들마다 발달 시기가 다른 것은 당연한 일이다. 그러나 이런 발육 차이는 아이들의 심리, 정서 발달에 크게 영향을 미친다.[4]

브랜던은 일찍부터 2차 성징이 발달했다. 브랜던 같은 남자아이는 인기가 많고 자신감도 넘치기 때문에 일반적으로 행복하다.[5] 그러나 사춘기가 되면 브랜던 같은 남자아이는 문제를 더 많이 일으키고, 발육이 늦은 왜소한 친구들을 괴롭히는 아이가 될 수도 있다. 물론 발육이 다른 아이보다 빠르다고 해서 무조건 비행 청소년이 된다는 뜻은 아니다. 하지만 발육이 남다른 아이들은 10대 중후반이 되기도 전에 또래 친구들과 몰려다니면서 일찍부터 성과 마약을 경험할 가능성이 큰 것은 사실이다.

브랜던은 또래 아이들보다 월등히 크기 때문에 지도자가 되어 책임을 져야 하는 역할을 맡을 때가 많을 것이다. 그 때문에 책임감, 협동심, 자기 관리 능력 등을 기를 수 있어 장차 멋진 '신랑감'이 될 가능성도 많다. 그러나 너무 일찍부터 책임을 너무 많이 떠맡으면 오히려 활발한 어른이 되지 못할 가능성이 많다는 연구 결과도 있다. 부모는 열세 살 남자아이가 다 자란 남자처럼 보인다고 해도, 아직은 그저 열세 살이기 때문에 열세 살처럼 대해야 한다는 사실을 잊지 말아야 한다. 육체는 성숙했지만 정신과 인지력은 아직 성숙하지 않았다.

타일러는 브랜던과 대척점에 있는 아이다. 발육 속도가 아주 느리기 때문에 사춘기 때는 문제가 될 수 있지만, 어른이 되면서 오히려 그런 점이 장점으로 작용할 수도 있다. 사춘기가 시작될 무렵에는 분명히 반에서 인기 있는 아이가 아닐 테지만, 일단 다른 아이들의 발육 상태를 따라잡으면(분명히 그렇게 된다), 10대 후반부터는 사정이 달라진다. 지적 호기심, 사회적 진취성, 무엇보다도 중요한 대처 기술 면에서 이 아이는 자신보다 발육 속도가 빨랐던 남자아이들을 앞서게 될 것이다.[6] 부모들은 내 아이가 빨리 성장하도록 갖은 노력을 다 하지만, 실제로는 빨리 사춘기에 접어드는 것보다 유아기에 가능한 오래 머무는 것이 더 좋다는 증거가 있다. 심지어 다른 아이들과 비교해 1~2년 정도 사회적, 육체적, 성적 압박을 덜 받는 아이는 청소년기 초기에 집중적으로 받는 요구에 적절하게 대처할 준비 기간을 길게 가질 수 있다. 인지적, 육체적, 심리적 대격돌을 겪으며 형성되는 자아감은 압박이 없는 편안한 시기에 많이 발전한다고 알려져 있다.

마지막 이야기에 나오는 애슐리는 부정적 비교에 특히 취약한 평범한 아이다. 어른들이 보기에 10대 초중반의 아이들은 기분 변화가 아주 심한데, 연구 결과에 따르면 그 이유는 과도한 호르몬 때문이 아니라 아이를 둘러싼 환경 때문이다.[7] 해나가 애슐리의 가슴을 보고 감탄했다면, 집에 돌아온 뒤에도 애슐리의 기분은 하늘 높이 올라간 기구를 타고 있는 것처럼 붕붕 떠 있었을 것이다. 하지만 그날 밤 애슐리의 부모는 침대에 파묻혀 울고 있는 딸을 보아야 했다. 왜 우는지 묻는 부모에게 애슐리는 자기도 모른다며 오히려 더 큰 소리로 울거나 벌떡 일어나 방문을 닫거나 이불을 덮어쓰고 아무 말도 하지 않을 것이다. 실제로 애슐리도 자신이 왜 그렇게 슬픈지 모를 것이다. 그날 하루 동안 애슐리는 스스로 깨닫거나 기억하지 못할 정도로 감정 변화를 많이 겪었을 것이다. 부분적으로는 사춘기 때문이겠지만, 그보다는 그날 한 활동과 그날 맺은 인간관계 때문일 것이다. 부모는 그런 아이의 마음을 이해하고 관심을 가져야 하지만, 지나칠 정도로 걱정할 필요는 없다. 애슐리는 여전히 슬픈 채로 새로운 아침을 맞이할 수도 있고, 밤사이에 감정이 풀려서 전날 느낀 슬픔은 깨끗이 사라진 채로 아침을 시작할 수도 있다.

## 일찍 사춘기에 도달한 10대 여자아이들이 겪는 문제들

『세븐틴Seventeen』『틴 보그Teen Vogue』『걸스 라이프Girl's Life』처럼 10대 여자아이를 대상으로 하는 잡지를 한번 들여다보자. 잡지에 실린 여자아이들은 근사한 옷을 입고 예쁘게 화장을 했다. 하지만 대부분 말랐다. 그것도 너무나 걱정스럽게, 사실은 안쓰러울 정도로 말랐다. 미국 백인 중학교에 다니는 여자아이들은 키 170센티미터, 몸무게 50킬로그램을 이상적인 몸매라고 생각한다(의학적으로는 체중 미달이다).[8]

평범하고 건강한 미국 10대 소녀의 신체 치수는 키 162.5센티미터, 몸무게 50킬로그램에서 61킬로그램 정도가 적당하다.[9] 그런데 이제 막 사춘기에 접어들어 몸의 변화를 자각하기 시작한 소녀들은 사실은 의사의 치료를 받아야 하는 여자아이들의 몸매를 이상적이라고 생각하면서 자신의 신체 기준으로 삼는다.

여자아이는 사춘기가 되면 몸무게가 늘어나는데, 근육보다는 지방이 늘어난다. 따라서 일찍 사춘기가 찾아온 아이는 몸무게가 늘어나기 때문에 또래 친구들과 사뭇 달라 보인다. 일찍 사춘기가 시작된 여자아이는 친구(특히 남자아이)들의 인기를 차지할 수도 있지만, 누구나 날씬해지기 위해 필사적으로 노력하는 시기에 자신만 뚱뚱하다고 생각할 수도 있다. 일찍 사춘기가 시작된 여자아이들은 이제는 날씬하지 않다는 이유로 자기 몸을 거부하고, 할 이유가 전혀 없는 다이어트를 지나치게 하는 경우도 많다.

남자아이들의 사춘기를 살펴볼 때 언급한 것처럼, 발육이 빠른 아이들은 처음에는 좋은 점이 있지만 나중에는 문제가 생길 수도 있다. 사춘기가 일찍 온 여자아이는 사춘기 때도 문제가 생길 수 있고, 어른이 된 뒤에도 문제가 있을 수 있다. 초등학교 5학년이나 6학년 때 신체 발육이 모두 끝났다고 생각해보자. 그 아이가 중학교에 들어가면 아이보다 2~3학년 위인 남학생들이 아이에게 접근할 것이다. 아이의 또래 친구들은 대부분 어린 티를 아직 벗지 못했다. 혹시라도 학교에서 비슷한 아이들끼리 뭉치는 분위기가 형성되어 있다면, 아이는 '날씬'하지 않기 때문에 함께 어울릴 아이들이 없을 테고, 그러면 오빠들이 쫓아다니게 될 것이다.[10] 이런 상황에 놓인 아이들은 당연히 학교 성적과 자존감이 낮고, 불안하고 우울하며, 식이 장애나 공황장애를 겪을 수 있다.[11] 일찍 성장하는 남자아이들처럼 일찍 성장하는 여자아이들도 청소년 범죄를 저지르고 약물을 남용하고 이른 시기에 성관계를 맺을 수 있다.[12]

미국 부모는 우리 아이들이 사는 문화적 환경이 아주 특별하다는 사실을 기억해야 한다. 독일 아이들은 날씬한 몸매를 그다지 선호하지 않으며 성적 매력에 대해서도 이중적 태도를 취하지 않는다. 그래서 일찍 성장한 아이들은 자존감이 높다.[13] 아이를 격려하고, 신체 특성이 아닌 다른 특성을 강조하며, 아이가 너무 어려서 제대로 대처하지 못하는 일(나이가 많은 아이들과 파티를 하는 것 등)이 생긴 경우 아이를 보호하고, 가정에서의 갈등을 최소로 줄이면(이미 다양한 문제 때문에 스트레스를 받고 있는 10대 아이들에게는 친절해야 한다) 성장이 빠른 여자아이들에게는 크게 도움이 된다. 한 가지 재미있는 점은 성장이 빠른 여자아이들은 남녀공학이 아니라 여학교에 다니면 심리적으로나 정신적으로 더 보호를 받을 수 있다는 것이다.[14]


## 중학교 시절은 정말 예측 불가능한 시기인가?

대부분의 아이들은 사춘기를 무사히 보낸다는 사실을 분명히 기억해야 한다. 물론 이 시기는 아주 격동적인 시기이기 때문에 아무리 강건한 아이라고 해도, 아무리 강한 가족이라고 해도 대처하기가 쉽지는 않다. 그러나 결국 10대 아이들은 자신의 몸에 적응하고, 부모는 아이와의 관계를 재정립하게 된다. 사춘기 아이들의 신체 변화는 아주 다양하기 때문에 평균이라거나 정상이라는 말은 의미가 없지만(시작하자마자 사춘기가 끝나는 아이도 있다), 심리적, 사회적 기대 효과는 비교적 동일하다. 다시 말해서 사춘기가 여덟 살에 시작하든 열네 살에 시작하든 상관없이 사춘기인 아이들은 기분 변화가 심하고 게으르고 방에 틀어박히고, 친구와의 문제라면 아무리 하찮은 일이라도 엄청난 일로 느낀다. 보통 사춘기는 3년 정도 지속된다. 당사자들에게는 끝나지 않을 것 같은 고난처럼 느껴져도 잠시 왔다가 가는 과도기인 것이다.

◎ **어떻게 도와주어야 할까?**

 학교에 갔던 열두 살 매디슨이 풀이 죽은 얼굴로 걸어들어왔다. 거실에 앉아 있던 엄마는 아이가 화가 났다는 사실을 한눈에 알아차렸다. 어깨는 잔뜩 구부리고, 얼굴은 잔뜩 찡그리고, 발을 질질 끌고 있으니, 모르려야 모를 수가 없었다. 아직 직장에 제출할 보고서를 끝내지 못했지만, 지난번에 아이와 언성을 높였던 생각도 나고, 아이가 지금 첫 생리중이라는 사실도 알고 있었기 때문에 그냥 내버려둘 수가 없었다. 엄마는 아이가 불과 몇 달 전에 그랬던 것처럼 학교에서 있었던 일을 말해주기를 바라며 아이를 불러세웠다. 그리고 이런 대화를 나누었다.

 엄마: 무슨 일 있니, 매디슨?
 매디슨: 아니, 없어.
 엄마: 화가 난 거 같은데? 오늘 학교에서 무슨 일 있었어?
 매디슨: 아니, 없었어.
 엄마: 오늘 수학 시험 봤지? 시험은 어땠어?
 매디슨: 몰라.
 엄마: (이제는 조금 지친 채로) 네 시험인데, 네가 모르면 어떻게 해?
 매디슨: 모르니까 모르지.

 중학생 아이를 둔 부모라면 이 대화가 어떻게 진행될지 잘 알 것이다. 엄마는 계속 아이를 다그치고, 아이는 점점 고집스럽게 입을 다물어버린다. 하룻밤 사이에 아이와의 대화가 독백으로 바뀌어버렸는데, 부모가 무슨 수로 가슴, 사정, 욕망 같은 사춘기 문제를 상담해줄 수 있겠는가? 가장 힘든 과도기에 접어들었지만, 줄곧 애매한 단답형으로만 대답하는 아이를 부모가 어떻게 도와줄 수 있겠는가?

하지만 중학생인 아이들과는 2차 성징과 성에 관해 반드시 대화를 해야 한다. 아이들은 정보를 제공하고 지원하고 공감하며 안내해줄 사람이 필요하다. 그런데 왜 도움이 필요하면서도 매디슨은 엄마에게 아무 말도 하지 않는 걸까? 엄마는 어떻게 해야 매디슨을 도와줄 수 있을까?

일단 부모는 잠시 동안 매디슨의 입장이 되어야 한다. 학교에서 무슨 일이 있었든지 그 일은 매디슨의 '개인 문제'이다. 이 나이 때 아이들은 사생활을 철저하게 지키려고 한다. 모두 정신적으로 독립하고 자립심을 키우려는 첫걸음이다. 무엇이든 열정적으로 부모와 나누려는 초등학생의 자아감("엄마, 오늘 학교에서 체육을 했는데, 선생님이 내가 제일 잘 뛴대")은 불안한 자아('생리한다는 걸 가릴 옷이 없어. 다른 애들이 알게 되면 어쩌지?')로 바뀐다. 매디슨은 그날 있었던 일 때문에 집에 와서 엄마에게 도움을 청하거나 의논할 생각이 없다. 혼자서 해결하거나 친구들과 상의할 것이다. 좋은 마음으로 엄마가 매디슨에게 묻는다고 해도, 매디슨은 귀찮게 캐묻는다고 느낄 뿐이다. 나는 우리 아이들과 규칙을 정했다. '몰라. 아무것도 아니야. 무슨 상관인데'라는 세 문장이 연달아 나오면 더이상은 대화하지 않는다는 규칙이었다(지금 생각해보면 한두 문장만 허용했어야 했다). 이 방법을 활용하면, 대화의 정의를 어쩔 수 없이 '한쪽은 계속 같은 질문을 하고 한쪽은 웅얼거리면서 제대로 대답을 하지 않는 것'이라고 확장해야 하는 순간에도 유머 감각을 잃어버리지 않을 수 있다.

열두 살인 매디슨은 인터넷, 대중매체, 친구들을 통해 성에 관한 온갖 정보를 얻는다. 매디슨은 친구들과 함께 네일 아트에 관한 이야기도, 구강성교에 관한 이야기도 할 수 있지만, 사실 자신의 신체 변화에 대해서는 단편적이고도 불완전한 지식밖에 없다. 나를 찾아오는 어린 소녀들은 생리 같은 기본 지식을 얻기 위해 인터넷부터 탐폰 생리대 상자까지, 모든 정보를 샅샅이 뒤진다고 했다. 허세에 절어 있지만 정보는 별로 없는 사춘기 아이가 많다. 성교육 교실에서는 신체 관련 문제만 강조하다보니, 똑같이 중요한 문제인 정서적, 사회적 문제는 소홀히 다룬다. 초경을 뿌듯하게 생각하는 아이도 있고 당혹스럽게 생각하는 아이도 있다. 사춘기 아이들은 언제나 성적 욕망과 성 정체성에 관심이 많다. 성에 대한 설렘은 흥분이 되기도 하고 불안이 되기도 한다. 한 주 안에 처음으로 남자아이에게 사랑을 느끼고, 첫 생리를 하고, 생전 처음 여드름이 나는 등 여러 변화를 한꺼번에 겪은 한 열세 살 여자아이는 "이제 나한테는 정상인 게 하나도 없어요"라고 했다. 이 여자아이가 머물기로 정한 곳은 '걱정의 땅'이었다.

현실이 이러니 아이의 신체 변화와 감정 문제에는 부모가 먼저 손을 내밀 필요가 있다. 아이가 불편할 거라고? 당연하다. 부모도 불편하다고? 그럴지도 모르겠다. 그런데 내가 차마 말을 할 수가 없어서 우물거리고 있을 때 우리 아들들이 하는 말이 있다. "뭐가 문제야? 그냥 해봐, 엄마!"(남편과 세 아들과 살다보면 인생이 꼭 남성 호르몬인 테스토스테론에 묶여 있는 것처럼 느껴질 때가 있다) 부모는 수백 가지 방법으로 아이를 이끌어주고 시범을 보여야 한다. 아이들이 직면한 중요한 문제(신체가 발달한 아이들이 친구를 사귀는 문제, 성숙한 아이들에게 가장 큰 문제가 될 수 있는 이성 친구 선택 문제, 궁극적으로 가장 의미 있는 인간관계를 규정할 연애 같은 문제)들을 뒷짐을 지고 바라보기만 해서는 안 된다. 아이들은 이런 문제를 겪으면서 자아감을 형성해간다. 부모가 가장 중요한 지원 자원이자 정보원이 아니라면 아이들은 자신과 하나도 다를 바 없이 혼란에 빠진 친구들에게서 정보를 얻어야 한다. 아이들을 그렇게 내버려둘 수는 없다.

대화가 잘 풀릴 때도 있지만, 아이들이 고집스럽게 입을 다물고 있는 경우도 있을 것이다. 아이가 불편해하는 주제로 대화를 할 때는 이야기가 잘 풀릴 때도 있고, 아주 불편해질 때도 있을 것이다. 아이가 힘들어 하는 하는 문제를 부모 역시 청소년기에 겪었을 수도 있다. 이제부터는 중학생 자녀에게 성과 사춘기 문제를 이야기할 때 도움이 될 내용을 살펴보자.

• 일찍 시작하자. 민감한 주제는 가족의 경험을 활용하면 쉽게 이야기할 수 있다. 사실 이야기하기에 너무 늦은 때는 없다. 중학생 아이들은 자기 이야기가 아니라 오촌 아저씨 이야기라면 한결 거리낌없이 성에 대해 이야기한다. 텔레비전 프로그램이나 영화, 잡지를 보면서 민감한 주제를 자연스럽게 언급하는 것도 한 방법이다. 임신한 10

대 소녀를 다룬 〈주노Juno〉 같은 영화를 함께 보면 "임신한 걸 알았을 때 주노는 어떻게 저렇게 해야겠다고 결정할 수 있었을까?" 같은 질문도 쉽게 할 수 있다. 이때 "어떻게 저런 결정을 할 수 있었을까?"라고 물어야지 "왜 저런 결정을 한 걸까?"라고 물으면 안 된다. 그런 표현에는 아이들이 거부감이 들 수 있다.

• 하루 중에 어느 때 아이가 가장 쉽게 마음을 여는지 파악해야 한다. 나는 우리 아이들과 중요하게 할 이야기가 있을 때는 대부분 잠자리에 들기 전인 밤에 했다. 그때는 아이들도 나도 여유가 생기기 때문이다. 이제 막 학교에서 돌아왔거나 다음날 중요한 시험을 앞둔 아이를 매복해 있다가 붙잡아서 들들 볶으면 안 된다.

• 직접적으로 말해야 한다. 이 시기에 아이들은 자신의 신체 변화에 어리둥절한 상태이기 때문에 "새로 느껴지는 거 없니?" 같은 질문은 이해를 하지 못한다(오히려 걱정만 불러일으킨다). "이제 곧 생리를 하게 될 거야. 그러니까 미리 준비하는 게 좋아"처럼 분명하게 말해야 한다. 미리 마음의 준비를 하고 있으면 변화를 훨씬 쉽게 받아들일 수 있다.

• "언제 다른 남자아이들처럼 보일지 걱정이다" 같은 말로 아이에게 부모의 감정을 주입하면 안 된다. 그런 말이야말로 즉시 아이가 대화를 끝내게 하는 묘약이다. 이런 대화에서 감정을 느껴야 할 사람은

아이들이다. 그러지 않으면 아이들은 부모가 자신을 이해하지 못하며 조정하고 판단하려 든다고 느낀다.

• 부모는 항상 대화할 준비가 되어 있다는 것을 아이들에게 알려주어야 한다. "네 몸에서 일어나는 신체 변화나 성 문제에 대해 의논하고 싶을 때가 있을지도 몰라. 그런 기분이 들면 언제라도 나에게 말해주렴"이라고 말해주자. 아이들을 위해 문을 열어두되, 그 문을 빨리 통과하라고 재촉하지 말자. 아이들은 스스로 준비가 되었을 때 부모를 찾아와 정보를 묻고 안내를 받을 것이다.

살아가면서 반드시 경험해야 하는 일들이 있다. 사춘기도 그중 한 가지이다. 나의 사춘기는 어땠는지 생각해보자. 지난 몇 년 동안 수많은 여성이 나를 찾아와 "우리 엄마는 내가 열세 살 때 어떻게 참았는지 모르겠어요"라고 했다. 이제 엄마가 된 어린 딸들은 어머니들이 우리 딸들을 참을 수 있었던 이유를 알고 있다. 번데기를 뚫고 나와 전혀 다른 사람이 되는 것은 너무나도 어렵고 혼란스러우며 경이로운 변화 과정이라는 사실을 알 만큼 경험과 지혜를 쌓았고, 무엇보다도 우리 딸들을 사랑했기 때문임을 말이다. 또한 시간이 약이라는 사실도.

## 건강 지키기

:

다섯 살 때 나는 소아마비를 앓았다. 그때의 기억은 희미하지만, 잔뜩 경직된 얼굴로 서 있던 부모님과, 활짝 열린 문 너머로 보이던 어린아이와 10대 들의 모습을 기억한다. 아이들과 10대인 언니, 오빠들은 액체 주머니가 달린 튜브와 철제 호흡 보조기를 주렁주렁 달고 있었다. 내가 소아마비에 걸린 뒤 한 달이 지나고 드디어 소크백신Salk vaccine이 세상에 등장했다. 부모들은 다시 아이들을 밖으로 내보냈고, 아이들은 다시 수영을 하고 분수의 물을 마실 수 있었다. 이것이 50년 전에 아이들과 청소년이 처한 상황이었다. 그때 10대 아이들은 대부분 병으로 죽었다. 병으로 죽은 아이는 사고로 죽은 아이보다 두 배 이상 많았다. 지금은 상황이 크게 달라졌다. 청소년 사망의 72퍼센트는 사고사이다. 사고의 주요 원인은 교통사고, 우발적 사고, 자살, 타살이다.[15] 다시 말해서 오늘날 청소년의 죽음은 거의 대부분 막을 수 있다. 다행히 청소년 사망률은 높지 않다. 그러나 청소년을 죽음에 이르게 하는 요소들(충동적인 성격, 미숙한 판단력, 경험 부족, 사회적 압박, 어른들의 관심 부족)은 어린 10대 아이들의 건강을 위협하는 수많은 행동 장애를 불러올 수 있다. 친구를 괴롭히고 폭력을 쓰고 식이 장애를 겪고 약물을 복용하고 난폭하게 자동차를 몰고 안전하지 못한 섹스를 하며 자해를 하는 것이다.

역사가 길지 않은 '청소년 의학'은 진료와 치료라는 전통 의학의 역할뿐 아니라 교육과 예방이라는 부차적인 전문 의료 분야의 역할까지 함께 수행하고 있다. 나쁜 선택을 했을 때 어떤 결과가 생길 수 있는지를 충분히 알려주고, 그런 선택을 최대한 억제한다고 알려진 환경을 제공하면 청소년에게 영향을 미치는 심각한 건강 문제를 상당 부분 해결할 수 있다. 하지만 말처럼 쉬운 일은 아니다. 청소년에게 전달해야 하는 건강 메시지는 위험을 감수하려는 청소년들의 성향, 제한적이고 틀릴 때가 많은 판단력, 기업의 광고, 아이들에게 가해지는 사회적 압박 때문에 제대로 전해지지 않는다. 아이들에게 쉽게 전달할 수 있는 내용도 있지만, 아직까지는 전달하기 어려운 내용도 있다. 현재 10대 아이들의 흡연이나 음주, 자동차 사고 사망률은 줄어들고 있지만, 임신, 식이 장애, 자해 등은 증가하고 있다. 중학교 때 형성된 건강 습관(다이어트, 운동, 흡연, 약물 사용 등)은 좋은 쪽이든 나쁜 쪽이든 고등학교에 진학한 뒤에도, 그리고 성인이 된 뒤에도 바뀌지 않는다.

소아과 의사는 아이들이 홍역, 이하선염, 수두, 디프테리아, 파상풍, 백일해, 소아마비에 걸리지 않도록 예방주사 일정표는 주지만, 이런 중요한 조언은 하지 않는다. 엄청나게 도약한 의학은 한때 우리 아이들의 어린 시절을 앗아가던 질병을 효과적으로 막아내고 있다. 그렇다면 어째서 10대 아이들의 건강 습관은 쉽게 바뀌지 않는 것일까? 사람은 행동을 바꾸는 것보다 기본적인 생리작용을 바꾸는 것이 더 어려울 것이다. 그러나 결과적으로 우리는 청소년에게 병을 일으키는 생리작용은 상당히 많이 바꿀 수 있었지만, 위험한 행동을 하지 않도록 하는 데는 실패했다.

청소년들로 하여금 건강한 선택을 하도록 돕는 일이 어째서 그렇게 어려운지 이해하고 싶었기 때문에, 나는 에밀리에게 도움을 청했다. 에밀리는 내가 '실제로 일어나는 일을 전혀' 모를 수도 있다고 했다. 에밀리의 말이 옳다. 어른은, 그 어른이 아무리 청소년 전문 심리학자라고 해도 어린 10대들의 일상에서 벌어지는 일은 극히 일부만 안다. 나는 에밀리의 하루 일과를 자세히 살펴보면 중학생 아이들이 건강한 습관을 들이는 것이 왜 그렇게 어려운지 알 수 있을 것 같았다.

에밀리는 오전 6시 30분에 일어난다. 일어나자마자 힘든 문제와 씨름해야 한다. 열두 살 소녀에게 옷 입기는 패션 디자이너 서바이벌 오디션 프로그램인 〈프로젝트 런웨이Project Runway〉에 참가한 지원자만큼이나 어려운 결정을 해야 하는 과업이다. 에밀리의 몸은 하루가 다르게 변하기 때문에 버릴 옷만 계속해서 늘어난다. 성장하는 속도가 엄청나게 빨라서, 몇 주 전만 해도 완벽하게 맞던 바지가 지금은 홍수나 해일이라도 몰려온 것처럼 정강이 위로 껑충 올라와 있다. 편한 바지를 찾을 때까지 너덧 번 옷을 갈아입어야 한다. 옷 입기는 그저 무엇을 입는가의 문제가 아니다. 옷 입기는 정체성과 수용의 문제이다. 옷 입기는 무엇을 입는가가 아니라 어떻게 보이는가의 문제이다. 학교에서 인기가 많은 에밀리는 몸매도 좋아야 하지만, 유행의 최첨단을 달려야 한다는 사실도 알고 있다. 문제를 더 복잡하게 만드는 것은 엄마이다. 엄마는 입지도 못할 옷을 잔뜩 집으로 가져와서는 에밀리가 그 옷을 입지 않는다며 상처를 받는다. 에밀리가 방을 너무 어질러 놓았다거나 짜증을 낸다는 이유로 화를 낼 때도 많다. 에밀리는 엄마가 단정하지 않다고 하는 옷차림을 얼마나 많은 여자아이들이 하고 다니는지, 그 아이들이 남자아이들에게 얼마나 인기가 많은지 알았으면 좋겠다.

에밀리는 매일 아침 학교에 입고 갈 옷을 고르느라 시간을 많이 소비한다. 안됐다는 내 말에 에밀리는 어깨를 으쓱하면서 "할 수 없죠"라고 했다. 아침이면 검은색 요가 바지, 흰 운동화, 두껍고 헐거운 회색 스웨터를 아무렇게나 걸쳐입는 나로서는 에밀리의 아침 고민이 쉽게 이해되지는 않는다. 그러나 에밀리에게는 엄청나게 중요한 일인 게 분명하다.

에밀리는 7시 45분에 학교에 도착한다. 수업이 시작하는 8시 5분까지는 친구들과 모여 수다를 떤다. 에밀리는 주로 차 안에서 반조리제품인 에고Eggo 와플을 아침으로 먹고, 학교에 도착할 때까지 급하게 숙제를 할 때도 있다. 1교시 수업은 에밀리가 잘 못하는 수학이다. 수학 시간에는 대부분 15분만 지나면 꾸벅꾸벅 졸게 된다. 다행히 에밀리는 교실 뒤쪽에 앉아 있기 때문에, 이마를 책상에 찧기 전까지는 선생님이 알아챌 가능성이 적다. 에밀리는 한 손으로 턱을 받치고 한 손으로 연필을 잡은 채 조는 기술을 개발했기 때문에 크게 눈에 띄지 않을 자신이 있다. 필기는 나중에 친구 공책을 베끼면 된다. 필요하다면 시험을 볼 때는 반 친구 답안지도 베낄 생각이다.

오전 시간은 금방 지나간다. 10시쯤 되면 슬슬 머리가 맑아지기 때문에 좋아하는 과목인 국어를 잘할 수 있다. 하루 중에 가장 좋은 시간은 뭐니뭐니해도 점심시간이다. 점심시간이 되면 에밀리는 친구들과 함께 학교 식당으로 가서 늘 앉는 자리에 앉는다. 학교 식당 안에서 온갖 소문이 날아다니고, 서로 입고 온 옷차림을 점검한다. 남학생들의 시선은 여학생들의 상태에 따라 극명하게 갈린다. 몇 달, 몇 주, 몇 시간 만에 에밀리 집단으로 새로운 친구가 들어오기도 하고 나가기도 했다. 내가 매 순간 외모와 인기를 의식하고 살아야 하니 피곤하겠다는 말을 하자 에밀리는 또다시 어깨만 으쓱했다. 에밀리는 중학교 사회에서 일어나는 서바이벌 게임에는 승자도 있고 패자도 있다고 했다. 에밀리는 웃지 말아야 할 순간에 웃었다거나 말을 섞으면 안 되는 남자아이와 말을 했다는 이유로 더이상은 자신들과 함께 어울리지 못하게 된 아이에게 조금도 미안해하지 않았다. 나는 에밀리를 상당히 잘 알고 있던 터라, 그런 모습을 보고 깜짝 놀랐다. 중학교 복도와 식당에서는 작은 일이 너무나도 쉽게 큰일이 되는 것 같았다.

에밀리는 자기 집단에서 사회적으로 추방된 친구들을 거의 동정하지 않았지만, 점심시간에 말을 할 때 조심해야 한다는 사실은 인정했다. 에밀리는 그 친구들과 어울린다는 사실이 무척 행복한 듯 보였다. 그런데 먹는 것은 아주 복잡한 문제였다. 통통하게 살이 오르는 친구들도 있었기 때문에 모두 조심해서 먹으려고 노력했다. 일주일에 한 번은 친구들 모두 샌드위치에서 상추만 빼서 그것만 먹었다. 많은 아이가 다이어트를 했다. 에밀리는 다이어트를 하는 날도 있었지만, 대부분은 하지 않았다.

학교가 끝나갈 무렵이 되자 에밀리는 다시 졸리다. 에밀리는 배낭에서 에너지 음료를 꺼내 마신다. 에밀리와 친구들은 늘 에너지 음료를 마신다. 학교는 3시에 끝나지만, 에밀리는 5시까지 축구 연습을 한다. 축구가 끝나면 집으로 돌아온다. 신발 밑창에 붙은 흙을 복도에 마구 묻히면서 자기 방으로 뛰어가 친구들과 전화로 수다를 떤다. 저녁 식사 시간은 재빨리 지나간다. 그 시간은 긴장이 흘렀고, 이전 몇 년 동안 에밀리의 가족이 함께 즐겁게 어울리던 시간과는 사뭇 달라졌다. 밥을 먹으면 곧바로 방으로 돌아와 에너지 음료를 마시고, 7시부터 9시 30분에서 10시 정도까지 숙제를 한다. 부모님이 10시에 불을 끄고 자라고 말하면 에밀리는 '대체 엄마 아빠는 내가 아홉 살인 줄 아나봐? 대체 친구들이랑은 언제 연락하라는 거야?'라는 생각에 화가 난다. 에밀리는 11시가 되어 부모님이 안방으로 들어갈 때까지 이불을 뒤집어쓴 채 친구들과 문자를 주고받는다. 에밀리는 일찍 잠드는 것이 절대로 불가능하기 때문에 밤마다 침대로 컴퓨터를 가져와서 최대한 소리를 죽이고 한 시간이나 두 시간쯤 문자를 보내거나 블로그를 하거나 친구들과 수다를 떤다.

결국 에밀리는 자정을 훌쩍 넘겨 잠들 때도 있다.


## 푹 자지 않을 때 치르는 대가


미국소아과학회는 10대 아이들은 밤에 적어도 아홉 시간 이상 자야 한다고 권고한다. 그렇다면 적정 수면 시간을 지키는 아이들은 전체의 몇 퍼센트 정도일까? 15퍼센트 정도라고 알려져 있다. 그렇다면 전체 아이들의 85퍼센트는 잠이 부족하다는 뜻이다.[16] 잠에 취해서 끊임없이 하품을 하고, 설탕이 든 음식을 계속 먹는 10대라는 이미지는 괜히 만들어진 게 아니다. 실제로 10대 아이들 대다수는 잠이 부족하기 때문에, 소소한 것부터 아주 중요한 것까지 거의 모든 분야에서 제대로 일처리를 하지 못한다는 연구 결과가 나와 있다. 잠을 제대로 못 자면, 사춘기의 상징이라고 할 수 있는 여드름투성이의 괴팍한 아이가 되는 것으로 끝나지 않을 수도 있다. 잠이 부족하면 심각한 건강 문제가 발생할 수 있다. 하지만 이는 충분히 예방할 수 있는 문제이다.

잠을 못 자면 학업에 나쁜 영향을 미친다. 문제를 제대로 풀지 못하고, 주의력과 집중력이 떨어지며, 학업 성취도도 낮아진다. 잠이 부족한 아이는 감정을 조절하는 능력이 부족하고, 우울증에 걸리기 쉽다. 10대 중반의 아이들이야 자동차를 직접 운전하지는 않겠지만, 잠이 부족한 선배들이 모는 차를 타고 있다가 사고를 당할 수도 있다. 어른들은 흔히 음주 운전을 끊임없이 걱정하지만, 심각하고 치명적인 교통사고는 알코올뿐 아니라 피로 때문에도 많이 발생한다. 수면 부족이 야기하는 문제들이 누적되다보면 식이 장애나 약물 남용 같은 문제가 고개를 든다.[17]

이 나이 때 아이들이 잠을 못 자는 이유는 비교적 명확하다. 사춘기가 되면 수면 패턴이 바뀌는 것이 가장 큰 이유이다. 이 시기의 아이들은 수면을 조절하는 호르몬인 멜라토닌이 밤늦게, 그것도 아주 늦게 분비된다. 그 때문에 자정 무렵이 될 때까지도 아이들은 피곤한

줄 모른다. 10시에 잠들 수 없다는 아이들의 말에는 반항을 해야겠다거나 부모를 괴롭히겠다는 의도는 전혀 없다. 아이들은 정말 잠들 수 없을 뿐이다. 아이들은 수면 주기가 뒤로 늦춰지는 생리 현상을 경험하고 있을 뿐이다. 부모가 아이의 생리 현상을 바꿀 수는 없다. 우리가 해줄 수 있는 일은 잘 수 있는 좋은 환경을 만들어주고, 올빼미족이 되지 않도록 최대한 신경써주는 것뿐이다.

흥미롭게도 10대 청소년들도 자신들이 부모보다 덜 잔다는 사실을 자각하고 있다고 한다. 부모가 잠든 뒤에도 문자를 보내는 아이들이 많은 것도 그 이유가 될 것이다. 하지만 수면 부족은 청소년기에 당연히 있을 수 있다고 생각하는 것도 그 이유가 될 수 있다. 충분히 휴식을 취한 청소년이 늘 피곤해하는 청소년보다 훨씬 열정적이고 능력이 많고 쓸모 있고 명랑하다. 중학교 2학년 학생이 권장 수면 시간보다 두 시간 모자란 일곱 시간만 잔다면, 성미가 까다롭고 상대하기 어려운 아이가 된다고 해도 놀라운 일이 아니다.[18]

밤에 잠을 제대로 자지 못하면 다음날 어떤 상태가 되는지 생각해보자. 그런 날이 1년 내내 계속된다면? 안다. 부모라면 그런 경험이 많을 것이다. 특히 어린아이를 키우는 부모들은 모두 경험해봤을 것이다. 나도 그렇지만, 누구든 잠이 부족하면 성격이 좋은 사람이 절대 될 수 없다. 나는 내 건강을 위해 무엇보다도 수면 시간을 열정적으로 지킨다. 푹 쉰 뒤의 내 상태와 제대로 자지 못해 짜증을 내고 멍하게 있는 내 상태를 정말 잘 알기 때문이다. 잠을 잘 자야 육체적으로 정신적으로 지적으로 명료하게 깨어 있을 수 있다. 부모라면 무엇보다도 아이의 수면 시간을 지켜주어야 한다.


## ◎ 어떻게 도와주어야 할까?

생리작용이, 학교 시간표가, 소셜 네트워킹social networking이라는 유혹이 한데 어우러져 우리 아이의 잠을 빼앗아가고 있는 것이 분명하다면, 우리는 어떻게 해야 할까?

### 학부모들이 뜻을 모아 등교 시간을 늦추자

당연히 우리 아이의 생체리듬과 전혀 맞지 않는 등교 시간부터 조정해야 한다. 아이들에게 자유롭게 자고 일어날 권리를 주면, 아이들은 대부분 자정쯤에 잠이 들어서 10시쯤에 일어날 것이다. 평소에 부족한 잠을 보충하기 위해 주말이면 종일 집에서 잠만 자는 아이도 많다. 등교 시간을 바꾸면 처음에는 귀찮은 일이 많을 것이다. 사실 이미 등교 시간을 조정하는 학교가 늘어나고 있다. 등교 시간을 조금만 늦추어도 아이들에게는 크게 도움이 된다.

등교 시간을 늦추면 어떤 장점이 있는지 조사한 연구에서 등교 시간을 8시에서 8시 20분으로 늦추면 아이들이 대부분 45분 정도 더 잘 수 있다는 결과가 나왔다. (흥미로운 것은 수면 시간이 늘자 수면의 질도 개선되었다는 것이다. 아이들은 15분 일찍 잠자리에 들고 30분 늦게 일어나면 훨씬 개운하다고 했다.) 밤에 여덟 시간 자는 아이는 16퍼센트에서 55퍼센트로 늘었고, 일곱 시간 미만으로 자는 아이는 80퍼센트 감소했다. 당연히 학습 동기는 상승했고, 피로와 우울증은 감소했으며, 몸의 통증을 호소하는 아이도 줄었고, 아이와의 관계가 좋아졌다는 부모도 늘었다.[19]

## 적어도 잠들기 30분 전부터는 침실에서 전자 기기를 사용하지 못하게 하자

요즘 10대 아이들이 일어나는 시간은 30년 전에 10대 아이들이 일어나던 시간과 다를 바가 없지만, 지금의 아이들은 예전 아이들보다 잠을 훨씬 적게 잔다. 잠자리에 드는 시간이 훨씬 늦어졌기 때문이다. 10대 아이들은 뇌가 바꾼 수면 패턴(유아기보다 늦게 잠들게 한다)을 소셜 네트워킹 기술을 향상시키는 기회로 활용한다. 10대 아이들의 침실은 텔레비전, 컴퓨터, 스마트 폰, 아이팟, 아이패드, 비디오게임기 같은 전자 제품으로 가득차 있다. 그 모습은 마치 베스트 바이Best Buy 미국의 전자 제품 소매 업체—옮긴이 매장을 축소해놓은 것처럼 보인다. 전자 기기에서 나오는 빛 때문에 멜라토닌이 적게 분비되면, 아이들이 잠자리에 드는 시간은 더욱더 늦어진다. 아이들이 쉽게 잠들 수 있도록 빛을 차단하고 자극을 줄이자. 전자 제품을 모두 없앨 수는 없더라도, 최소한 텔레비전과 휴대폰은 아이 방에 넣지 말아야 한다.

## 수면 위생 가르쳐주기

(안다. 조금 이상한 말이라는 거. 하지만 수면 위생은 전문가가 선호하는 용

어이다.)

중학생들에게 건강 교육을 할 때는 건강한 음식을 먹고, 정기적으로 운동을 하고, 안전하게 섹스를 하는 것이 중요하다고 가르친다. 일반인의 건강을 위한 공익광고의 내용도 이와 다르지 않다. 하지만 수면을 위한 가장 기본적인 내용들(수면의 중요성, 수면 부족이 낳는 결과, 최상의 수면 환경을 만드는 방법)은 거의 언급하지 않는다. 이제 부모들이 그 공백을 채워줘야 한다. 이제부터는 아이에게 가르쳐줄 (그리고 시범을 보일) 가장 중요한 수면 위생 규칙을 알아보자.

• 일정한 시간에 잠자리에 든다.
• 잠들기 30분 전에 조용한 의식을 치른다. 아이의 마음이 편해질 수 있는 방법을 찾자. 음악을 듣거나 책을 읽거나 일기를 쓰거나 따뜻한 물로 샤워를 하면 된다. 이런 활동들을 잠자리에 들기 전에 반드시 하도록 습관을 들이자. 아이와 조용히 대화 시간을 갖는 것도 좋은 방법이다.
• 잠들기 30분 전부터 조명의 세기를 줄이자.
• 늦은 오후에는 카페인이 든 음료수를 마시지 않게 하자. 음료수 라벨을 꼭 확인하자. '건강 보조제'라고 적힌 에너지 음료도 있다.
• 잠들기 30분 전에는 전자 기기를 모두 끈다.
• 아이와 상의해, 소셜 네트워킹 프로그램을 하는 시간을 정해주자. 아이는 쉬고 있다고 주장하겠지만, 소셜 네트워킹 프로그램을 하면 절대로 쉴 수 없다. 중학생의 일상은 다양한 사건으로 점철되어 있

다. 낮에 있었던 불행한 사건을 저녁 시간에 곱씹는 것은 숙면에 전혀 도움이 되지 않는다.

### 아이들이 해야 할 일이 지나치게 많으면 안 된다

지금까지 살펴본 것처럼 사춘기 초기에 접어든 아이들이 감당해야 할 생리적, 지적, 사회적, 정서적 과제는 너무 많다. 중학생에게 과외 활동은 아주 중요하다. 자존감, 자립심, 열정, 근면 같은 다양한 능력을 개발하는 데 도움을 주기 때문이다. 자신이 좋아하는 활동을 하면서 다양한 친구를 사귈 기회도 얻는다. 자신이 활동하는 분야에 아주 뛰어난 재능이 있을 수도 있고, 재미있기는 하지만 별다른 재능이 없다는 사실을 깨닫게 되기도 한다. 그러면서 아이는 '나는 어떤 사람인가?'라는 내면의 질문에 대답할 수 있게 된다. 문제는 다른 양육 분야에서도 그렇듯이 부모는 조금 하면 좋고 많이 하면 더 좋겠지 하는 생각에서 결정을 내린다는 것이다. 하지만 그렇지 않다. 중학생 아이들에게 가장 크게 불안을 주는 요소는 자기 마음속에 '너무 많은 것'이 들어 있다는 것이다. 아이들에게는 걱정할 일이 너무 많다. 아침에 일어나면 내 몸은 어떻게 변해 있을까? 점심은 누구랑 먹지? 과연 내가 대수학을 이해할 수 있을까? 학교에서 하는 연극 대사도 외워야 하고, 접영 25미터 완주 시간도 단축해야 하고, 축구부 테스트도 준비해야 한다. 이처럼 중학생들 대부분은 수많은 활동을 한다. 여성 청년 연맹 회원이나 소화할 수 있을 정도다. 물론 적절한 양이라면 과외활동은 분명히 아이에게 도움이 된다. 하지만 푹 쉬려면 맑은 정신으로 하루를 정리할 시간이 필요하다. 앞에서 언급한 수면 규칙(잠들기 전에 활동을 멈추는 것)만 지켜도 아이는 많은 일을 할 수 있다. 하루를 되돌아보면서 혼자 있는 시간을 만들어주자. 아이는 숙면을 취할 수 있을 것이다. 물론 부모도 마찬가지이다.

## 건강하게 살 수 있도록 건강한 식습관을 길러주자

여자아이들은 다이어트를 하고, 남자아이들은 근육을 키우기 위해 단백질 보조제를 먹는다. 그것은 빠른 신체 변화에 놀란 아이들이 흔히 하는 선택일 뿐이라고 생각할 수도 있다. 하지만 에밀리 같은 아이가 일주일에 한 번은 점심에 상추만 먹고, 열세 살밖에 안 된 라이언이 철인 3종 경기 선수처럼 오렌지 주스에 단백질 가루를 잔뜩 타서 마신다면, 당연히 걱정을 해야 한다. 청소년기 초기에 형성된 자기 몸에 대한 불만(부모로서는 우리 아이의 자아감에 포함되지 않기를 바라는 불만이다)과 나쁜 식습관은 쉽게 사라지지 않는다. 그러니 처음 조짐이 보일 때 단호하게 잘라내야 한다.

식이 장애는 그 범위가 아주 넓다. 가볍게는 몸무게와 몸매에 지나치게 집착하는 것 정도이지만, 심각하게는 비만, 거식증, 폭식증에까지 이른다. 현대 여성은 대중매체가 쏟아내는 비정상적으로 마른 여성의 이미지에 지배되고 있다. 남자아이보다 열 배나 더 많은 여자아이가 다이어트를 하는 이유이다. 한편으론 많은 언론 매체가 거식증과 폭식증이 현재 '전염병 수준'이라고 떠들고 있지만, 사실 그렇지는 않다. 거식증에 걸린 10대는 전체 10대의 0.5퍼센트 미만이며, 폭식증은 3퍼센트 정도이다. 대부분은 여자아이이다. 거식증인 10대 아이들 가운데 20퍼센트가 굶어 죽기 때문에 당연히 가볍게 여길 질환은 아니지만, 전염병이라고 할 정도는 아니다. 그러나 체중이 엄청나게 감소하고, 운동을 지나치게 많이 하고, 밥을 먹으면 토하고, 설사약을 먹는 등 우리 아이에게 심각한 식이 장애 증상이 나타나지는 않는지 늘 신경을 써야 한다. 여자아이가 밥을 먹기만 하면 화장실에 들어가 오랫동안 나오지 않는다면 토하고 있는 것일 수도 있다.

미국 사회가 정말 걱정해야 하는 10대들의 전염병은 비만이다.[20] 미국 아이들은 세 명 가운데 한 명 이상이 과체중이거나 비만이다.[21] 다시 라이언을 생각해보자. 과연 근육을 키우고 몸무게를 불리는 것으로 끝이 날까? 라이언의 식습관은 나중에 문제가 될 수 있다. 중학교 때 비만인 아이 중 80퍼센트 이상이 성인이 된 뒤에도 비만으로 남는다.[22] 라이언은 단백질 가루뿐 아니라 스테로이드호르몬을 먹을 수도 있다. 중학생이 스테로이드호르몬을 복용하는 것은 드문 일이지만, 그래도 1퍼센트 정도가 먹는다고 알려져 있다.[23] 청소년이 스테로이드호르몬을 복용하면 고환이 쪼그라들고 유방이 발달하는 등 심각한 부작용이 생길 수 있다(이래서 교육이 중요한 거다!). 우리 아이가 남자아이인데 지나치게 근육이 많이 생긴다거나 여드름이 많이 난다거나 갑자기 짜증을 많이 내고 공격성이 증가한다면 그 이유를 살펴보아야 한다.

식이 장애도 다른 여러 복잡한 문제처럼 유전자와 문화, 사회 분위기가 크게 영향을 미친다. 그렇다면 어떻게 해야 이런 요소들이 아이에게 영향을 미치지 않도록 할 수 있을까? 부모는 아이들이 건강한 식습관을 들일 수 있도록 가르치고, 좋은 영양소가 든 음식을 먹이고, 건강한 신체 이미지를 가질 수 있는 환경을 조성해줌으로써 아이의 건강에 커다란 영향을 미칠 수 있다.


◎ **어떻게 도와주어야 할까?**


모범을 보이자

아이들이 건강한 식습관을 형성할 수 있도록 그저 매일이 아니라 하루에도 여러 번 적극적으로 모범을 보여야 한다. 늘 당근이나 현미를 먹으라는 말이 아니라 탄산음료와 아이스크림은 절대 먹지 말라는 말이다. 어떤 음식을 먹어야 하는지 가르쳐주고, 식료품점에 데려가고, 함께 요리를 하고, 몸에 좋은 음식을 쉽게 만드는 방법을 알려주자. 아이들에게 식품 라벨을 읽는 법을 알려주고, 직접 요리를 준비하게 하자.

청소년기에 접어들면 아이들은 폭발적으로 성장한다. 당연히 아이들은 전보다 훨씬 많이 먹는다. 아이들은 과일이나 땅콩버터만큼이나 초콜릿 크림 케이크도 쉽게 먹을 수 있다. 가끔 규칙을 어겨도 야단법석은 떨지 말자. 아이들은 기분 전환을 위해 아이스크림 한 상자 정도는 충분히 먹을 수 있다. 그리고 음식을 고를 때는 극단적인 자세를 취하지 말고 적당한 자세를 취해야 한다. 청소년기의 특징은 청개구리가 되는 것이다. 지나치게 엄격하게 굴면 아이들은 오히려 엇나간다. 큰 그림을 볼 수 있어야 한다. 우리가 바라는 것은 아이가 자신의 몸에 만족하고, 좋은 음식을 즐기고, 결국 건강하게 사는 것이다.

### '건강한 식습관'은 부모의 문제일 수 있다

마고는 엄마의 손에 이끌려 나에게 왔다. 엄마는 마고에게 '식이장애'가 있다고 걱정했다. 엄마의 생각은 확고했다. 집에서는 분명히 몸에 좋은 음식만 먹어야 하는데, 마고가 침대 밑에 사탕을 숨겨놓았다고 했다. 하지만 엄마가 상담실을 나가자마자 마고는 불만을 터뜨렸다. "엄마는 100칼로리가 넘지 않는 음식만 몸에 좋다고 생각해요. 전 매일 라크로스를 하니까 집에 오면 배고파서 죽을 거 같다고요. 그런데 엄마는 당근이랑 셀러리만 줘요. 사탕이라도 먹어야 견딜 수 있어요. 엄마는 몸에 좋은 음식만 먹어야 한다는 강박관념에 사로잡혀 있는 거 같아요. 이건 제 문제가 아니라 엄마의 문제란 말이에요." 실제로 엄마의 심리를 조금만 들여다보면, 엄마가 건강한 음식에 집착하는 이유는 자신이 날씬한 몸매를 유지하고, 딸이 뚱뚱해지지 않도록 막기 위해서라는 것을 알 수 있다. 이렇듯 내 상담실에서는 환자와 그 부모가 자리를 바꿔야 하는 경우가 많다. 부모와 아이 중 어느 쪽에 문제가 있는지 분명하게 파악해야 한다.

## 음식은 상이나 벌이 아니다

대공황을 이겨내야 했던 많은 부모님처럼 우리 부모님도 음식은 남기지 말고 끝까지 먹어야 한다고 했다. 세계 곳곳에서 굶주리고 죽어가는 아이들을 생각하라고 늘 말씀하셨다. 나는 언제나 부모님의 명령에 따랐지만, 어째서 내가 통조림 완두콩을 먹지 않는 것이 지구 반대편에 있는 아이들에게 도움이 되는지는 절대 이해하지 못했다. 지금도 나는 완두콩을 먹지 않는다. 그리고 나는 내가 먹은 완두콩 때문에 생명을 구한 사람도 없을 거라고 생각한다.

음식은 연료이다. 음식은 상이나 벌, 혹은 굶주린 아이를 구하는 일과 관계가 있을 수도 없고 있어서도 안 된다. 음식을 상으로 주면 과식을 하게 된다. 보통 사탕을 상으로 주기 때문에, 상을 자꾸 주다 보면 엄청나게 살이 찔 수도 있다. 음식은 벌이 되어서도 안 된다. "언니한테 못되게 굴다니, 오늘 저녁 간식은 없어!"라는 말은 원한과 반항만 키운다. 아이의 버릇을 고치기 위해 운동이나 잠을 이용하는 부모는 없다. 음식도 그래야 한다. 음식을 상이나 벌로 이용하면 불만만 키운다. 결국 나중에는 정기적으로 치료사에게 치료를 받아서 그 불만을 풀어야 하는 상황이 되기도 한다.


## 외모에 대한 불만에는 현실적으로 접근하자

대부분은 체중이 적당한 청소년 여자아이들이 다이어트를 하는 이유는 무엇일까? 무엇보다도 가장 큰 이유는 의학적으로 보았을 때 정상이거나 저체중인 여학생 가운데 3분의 1 이상이 자신을 과체중이라고 생각하는 데 있다. 정상 체중인 여학생 가운데 80퍼센트는 자신이 조금만 더 날씬하면 더 행복하고 더 성공하고 더 인기가 있을 것이라고 믿는다.[24] 이런 난감한 결과는 우연히 생긴 것이 아니다. 자아감은 언제나 자신의 신체를 자각하는 것으로 시작한다. 한 사람의 '자아'가 가장 처음 인지하는 부분이기 때문이다. 대개 일시적으로 발생하는 현상이긴 하지만, 여자아이가 자신의 몸에 만족하지 못하면 건강한 자아감이 형성될 토대를 만들지 못한다. 남자아이는 여자아이보다 자기 몸에 불만을 갖는 경우가 훨씬 적다. 하지만 지금은 점점 더 많은 남자아이들이 근육을 키워야 한다는 생각에 사로잡혀, 이상적인 몸매를 만들기 위해 단백질 가루를 먹거나(강박증이 심하지 않은 경우) 스테로이드호르몬을 복용하기도 한다(강박증이 심한 경우).[25]

10대 아이들은 대중매체가 소개하는 연예인 사진에 노출되어 있다. 건강하지도 않고 따라 할 수도 없는 특별한 신체 유형이다. 사춘기에 접어든 아이들은 당연히 체중이 증가해야 한다. 아직은 연약하고 걱정이 많고 친구에게 집착하는 10대 아이들은 당연히 스스로를 부족하다고 여긴다. 10대 아이들은 친구 관계가 아주 중요하기 때문에, 식이 장애는 그 친구들 모두의 문제가 될 가능성이 크다. 예를 들어, 날씬하고 인기가 많은 여학생은 같은 집단의 다른 친구들에게 나쁜 영향을 미칠 수 있다(모두 함께 다이어트 약을 먹거나 먹은 음식을 토하거나 무조건 굶을 수 있는 것이다). 일주일에 한 번은 상추만 골라내서 먹는 에밀리의 친구들이 그런 예이다.

자기 몸에 만족하지 못하는 이유는 여러 가지인데, 대개 문화적 압박, 가정의 분위기, 유전자, 우울증, 낮은 자존감 같은 심리적 요인이 복합적으로 작용한다. 이 중 하나가 단독으로 아이에게서 식이 장애를 일으키지는 않는다. 중학생이 자기 몸에 대해 품은 불만은 전염성이 강하고, 인생 전반에 걸쳐 위험하게 작용할 수 있다. 지금부터는 우리 아이가 현실적이고 건강한 외모 기준을 가질 수 있는 방법을 살펴보자.

• 부모 먼저 몸무게에 관심을 갖지 말자. 자신의 몸무게에도, 아이의 몸무게에도, 길에서 만나는 사람의 몸무게에도 관심을 끊자. 당신은 외모가 아니라 상대방의 성격, 배려심, 열정, 태도를 중요하게 생각한다는 것을 아이들에게 행동으로 직접 가르쳐주어야 하다. 바깥세상은 특별한 몸매(특정한 방식으로 생산된 몸매)가 행복을 보장한다고 선전한다. 당신의 가정을 그런 광고들이 침범할 수 없는 성역으로 만들어야 한다.

• 사춘기가 되면 당연히 살이 찐다는 사실을 알려주자. 아이가 사춘기가 되면 당연히 몸무게가 늘어날 수밖에 없다는 사실을 알려주어야 한다. 그리고 아이를 화나게 할 생각이 아니라면 "애, 너 꼭 나처럼 보인다"라는 말은 하는 게 아니다. 아이에게 사실을 알려주어야 한다. "그래, 네 몸은 변하고 있어. 이제 어른이 되는 거야. 어른이 되려면 몸무게가 늘 수밖에 없어"라고 말해주자.

• 아이가 자기 몸에 만족하려면 무엇보다도 아빠의 역할이 중요하다. 아빠가 딸의 몸매를 멋지다고 생각하면 딸아이는 걱정을 덜 수 있다. 케이크를 한 조각 더 먹으려는 아이에게 "이제 곧 여름인데 어쩌려고 그래?" 같은 말은 하지 말아야 한다. 몸매에 관한 한 딸에게는 엄마의 말보다 아빠의 말이 훨씬 더 중요하다.

• 아이의 말에 귀 기울이자. 몸매를 걱정하는 아이의 말을 들을 때마다 "크려고 그러는 거야"라든가 "성장하는 과정이야" 같은 말을 해서 찬물을 끼얹으면 안 된다. 적절한 조언을 해주는 것은 좋지만, 경솔하게 행동하면 안 된다. 우리가 중학교 때 "다 크는 과정이야"라는 말을 들었을 때 어떤 기분이었는지 기억하자. 그런 말은 소용이 없을 뿐 아니라 상황만 더 나쁘게 만든다. 그런 말을 들으면 아이들은 부모가 자기 일을 하찮게 여기고 자신을 낮게 평가한다고 생각하게 된다.

부모는 패스트푸드 가게에서 나쁜 음식을 판다고 비난할 수 있고 또 비난하는 것이 당연하다. 하지만 분명히 기억해야 할 것은 아이들은 대부분 집에서 식사를 한다는 것이다. 따라서 우리 집부터 변해야 한다. 먼저 아이들이 직접 식료품을 사오거나 저녁에 먹을 샐러드를 만들 기회를 주자. 좋은 식습관을 직접 익힐 수 있는 기회를 주는 것이다. 아이들이 다양한 음식을 어떻게 생각하는지 알아보자. 가족의 저녁 식사 시간은 즐거워야 한다. 저녁 식사 자리를 싸움터로 만들지 말자. 지나치게 엄격하면 안 된다. 건강한 음식만 늘 먹는 사람은 없다는 사실을 인정하면 마음이 한결 너그러워질 것이다. 어린아이는 가끔 자유를 누려도 된다는 점을 명심하자. 물론 과자, 사탕, 도넛 같은 음식을 계속 먹지 않게 하고 그런 음식을 집에 두지 말아야 한다. 이것은 정말, 정말 중요하다. 사람들은 대부분 손에 넣을 수 있는 음식을 먹는다. 다른 학부모와 연대해 신선하고 건강한 학교 급식을 아이들에게 먹이자.

청소년이 겪는 건강 문제를 의학이 대부분 예방해줄 것이라고 믿는다면, 그것은 정말 터무니없는 생각이다. 청소년기는 육체와 정신과 사회 환경이 모두 변하지만, 그래도 인생을 통틀어서 볼 때 분명히 아주 건강한 시기이다. 건강한 아이가 건강을 망치는 선택을 하고, 부모는 그저 지켜볼 수밖에 없을 때, 부모는 극심한 고통을 느낀다. 부모는 아이와 대화할 수 있는 통로를 늘 활짝 열어두고, 사회와 기업과 문화가 아이에게 나쁜 영향을 미치지 않도록 보호해야 한다. 아이가 중학생이 되면 초등학생일 때에 비해 대화 통로를 열기가 훨씬 어려워진다. 대화 통로를 열려면 우리 아이가 하는 말이 무슨 뜻인지 정확하게 알아야 한다. 아이가 "내 인생이야"라고 말하는 이유는 그 말이 사실이기도 하지만 스스로 확신을 갖고 싶기 때문이기도 하다. 부모를 노려보는 것은 독립선언이자, 자신이 나쁘게 굴어도 부모가 자신을 좋아해줄지를 시험하는 것이다. 아이들이 제시하는 시험에 통과할 자신이 없는 부모라면 도와줄 사람을 찾아야 한다. 아이들이 중학생 시기를 헤쳐나가는 동안 학부모들은 그 어느 때보다도 서로 도와야 한다.

청소년기의 아이들은 그 어느 때보다 열정적으로 부모와 자신의 관계를 시험한다. 부모는 반드시 이 시험에 통과해야 한다. 중학생 아이가 평생 간직할 건강한 습관을 들이게 하고 싶다면 계속 사랑하고 보듬어주고 함께해주어야 한다.

## 자립심 기르기

:

중학교 입학식 날, 엄마는 딸아이와 함께 앞으로 아이가 다닐 학교 교정에 들어섰다. 그런데 중학교 운동장은 소란하고 정신없는 초등학교와는 분위기가 사뭇 달랐다. 물론 중학생 아이들도 사방에서 뛰어다니기는 했다. 하지만 어슬렁거리며 걷는 아이, 골이 난 듯 혼자 앉아 있는 아이, 대화를 하는 아이, 시시덕거리는 것이 분명한 아이도 있었다. 이제 열한 살인 아이가 청소년의 세계에 잘 적응할 수 있을지 걱정이 된 엄마는 아이의 손을 조금 세게 잡았다. 여자아이와 남자아이가 철저하게 분리되어 있고, 충분히 예측할 수 있었던 초등학교와 비교하면 중학교는 완전히 다른 세상이었다. 부모라면 당연히 우리 아이가 아직 중학교에 갈 시기가 되지 않은 것처럼 느낄 수 있다. 하지만 어리둥절하고 의심에 찬 눈으로 중학교 교정을 바라보던 엄마는 아이가 손을 놓고 저만치 걸어가고 있다는 사실을 문득 깨닫는다. 아이도 물론 두렵다. 아이 역시 잔뜩 긴장하고 있다. 하지만 자신이 지금까지와는 전혀 다른 세상에 들어왔다는 사실을, 아이는 엄마만큼이나 잘 안다. 아직 그 세상이 어떤 곳인지는 알 수 없지만, 주위를 둘러본 아이는 이곳은 엄마의 손을 잡고 있을 곳이 아님을 본능적으로 깨달았다.

중학교에서는 어떤 이상한 마법이 펼쳐질까? 어린아이였던 딸이 고작 3년 만에 아이보다는 어른에 가까운 존재가 되는 것을 보다니, 정말 마법 같은 일이다. 부모는 이런 신기한 변화를 감당할 준비를 해야 한다. 엄마는 중학교에 입학하는 딸이 겪을 신체 변화를 제대로 알기 위해 책도 많이 사고 기사도 충분히 읽고 텔레비전도 열심히 들여다보았을 것이다. 하지만 아이가 일부러 엄마의 손을 뿌리치고 혼자 걷는 일은 상상도 하지 못했을 것이다. 물론 열세 살이 되면 아이들이 주위의 시선을 엄청나게 신경쓴다는 것은 엄마도 안다. 하지만 아직 우리 딸은 열세 살이 되지 않았다. 아이는 거의 10년 동안 엄마의 손을 놓지 않았다. 유치원 때도, 초등학교 때도, 당연히 엄마와 손을 잡고 입학했다. 아이는 이제 한 발 내디뎠을 뿐인 세계에서 보내온 신호(엄마에게 매달려 있는 것보다 혼자 걷는 아이를 선호한다는 것)를 어떻게 감지했을까? 앞으로 이 세계는 우리 아이에게 어떤 낯선 신호들을 보내올 것인가? 우리 딸은 그 신호에 지금처럼 쉽게 반응할 것인가?

엄마는 신체 변화가 사춘기 때 일어나는 전체 변화의 일부일 뿐이라는 사실을, 그것도 이 새로운 성장 단계에서 가장 무서운 변화는 아닐지도 모른다는 사실을 불현듯 깨달았다. 엄마가 새로운 상황에 아직 충분히 준비되지 못한 것이다. 지금까지 아이의 삶은 전적으로 엄마가 이끌어왔다. 하지만 그런 시간은 아이의 인생에서 아주 짧은 순간일 뿐이었고, 이제부터 아이는 엄마에게 의존하던 상태에서 벗어나 독립하리라는 생각을 미처 하지 않은 것이다. 엄마는 아이의 손을 다시 붙잡아 꼭 쥐고 싶은 충동을 느낀다. 엄마가 항상 곁에 있어줄 거라는 확신을 딸에게 심어주고 싶다. 하지만 그런 확신이 필요한 사람은 딸이 아니라 자신이라는 사실을 깨닫는다. 아이는 벌써 저만치 걸어가고 있다. 문득 몸을 돌려 엄마에게 손을 흔든다. 잔뜩 흥분하고 기대에 찬 얼굴을 하고 있다. 엄마는 허리를 꼿꼿이 펴고, 실망한 표정을 감추고, 힘차게 손을 흔들어준다. 하지만 차에 돌아오는 순간 눈물이 쏟아져내리려는 마음은 도저히 감출 수가 없다.

### 어째서 독립하려는 걸까?

우리 큰아들이 중학교에 입학하기 며칠 전이었다. 자기 방에서 그 아이는 눈물에 젖은 얼굴로 벽을 보고 있었다. 우리 아들은 조용히 말했다. "아직 크고 싶지 않아." 그럴 때는 뒤로 물러서서 아이가 말을 할 때까지 기다려야 한다는 사실은 잘 알고 있었다. 하지만 나에게는 아이에게 묻고 싶은 질문이 수만 가지는 있었다. 중학생이 되는 게 두려운가? 혹시 지금 운동부에서 맡고 있는 주전 자리를 내놓고 싶지 않은 걸까? 엄마처럼 길치라서 크고 낯선 학교에서 길을 잃을까봐 무서운 걸까? 나는 그런 게 두려운데, 우리 아들 역시 그런 걸까? 나는 아들의 침대에 걸터앉아 내가 할 수 있는 가장 무난한 질문을 했다.

"왜 그러니?" 그런 다음 나는 내 입에 단단하게 자물쇠를 채웠다. 그래야 아들에게 대답할 마음이 생길 테니까.

그날 아들은 아주 흥분하고 긴장한 상태였지만, 자신이 슬픈 이유는 제대로 알지 못했다. 하지만 나에게 이야기하는 동안 아들은 자신이 슬퍼하는 이유를 조금씩 파악했다. 그 이유들은 내가 추측한 이유들과는 전혀 달랐다(이것이 바로 이 책에서 아이들 말에 귀를 기울이라고 거듭 강조하는 이유이다). 아직 입학식은 안했지만, 아들은 이미 학교에 가서 사전 답사를 마쳤다. 같은 중학교에 들어가는 친구들이 많기 때문에 외로울 거라는 걱정도 하지 않았다. 자신의 운동 실력 정도면 중학교에서도 농구팀에 들어갈 수 있다는 사실 역시 잘 알았다. 그러니까 그런 문제들은 전혀 아이의 걱정거리가 될 수 없었다. 아들은 자신이 아직 준비도 안 된 상태인데, 어린아이가 누리는 특권을 잃게 되는 것을 걱정하고 있었다. 이제는 학교에 자신을 잘 아는 선생님이 없다는 사실도 아이를 두렵게 했다. 중학교는 혼자 가거나 친구들과 가야지, 엄마와 함께 갈 수 없다는 사실도 잘 알았다. 자신의 모든 숙제들을 기록할 플래너agenda를 갖게 된다는 사실에 들떠 있기는 했지만, 이제 숙제를 놓고 가도 부모가 학교에 가져다주지 않는다는 사실도 잘 알았다. 아들은 막 독립을 꿈꾸면서도, 우리 가정에서 구축한 친밀함을 더이상은 누릴 수 없을지도 모른다는 걱정을 했다. 내가 전혀 엉뚱한 추측을 하고 있을 때, 아들은 막 중학생이 되는 아이들이 처한 핵심 딜레마에 아주 구체적으로 주목하고 있었다. 어떻게 하면 효과적으로 독립하면서도 가족과 친밀한 관계를 유지할 수 있는가 하는 문제 말이다.

아이들이 자신의 삶을 살아갈 수 있도록 독립심을 길러주어야 한다는 것은 부모라면 누구나 안다. 부모가 언제나 아이 옆에서 도움을 줄 수는 없다. 아이는 결국 자립해야 한다. 하지만 아이 입장에서는 자신을 지탱해주던 많은 것들(다정한 포옹, 굿 나이트 키스, 따뜻한 신뢰)을 온전한 자기 자신이 되기 위해 포기해야 하는 이유를 알 수 없다. 우리 아들은 중학교에 가는 준비를 하는 동안 적절하게 우울해진 것이다. 언젠가 자신이 되고 싶은 남자의 모습을 갖추기 위해서는 어린 시절을 포기해야 한다는 사실을 직감적으로 알게 된 것이다. 독립하려는 강렬한 욕구가 10대 아이들에게 생기는 이유는 여러 가지이지만, 그중에서도 가장 강력한 동기는 어른으로서의 삶을 능숙하게 살아가는 능력을 기르고 싶다는 바람이다. 아이는 엄마와 함께 걸어가던 편안한 길로 되돌아가는 것을 피할 가장 안전한 방법으로 중학교에 입학할 무렵에 느꼈던 슬픔을 분노로 바꾸거나 내면에 침잠시킨다.

분명한 사실은 아이의 독립심이 중학교 입학식 날 처음 나타난 것은 아니라는 것이다. 갓난아기도 충분히 먹은 뒤에는 나머지 음식은 혀로 밀어내고, 아장아장 걷는 아기도 "나 혼자 할 거야"라며 고집을 부린다. 조금 자라서 혼자 자전거를 탈 수 있게 되면 곧바로 보조 바퀴를 떼어달라고 조른다. 하지만 이것은 사실이다. 중학생이 되면 독립심은 어렸을 때와는 비교도 할 수 없을 정도로 커진다. 그리고 그래야 하는 이유도 있다. 어른이 된 자신을 상상할 수 있기 때문이다. 게다가 육체적, 심리적으로 변화가 생기기 때문에 중학생들은 독립을 열망하게 된다.

## 육체적 변화

사춘기에 들어서면 호르몬계가 적극적으로 활동하기 시작하는데, 호르몬 수치는 변동이 심하다.[26] 당신의 아이가 기분이 수시로 바뀌고, 감정을 조절하지 못하고, 부모와 거리를 두려고 하는가? 맞다, 사춘기가 된 것이다. 까칠하고 도무지 종잡을 수 없는 10대 아이하고는 부모인 당신도 거리를 두고 싶을 것이다. 흥미롭게도 원숭이와 유인원도 사춘기가 있는데, 이들 역시 사춘기가 되면 어미와 새끼 사이가 멀어진다고 한다. 이는 초기 청소년기의 반항과 갈등에 진화적 원인이 있을지도 모른다는 뜻이다.[27]

사춘기가 되어 여러 가지 변화가 생기면 상황은 바뀔 수밖에 없다. 우리가 아이를 대하는 방식과, 바깥세상이 아이를 대하는 방식이 달라지기 때문이다. 저녁에 집에 돌아온 아빠는 열두 살 딸에게 "우리 꼬맹이, 오늘도 잘 지냈어?" 하고 말할 것이다. 하지만 아이는 자신을 바라보는 남자아이(특히 오빠)들의 시선에서 더이상은 자신이 꼬맹이가 아님을 알고 있다. 중학교에서는 딸을 조금은 성숙한 어른처럼 대한다. 아빠의 순진한 인사가 딸에게 불러일으키는 감정은 이제는 아빠가 안아주어도 옛날처럼 기쁘지는 않다는 것뿐이다. 이성에 눈을 뜨면서, 아빠에게 폭 안기는 것은 금기 사항이 된 것이다. 자신을 '꼬맹이'라고 부르지 말라며 화를 내고는 문을 쾅 닫으며 자기 방으로 들어가기도 하는데, 이런 행동으로 이제 더는 자신의 취약한 경계를 위협하지 말라는 사실을 아빠에게 분명하게 일깨워줄 수 있다. 어린 시절에 유지하던 친밀함을 생각나게 하는 아빠의 행동에서 아이는 자신이 제대로 독립할 수 없을지도 모른다는 위기의식을 느낀다. 이는 부모가 정말로 청소년인 딸을 어린아이처럼 대했다는 뜻이 아니다. 그저 이 시기의 아이는 자신이 독립할 수 없다는 위기의식이 느껴지면 아주 민감하게 반응한다는 뜻이다.

### 심리적 변화

발달하는 기술 덕분에 이제 우리는 뇌의 구조뿐 아니라 뇌가 작용하는 방식도 들여다볼 수 있게 되었다. 이제는 청소년기에 접어든 아이들의 뇌가 어떻게 작동하는지도 알 수 있게 되었다. 지금까지 우리는 아이들의 신체 변화가 어떤 식으로 독립심을 이끌어내는지 살펴보았다. 이제부터는 뇌의 변화가 어떻게 아이들을 독립적으로 만드는지 살펴보자.

사춘기가 되면 생각하는 방식이 엄청나게 바뀌고 아이들은 훨씬 추상적이고 복잡한 방식으로 생각하게 된다. 사고방식이 어른과 점차 비슷해지면서 아이들은 끊임없이 의문을 제기하고 비평하고 논쟁한다. 인지력이 엄청나게 도약하는 것이다(이것은 심리학자들이 말하는 '긍정적 재구성positive reframing'과 비슷하다).

사람은 필요한 양보다 더 많은 신경 연결망을 가지고 태어난다. 태어난 순간부터 뇌는 효율성을 위해 필요 없는 신경 연결망을 잘라내는 가지치기를 한다. 가지치기는 청소년기를 지나 초기 성인기까지 계속된다. 뇌의 신경 연결망을 어떻게 자르는가에 따라 뇌 영역의 모습은 크게 달라진다. 청소년기에 접어들면 뇌는 전전두피질(전액골피질)prefrontal cortex과 대뇌변연계(둘레계통)limbic system에서 활발하게 가지치기를 한다. 전전두피질은 주로 '어른다운 생각'을 하는 곳이다. 미래계획을 세우고 대안을 가늠하고 위험을 평가하고 충동을 억제하는 곳이 바로 전전두피질이다. 청소년기가 되면 전전두피질은 엄청난 가지치기를 하지만, 가지치기를 완전히 끝내는 데는 10년이 걸린다. 대뇌변연계는 전전두피질과 밀접하게 연결되어 있지만, 전혀 다른 작용을 한다. 감정을 처리하고 조절하며, 사회 정보를 처리하고, 위험과 보상을 추구하는 곳이 대뇌변연계이다. 이곳에서는 신경전달물질(특히 도파민과 세로토닌)을 분비하는데, 신경전달물질의 수치 때문에 10대 아이들은 어른보다 감정적이고, 스트레스에 더 민감하게 반응하고, 쉽게 위험한 행동을 한다.[28] 대뇌변연계가 전전두피질보다 더 재빠르다는 사실을 말해주어도 독자들은 놀랍지 않을 것이다. 전전두피질보다 대뇌변연계가 더 빨리 반응하기 때문에 10대 아이들은 충동을 억제하지 못하고, 자신의 판단을 냉철하게 분석해보기도 전에 새롭고 위험하고 자극적인 일에 쉽게 뛰어든다. 어른의 눈으로 보았을 때는 어리석기 그지 없는 짓도 거침없이 하는 것이다. 이 시기의 뇌는 열두 살 아이가 페라리를 몰고 질주하기를 바란다.

감각을 추구하는 10대 아이들의 뇌는 부모에게 무엇을 바랄까? 10대 아이들은 자신의 새로운 행동을 부모가 승인하지 않는다는 사실을 잘 안다. 그리고 부모의 마음을 귀신처럼 알아챈다. 10대 아이들을 슬픈 표정으로 바라보면 아이들은 자신에게 부여된 과제를 제대로 수행하지 못한다는 흥미로운 연구 결과가 있다.[29] 한편으론 10대 아이들은 다른 사람이 격앙된 감정을 표출하면 거의 정신을 놓아버린다. 따라서 내 말에 귀 기울이게 만들고 싶다면 일단 감정을 내려놓아야 한다. 고함은 절대로 치지 말자. 소리를 지르면 아이들은 부모의 감정을 파악하느라 여념이 없어서, 정작 부모가 하는 말은 건성으로 듣는다. 물론 부모가 로봇처럼 감정이 없이 아이를 대하라는 것이 아니다. 당연히 목소리를 높여야 할 상황도 생길 것이다. 그러나 무엇보다도 중요한 것은 우리가 신경생리학을 이길 수는 없다는 것이다. 감정에 휩쓸리지 않도록 최선을 다해야 한다.

그렇다면 중학교에 입학하자 독립과 가족의 유대감 가운데 하나를 선택해야 한다며 우울해하던 우리 아들의 걱정은 정당한 것일까? 그렇기도 하고 그렇지 않기도 하다. 아들은 분명히 독립을 택해야 한다. 진화적으로나 문화적으로나 신체적으로나 뇌 발달상으로나 독립하는 것이 맞다. 물론 부모는 집은 여전히 안전한 보금자리이며, 아이를 계속 보살필 것이며, 그럼에도 불구하고 아이가 진정으로 독립하기를 바란다는 사실을 아이에게 알려주어야 한다. 걱정은 초기 청소년기의 한 부분이며, 어쩔 수 없이 지고 가야 하는 꾸러미이다. 그때 우리 아들은 곧 맞이하게 될 전환기 문제('어떻게 해야 다른 애들 앞에서 엄마가 나를 예쁜 꼬맹이라고 부르지 못하게 하지?' 같은 가족 문제나 '진실 게임이라니, 어떻게 해야 하는 거지?' 같은 사회적 문제)를 스스로 해결하기 위해 준비하고 있었던 것이다. 중학교를 졸업할 때까지 10대 아이들은 이렇게 어려운 문제를 수백 개 이상 풀어야 한다. 어른이 보기에는 시시해도 중학생에게는 죽고 사는 문제일 때가 아주 많다. 아직은 미숙한 10대 아이들에게는 열린 마음으로 아이의 마음을 헤아려주고, 필요할 때 옆에 있어주고, 충분히 자유를 주는 어른이 필요하다. 정확하게 지적해주어야 할 때도 있지만, "예쁜 꼬맹이라고 부르는 게 뭐가 문제야? 지금까지 계속 그렇게 불렀는데?" 같은 말로 아이의 걱정을 무시하면 안 된다. 그런 소리를 들으면 아이들은 부모가 자신을 이해하지 못한다고 생각한다. 심리학계에는 오래된 격언이 있다. '환자의 입장에서 생각하라.' 중학생을 둔 부모 역시 그래야 한다.


◎ 어떻게 도와주어야 할까?


중학교는 아주 복잡한 곳이다. 이제 막 어린 시절을 벗어난 중학생들은 사방에서 자신을 밀었다 당겼다 하는 것을 경험하게 된다. 공부, 우정, 사춘기, 가족, 이성 문제 등 처리해야 할 목록은 끝없이 늘어난다. 어른도 정신이 아득할 정도로 많은 문제를 중학생은 매일 처리해야 한다. 뭘 입어야 할까? 누구랑 앉지? 어떤 애를 멀리해야 할까? 공부를 해야 하나? 공부를 한다면 얼마나 해야 하지? 몸은 급격하게 변하고 부모는 갑자기 따분한 존재로 변해버렸다. 이제 아이는 당혹스럽고 짜증이 난다. 초등학생 때 부모에게 느끼던 감정은 완전히 사라졌다. 자신의 시각이 바뀌었기 때문에 부모를 다르게 보게 되었다는 것을 제대로 이해하는 중학생을 나는 한 명도 보지 못했다. 아이들은 모두 당황해하면서 "도대체 우리 엄마, 아빠가 왜 이렇게 변한 건지 모르겠어요"라며 울부짖는다. 중학생 아이들을 어떻게 키울 것인가? 그것은 아이들의 이런 심리 상태(혼란스럽고 불안한 상태)를 얼마나 아는가에 달려 있다. 아이들이 중학생이 되었다는 것은 부모가 적어도 10년 이상 아이를 길러왔다는 뜻이다. 따라서 우리는 아이들이 고군분투하고 있을 때는 조용히 기다리면서 걱정을 덜어주고 도와주어야 한다는 사실을 잘 안다. 그러나 가정은 고요하고 안심이 되는 곳이 아닐 때가 더 많은 것 같다. 이미 신경이 잔뜩 곤두선 부모가 아이에게 최상의 도움을 줄 리 없다.

그렇다면 부모는 어떻게 해야 할까? 사춘기는 반드시 오게 마련이다. 아이가 사춘기가 되면 가정은 분쟁이 늘어나고 친밀감은 줄어든다. 아이와 부모의 관계는 반드시 변한다. 따라서 아이 외에 내 인생을 즐기면서 살 수 있는 방법을 찾아야 한다. 테니스를 배우거나 독서 모임에 들거나 친구를 만나거나 일에 몰두하자. 당신의 삶을 뒷받침하고 균형 감각을 키우고 인생에 새로운 활력을 주기 위해 그런 활동들의 비중을 늘리자.

다음은 반항하고 독립을 부르짖는 중학생의 부모라면 반드시 알아야 할 내용들이다.

• 유머 감각을 유지해야 한다. 단, 놀리는 말투는 안 된다.

• 메모지에 '이것 또한 지나가리라'라든가 '조금 불편할 뿐이야'라는 글귀를 써서 붙여두자. 나는 '정신병은 유전된다. 내 것은 아이들에게서 받은 것이다'라고 써두었다. 아이들이 중학교를 졸업한 뒤에도 그 메모지를 보면서 빙그레 웃곤 했다. 지금도 마찬가지이다.

• 아이의 사생활을 존중하자. 아이가 사춘기의 증표라고 할 수 있는 수많은 감정과 엄청난 혼란에서 벗어나 비교적 자유로울 수 있는 공간을 만들도록 허락해주자. 혼자 있고 싶은 욕구는 자아감이 급격하게 변화하는 상황에서 어느 정도 일관성을 찾고자 하는 강렬한 의지의 표현이다. 10대 아이가 침대에서 일어날 생각을 하지 않거나 방문을 닫고 나오지 않는 것은 혼란한 내면에서 벗어나 잠시 쉬고 있는 것이며, 부모와의 관계가 까칠해진 상황에서 벗어나서 혼란스러운 자아를 자세히 살펴보는 시간을 갖고 있는 것이다.

• 아이의 안전을 지키는 일에서는 타협을 하면 안 된다. 우리 아이가 어디에 있는지, 언제 집으로 오는지, 누구와 함께 있는지는 반드시 알고 있어야 한다. 문제는 대부분 방과 후 몇 시간 동안 생긴다. 주중에는 대부분 방과 후 활동을 할 수 있게 하자.

• 10대 아이들이 독립심을 키울 수 있는 기회를 제공하자. 예를 들어 학교 숙제를 하라는 잔소리는 하지 말자. 정말 터무니없는 옷차림이 아니라면 아이들이 입고 싶은 대로 입게 하자. 아기를 돌보거나 동생을 가르치는 등, 작은 임무를 주자. 이런 작은(사실 아주 작지만은 않은) 경험을 하고 스스로 결정을 하는 동안 아이에게는 자립심과 자신감이 생긴다. "직접 해결해봐. 정말 힘들 때는 도와줄게"라고 말

해주자.

- 사소한 일에 안달하지 말자. 부모의 역할은 가정을 합당한 안식처로 만드는 것이다.
- 아이가 까칠하고 신경질적으로 구는 것은 참아야 한다. 하지만 무례한 행동은 참지 말아야 한다.

## 친구 사귀기
:

중학생에게 친구는 어떤 역할을 하는가? 그리고 친구에게 의존하는 아이를 부모는 어떻게 대해야 하는가? 이 두 문제를 바라보는 시각은 크게 둘로 나뉘는데, 그 시각차가 아주 크다. 한쪽은 친구를 아이를 미치게 하고 가정의 평화를 깨는 잠재적 위협으로 본다. 이런 시각을 가진 사람들은 아이가 청소년기가 되면 어쩔 수 없이 부모와 갈등이 생긴다고 믿는다. 아이의 친구들이 세운 규칙과 가치관은 부모가 세운 규칙과 가치관과 대립할 수밖에 없다. 그 결과 아이의 영혼을 둘러싼 전투가 벌어지고, 결국 패하는 쪽은 부모이다. 친구들은 아이를 섹스와 마약과 학업 부진의 세계로 데려가고, 아이는 오랫동안 소중하게 여기던 가족 행사에 참석하기를 거부한다. 일단 아이가 친구들의 영향력 아래로 들어가면 아이는 입는 옷, 듣는 음악, 오락과 여가 활용을 모두 친구들의 입맛에 맞춘다. 이제 부모가 확신할 수 있는 것은 단 하나, 아이의 선택은 부모의 취향과 달라도 너무 다르다는 것뿐이다. 이는 10대 아이들과 그 친구들을 '동떨어진 부족tribe apart'으로 보는 관점이다. 안 그래도 중학생 아이들을 전혀 통제할 수 없다고 느끼는 부모들에게 이 '부족'은 극도로 당황스러울 수밖에 없다. 부모가 할 수 있는 일은 기껏해야 두 손을 모으고 몇 년 안에 내 아이가 정신 차리기를 비는 것뿐이다.

또다른 시각은 중학교에 가면 아이들은 분명히 친구에게 크게 의존하지만, 부모가 적극적으로 개입하여 친구들의 영향력을 제한해야 한다고 주장한다. 부모는 중학생 자녀가 불안하고 혼란스러워하며 취약하다는 사실을 안다. 이런 시각을 가진 사람들은 친구들 역시 내 아이처럼 불안하고 혼란스러워하고 취약하기 때문에 아이에게 좋은 영향을 미칠 리가 없다고 믿는다. '내 아이를 지켜라' 식의 이러한 시각은 이론적으로는 안심이 될 수 있겠지만, 이 전략을 구사하는 부모는 대부분 아이의 격렬한 저항에 부딪혀 결국 갈등만 증폭되고 결실은 전혀 맺지 못한다.

내가 보기에 위의 두 시각은 모두 같은 오해를 하고 있다. 모든 또래 집단은 동일한 방식으로 움직인다고 보는 것이다. 사실 10대 집단은 어린아이 개개인과는 전혀 다르다. 함께 공부를 하도록 서로 격려하는 10대 집단도 있다. 사교 기술을 익힐 수 있는 집단도 있고, 혼란스럽고 취약하고 불안한 마음을 다독여주며 든든한 지원군이 되어주는 집단도 있고, 강인한 자아감을 형성하는 데 도움이 되는 집단도 있다. 반대로 서로 공부를 하지 못하게 방해하고, 폭력 같은 반사회적인 행동을 조장하고, 아이의 성장 발달과 자아감 형성에 나쁜 영향을 미치는 집단도 있다. 하지만 내가 지금까지 관찰한 바로는 중학생은 좋은 친구를 사귀는 경우가 나쁜 친구를 사귀는 경우보다 많다. 중학생들은 거의 대부분, 고등학생 단계(엄청난 자율성을 획득하고 성 경험도 하게 되는 단계)로 넘어가는 데 필요한 도움을 친구들에게서 받는다.

연구 결과에 따르면 아이들은 옷, 음악, 여가 시간 같은 문화 문제는 친구들의 영향을 크게 받지만, 가치관이나 교육 같은 문제는 여전히 부모로부터 강한 영향을 받는다. 이 점을 분명히 명심해야 한다. 10대 아이들은 보라색 머리를 하고 금방 벗겨질 것 같은 바지를 입을 수도 있다. 하지만 중요한 것은 아이들의 가치관이다. 어른이 되면 결국 바뀔 취향 문제를 가지고 씨름하지 말고, 아이에게 가장 중요한 문제에 영향을 미칠 수 있도록 좋은 관계를 유지해야 한다. 아이에게 중요한 것은 가치관이다. 아이가 펑크 밴드인 거터마우스Guttermouth의 사진이 프린트된 티셔츠를 입고 다닌다고 해도, 부모가 크게 걱정할 일은 아니다.


## 또래 집단의 기능


내가 남편과 한 식당에서 저녁을 먹고 있을 때, 정교하게 포장한 꾸러미를 든 10대 여자아이들이 우르르 들어왔다. 분명히 생일 파티를 하는 아이들이었는데, 정말 어마어마한 에너지를 식당 구석구석까지 발산하고 있었다. 키가 큰 아이도 있었고 작은 아이도 있었다. 벌써 다 큰 어른처럼 보이는 아이도 있었고 몸이 이제 막 성숙하기 시작한 아이도 있었다. 여드름, 치아 교정기, 안경 등 청소년의 상징을 주렁주렁 몸에 단 아이도 있었고 그렇지 않은 아이도 있었지만, 모두 희미하게 사춘기의 향기를 뿜어내고 있었다. 나는 그 아이들이 열네 살(고등학생)이라고 생각했지만, 사실은 열두 살부터 열세 살까지(중학생)의 아이들이었다. 오랫동안 10대 아이들을 보았으면서도 열두 살 아이가 그렇게 클 수 있다는 사실에는 늘 놀라게 된다.

그 아이들을 보고 있자니 나의 열두 살 시절이 생각났다. 그때 나는 가슴은 판자처럼 평평했고, 치아에는 교정기를 끼고 있었고, 키는 크고 삐쩍 말랐고, 안경을 벗으면 세상은 온통 뿌옇게 변했고, 집안 형편이 넉넉하지 못했기 때문에 정말 갖고 싶었던 '진짜' 위전스Weejuns 단화는 살 수 없었고, 가짜 위전스 단화를 신고 다니는 동안 아무도 나를 보지 않기를 기도하고 또 기도했다. 하지만 그래도 나는 식당에서 떠들고 있는 여자아이들처럼 친구들에게 상당히 인기가 있는 아이였다. 하지만 50년 가까이 지난 지금 그 무렵에 있었던 일이 거의 생각나지 않는 것을 보면 그 시절은 신나지 않은 것은 물론이고 편한 시기도 아니었던 것 같다. 식당에서 웃고 떠드는 여자아이들을 보다가 문득 그 모습이 아주 낯익다는 생각을 했다. 10대 시절의 우리보다 행복하고 적응력이 뛰어난 새로운 10대 소녀는 없는 것 같았다. 그 아이들이 나에게 드러내고 있는 모습에는 늘 불안하고 혼란스럽고 무섭지만, 그래도 지금은 또래 집단과 함께 있으니 괜찮다는 안도감이 깃들어 있었다. 또래 친구들이 10대 아이들에게 축복인 이유는 또래 친구들과 있으면 나 혼자만 이런 어려운 일을 겪는 것이 아니라는 사실에 안도할 수 있고, 정서적, 지적, 신체적 요구를 수행해야 한다는 부담 없이 여유롭게 웃을 수 있기 때문이다.

어린아이들도 친구는 있다. 그러나 중학교에 입학하면 친구와 보내는 시간이 그전과는 비교할 수 없을 만큼 늘어난다. 친구와 함께 학교에 갈 수 있고, 함께 쇼핑을 갈 수 있는 자유가 생겼다는 것도 그 이유 가운데 하나이다. 또래 집단과 어울리는 것은 아이가 부모에게 의존하는 것과 혼자 서는 것 사이에 놓인 일종의 '중간 기착지'에 있는 것이다.[30] 연구 결과에 따르면 중학생이 다른 사람에게 순응하는 정도는 초등학생과 비교해 크게 다르지 않지만, 그 대상은 부모가 아니라 또래 집단이다.[31] 믿을 수 있는 정보원인 부모를 버리고 지식도 경험도 없는 친구를 정보원으로 택하다니, 부모로서는 상상도 할 수 없는 일이다. 하지만 아이의 선택을 지나치게 감정적으로 받아들이면 안 된다. 그것은 언제까지나 부모에게 의지할 수는 없다는 아이의 의지가 작용한 결과일 뿐이다. 물론 부모는 상황 파악에 능숙하고, 도사리고 있을 위험도 잘 알고, 결과도 더 잘 예측하고, 무엇보다도 아이를 잘 안다. 중학생들에게 부모의 이런 능력은 부분적으로는—다시 말하지만 부분적으로는—상관이 없다. 부모의 역할은 아이가 길을 벗어나지 않도록 이끌어주고, 한계와 결과를 알려주고, 가치관을 전달하고, 균형 잡힌 시각을 형성하도록 도와주고, 아이가 제대로 해냈는지 점검하는 것이다. 해야 할 일이 잔뜩 쌓인 중학생들에게 부모의 이런 역할이 재미있을 리 없다. 또래 아이들과는 재미있는 일을 할 수 있는데 말이다. 내가 식당에서 본 여자아이들처럼 또래 집단은 주로 친목, 놀이, 음악, 옷, 대중매체와 관계가 있는 활동을 한다.

또래 집단은 스트레스가 많은 사춘기에 쉴 수 있는 여유를 주고, 대인 관계와 관련된 기술을 익히게 해주고, 친밀함과 자율성을 익힐 공간을 제공하는 기능을 한다. 그런데도 또래 집단이 문제라는 소리가 심심치 않게 들려온다. 왜일까? 특히 또래 집단의 압력이 문제가 된다는데, 그 이유는 무엇일까?


## 패거리와 무리

오늘날 10대 아이들은 그 어느 때보다도 또래 집단과 많은 시간을 보낸다는 통계 결과가 있다. 그러나 이런 변화 때문에 아이들이 또래의 압력에 훨씬 취약해졌는지, 또는 이런 변화가 청소년의 성장 발달 과정에 전체적으로 어떤 영향을 미치는지를 과학적으로 입증한 자료는 전혀 없다. 그러나 한 가지 분명한 사실이 있다. 10대 아이들의 사회는 보통 비슷하지만 완전히 같지는 않은 두 집단, 즉 패거리clique와 무리crowd로 조직된다는 것이다.

중학생 패거리는 흥미가 비슷한 대여섯 명의 소규모 동성 친구들로 구성되며, 이들은 친한 친구들이다. 중학생(특히 여학생)은 보통 패거리를 이루는데, 패거리 구성원은 자주 바뀐다(물론 그 과정에서 복잡한 일이 생기는 경우가 많다). 이 작고 친밀한 집단 속에서 10대 아이들은 어른의 도움 없이 좋은 친구가 되는 법, 갈등을 해결하는 법, 친구를 이끄는 법을 배운다. 그리고 (당연히) 그런 기술들을 천천히 익히는 데, 그 과정에서 아이들은 극심한 감정 기복을 겪을 때가 많다.

패거리의 구성원은 관심사가 비슷하기 때문에, 우리 아이를 망칠 수 있는 나쁜 친구를 사귄다는 생각은 너무 단순하고 순진한 생각이다. 정서적으로 안정된 아이는 굳이 나쁜 친구를 찾지 않는다. 아이들은 대부분 자신과 비슷한 친구를 만나고 싶어한다. 이를 '선택'이라고 한다. 또한 아이들은 일단 친구가 되면 서로 영향을 주고받으며 닮아가기도 한다. 이를 '사회화'라고 한다. 그런데 선택과 사회화가 청소년의 정신 건강에 똑같이 중요하게 작용하는 것은 아니다. 비교적 조그만 일, 가령 옷, 머리 스타일, 음악(물론 나도 줄기차게 머리를 흔들며 록 음악만 듣는 것은 이제 사소한 문제가 아니라 정말 중요한 문제라는 것을 안다) 따위에는 사회화가 중요하다. 그러나 음주나 성 경험 같은 가치관의 문제일 때는 선택이 중요하다.[32]

무리는 훨씬 다양하고 많은 아이로 구성되어 있다. 무리는 범생이, 드라마 마니아, 운동선수, 마약중독자처럼 특별한 정체성을 띠지만, 가까운 친구 관계는 아닐 수도 있다. 무리는 심지어 그 학생의 진짜 모습과 관계가 없을 수도 있다. 최근 런던에서 온 어린 환자는 아주 뛰어난 운동선수이다. 그 여학생은 '운동선수' 무리에 속하는 것이 옳을 텐데도, 영국 표준 발음을 구사하기 때문에 똑똑해 보였는지, 중학교에서는 '브레인' 무리에 속해 있다. 고등학교에 가면 자신의 원래 무리로 들어가겠지만, 중학교에서는 확고하게 결정된 무리에서 벗어날 수 없을 것이다.

## 비열한 여학생과 폭력을 쓰는 남학생

영화 〈퀸카로 살아남는 법Means Girls〉에서 배우 레이철 매캐덤스 Rachel McAdams는 못되고 비열한 리자이나 역을 맡아 심술궂지만 재미있는 연기를 선보였다. 하지만 현실에서 비열한 소녀는 전혀 웃긴 문제가 아니다. 폭력을 쓰는 소년 역시 마찬가지이다. 신체 폭력이든 사이버 폭력이든, 비열한 여학생이 주로 구사하는 사회적 공격성이든지 간에, 학교 친구들에게 괴롭힘을 당한 아이는 자존감이 낮아지고 우울증, 학업 부진 등으로 고생하며, 그 때문에 고등학교에 진학하고 성인이 된 뒤에도 힘들어한다는 연구 결과가 있다.[33] 다른 아이들의 공격성에 희생된 아이는 무엇보다도 학교에 제대로 적응하지 못한다(친구들의 놀림과 따돌림을 받으며 잔뜩 두려워하고 있다면, 학교에는 당연히 적응할 수 없을 것이다).

학교 폭력은 늘 있었지만, 최근 연구를 보면 이제 중학교에서 학교 폭력은 예삿일이 되어가고 있는 것 같다. 사이버 폭력은 전통적인 신체 폭력보다 희생자에게 훨씬 나쁜 영향을 미치는데, 그 이유는 희생자들이 무력감과 고립감을 크게 느끼기 때문이다.[34] 사이버 폭력에 노출된 아이들은 신체 증상 장애somatic symptom, 우울증 같은 무서운 증상으로 고생하며, 심한 경우 자살까지 한다. 최근 10대 아이들 사이에서 사이버 폭력으로 인한 자살이 늘고 있다는 점이 그 심각성을 보여준다.

또래 친구들, 패거리와 무리 등과 관련해 중학생 사회에서 생기는 우여곡절은 충분히 예상할 수 있다. 그리고 거기서 10대 아이들은 앞으로 살아가는 동안 자신을 보호할 가치관을 확립할 수 있다. 그래야 고등학교 시절을 잘 보내는 데 도움이 될 복잡한 사교 기술을 익히고 강인한 회복 능력을 키울 수 있다. 그러나 학교 폭력은 어떤 형태도 용납해서는 안 된다. 학교 폭력은 가해자와 희생자는 물론 그들이 속한 공동체 전체를 위험에 빠뜨린다. 학교 폭력은 계속 증가하고 있다. 학부모는 학교와 협력해, 우리 청소년의 정신 건강을 심각하게 해치는 학교 폭력을 막기 위해 최선을 다해야 한다. 학교는 부모가 뒷짐을 지고 앉아서 '알아서 하겠지'라고 생각해서는 안 되는 곳이다. 적극적으로 조치를 취해야 할 장소이다.

◎ **어떻게 도와주어야 할까?**

부모가 중학생 자녀들이 친구에게 의지하는 태도를 바람직한 사회 발달과정의 한 단계로 보든지, 사악한 악마의 유혹으로 보든지 간에, 어쨌거나 아이는 친구들에게 기댈 것이다. 부모에게 진짜 중요한 문제는 10대 아이들이 중학교 시절을 보내는 동안 부모 자신이 여전히 아이와 친숙한 관계를 맺으며 도움을 줄 수 있는가이다. 친구들은 분명히 좋은 쪽으로든 나쁜 쪽으로든 아이에게 영향을 미친다. 하지만 친구 관계보다 우리 아이가 '잘 사는' 데 더욱 크게 영향을 미치는 것은 부모와의 유대감(혹은 부모의 무심함)이다. 아이가 성장하고, 독립심이 커지면, 아이들에게 필요한 사람들 목록도 늘어간다. 이 목록에는 부모님과 친구는 물론이고, 아이가 함께 있으면 마음이 놓이는 운동부 선생님, 교과 담당 선생님, 가족의 친구들이 포함된다.

아이와 부모의 관계는 강화될 수도 있고 약화될 수도 있다. 부모의 역할은 당연히 줄어들 텐데, 부모는 아이의 선택을 존중해야 한다. 그러나 더 중요한 것은 부모의 역할이 권위자에서 권위 있는 조언자로 바뀌어야 한다는 것이다(시간이 흐를수록 권위보다는 조언에 더 무게를 두어야 한다). 물론 권위자 역할을 해야 할 때도 분명히 있다. 아이의 안전 문제라면 특히 그렇다. 그러나 부모는 아이와 기꺼이 협력하는 관계를 만들어야 하며, 그런 관계가 훨씬 도움이 된다는 사실을 깨달아야 한다. 좋든 싫든 간에 경험은 나무를 접붙이기하듯 간단하게 심어줄 수 없다. 제대로 결정하는 법을 배우려면 부모가 백 번 말로 설명하는 것으로는 안 된다. 아이가 직접 혼자서, 가끔은 부모의 조언을 받으면서 깨우쳐야 한다. 부모는 기꺼이 뒤로 물러나, 아이가 자신의 능력으로 노력하는 모습을 인정해주어야 한다. 그래야 부모의 권위가 필요한 순간에 더 큰 효력을 발휘할 수 있다. 조언은 아이에게 커다란 영향을 미친다. 아이가 자신의 새로운 역할에 적응해야 하는 것처럼 부모도 부모의 새로운 역할에 적응해야 한다. 다음에 나오는 이야기들은 조언자와 권위자를 가르는 경계선이 계속 움직일 때 어떻게 행동해야 하는지를 보여주는 실제 사례들이다. 중학생 아이들이 배우는 것은 최대화하면서, 부모와 아이의 관계가 훼손되는 것은 최소화하고, 아이의 안전을 항상 최우선으로 삼는 방향으로 조언자 역할과 권위자 역할을 모두 할 수 있도록 부모가 준비되어 있어야 한다.

• 열한 살인 케이트는 크리스마스이브에 할아버지 집에 가서 저녁을 먹지 않겠다고 선언했다. 아이는 한껏 자랑스러운 말투로 학교에서 가장 인기가 많은 '알렉시스, 켈리, 올리비아'가 크리스마스이브에 알렉시스의 집에서 모이기로 했는데, 거기에 초대받았다고 했다. 아이의 표정을 보니, 아주 중요한 약속임이 분명했다. 올 한 해 동안 케이트는 친구 관계 때문에 애를 먹었다. 케이트는 인기 있는 부류에 속하기는 했지만, 지난 몇 달 동안 함께 어울리지 못하고 따돌림당하는 일이 잦았다. 케이트는 자신이 크리스마스이브는 언제나 할아버지 집에서 보냈다는 사실을 친구들에게 절대 말하지 않았다. 부모가 가족 행사에 반드시 참석하라고 하면 케이트는 분명히 크게 낙담할 것이다. 부모인 당신은 차마 케이트에게 친구 모임에 가지 말라는 말을 할 용기가 없다. 도대체 어떻게 해야 할까?

• 열세 살인 제이컵은 중학교 2학년 때부터 3학년인 지금까지 내내 같은 아이들하고만 어울린다. 남녀로 구성된 친구들은 모두 사이가 좋아서 싸움도 거의 하지 않는다. 친구들 모두 제이컵의 바르미츠바 의식bar mitzvah 유대교에서 열세 살이 된 소년이 치르는 성인식—옮긴이에 참석했는데, 그날 당신은 무언가 이상한 점을 느꼈다. 20여 분 동안 아이들이 모두 사라졌다가 나타난 것이다. 그날 밤 우울한 얼굴로 차를 타고 돌아오던 제이컵은 자기 여자 친구(이때 당신은 아들에게 여자 친구가 있다는

사실을 처음 알았다)가 가장 친한 친구인 애덤과 '관계를 가졌다'고 했다. 그 말을 듣자 당신은 무척 화가 났다. 가장 친한 친구라면서 이렇게 중요한 날 어떻게 친구를 배신하는가? 좋은 친구 사귀기 설교를 지금 당장 시작해야 하나? 아들이 이렇게 우울해하는데, '관계를 가졌다' 같은 말은 못 들은 척해줘야 하는 걸까? 어떻게 해야 할지 도무지 모르겠다.

• 윌리엄은 열두 살이다. 또래 아이들처럼 윌리엄도 자기 방에 컴퓨터가 있다. 원래 컴퓨터 앞에 붙어 있는 아이이기는 했지만, 요즘은 정도가 더 심해졌다. 심지어 방문을 잠글 때도 많다. 도대체 컴퓨터로 무엇을 하느냐고 물어보자 숙제를 한다고 했다. 늘 기운이 없고, 배가 아프다고 하고, 잠도 제대로 못 잔다. 결국 엄마는 호기심을 누르지 못하고 아이가 학교에 갔을 때 컴퓨터를 켜서 검색 목록을 살펴보았다. 놀랍게도 아이는 포르노 사이트를 자주 방문했다. 더 기가 막힌 것은 아들에게 포르노 사이트 링크를 보내준 것은 대부분 또래 아이들이었다는 사실이다. 그중에는 아들과 친한 친구도 있었다. 더구나 여인의 몸에 아들의 얼굴을 합성한 사진도 있었다. 사진 밑에는 경멸적인 어조로 '동성애자'라고 적혀 있기까지 했다. 아들은 이런 일을 당한다는 사실을 한 번도 말한 적이 없다. 이것이 혹시 말로만 듣던 사이버 폭력일까? 아들은 엄마가 자기 컴퓨터를 뒤졌다는 사실을 알면 크게 화를 낼 것이다. 하지만 엄마는 화가 나서 견딜 수가 없다. 학교에 알리거나 경찰에 신고해야 하는 게 아닐까?

이 이야기들은 중학생이 가장 많이 겪는 문제들이다. 아직 어린 케이트에게는 동성 친구가 중요하다. 케이트 나이 때 아이들은 가족이냐 친구냐 하는 문제로 고민한다. 제이컵은 케이트보다 두 살 많을 뿐이지만, 이제 남자와 여자의 관계를 고민하느라 정신이 없다. 이 나이 때 아이들은 지금까지와는 전혀 다른 관계를 맺는 일에 능숙하지 않기 때문에 낭만적인 관계를 추구하면서도 다른 친구들과 좋은 관계를 유지하기 위해 노력하는데, 그러는 동안 혼란을 느끼고, 배신도 당하고, 불안에 떨어야 할 때가 많다. 아이들은 당연히 성에 관심을 더 많이 갖게 될 테고, 그럴수록 부모는 내 아이에게 나쁜 영향을 미치는 친구에 대해 강연을 늘어놓고 싶은 충동에 휩싸일 것이다. 마지막으로 윌리엄을 살펴보자. 불행하게도 이제 아이들은 사이버 폭력에 점점 더 많이 노출되고 있다. 윌리엄의 경우는 분명히 보호를 받아야 하고 당연히 부모가 개입해야 한다. 케이트와 제이컵보다 훨씬 정도가 심하지만, 그렇다고 하더라도 부모가 윌리엄을 도울 방법은 있다.

지금부터는 중학생이 겪을 수 있는 다양한 친구 문제를 해결할 방법을 살펴보자.

### 위험성 평가하기

부모는 현재 아이가 겪는 문제가 아이의 정신과 신체 건강에 실제로도 커다란 영향을 미치는지를 파악해야 한다. 케이트의 상황이 가족의 전통에 영향을 미치기는 하지만, 케이트나 제이컵의 문제는 커다란 위험을 감수할 정도는 아니다. 그러나 윌리엄의 경우는 전혀 다르다. 포르노 사이트를 보는 것이 아니라 우울증 증상이 나타나는 것이 더 큰 문제이다. 사이버 폭력이 특히 문제가 되는 이유는 '익명성' 때문이다. 아이가 사이버 폭력을 당한다면 언제 학교나 경찰에 알려야 할까? 사이버 폭력은 오랫동안 아이의 정신 상태에 영향을 미친다는 명백한 증거가 있다. 따라서 가능한 빨리 조치를 취해야 한다. 윌리엄은 상당히 위험한 상태이기 때문에, 부모는 가능한 빨리 행동해야 한다.

### 행동해야 하는 시간

사실 부모가 즉시 개입해야 하는 일은 많지 않다. 중요한 것은 아이에게 문제가 발생했을 때, 그 사실을 그 순간에 정확하게 인지해야 한다는 것이다. 괴롭힘, 신체 폭력, 성폭력, 집단 따돌림, 사이버 폭력은 발생하는 즉시 무슨 일인지 확인해야 하지만, 그렇다고 모든 경우에 반드시 즉시 행동에 나서야 하는 것은 아니다. 아이와 대화하는 것이 먼저인지, 즉시 행동에 나서는 것이 적절한지를 생각해야 한다. 윌리엄의 엄마는 아이 방에서 나오자마자 사이버 폭력을 가한 아이들 엄마에게 전화를 걸어서 해명하라고 요구하고, 경찰에 고소하겠다고 말해야 할까? 당장 학교에 전화해서 전학을 가겠다고 말해야 할까? 잠시 시간을 두고 생각하면, 초기에 치밀어오른 화는 가라앉고 더욱 명확하게 생각할 수 있다. 신뢰할 수 있는 조언자와 상담할 여유도 생기고 좀더 나은 해결책을 생각해낼 수도 있다. 아이에게 알리지도 않고 행동하는 것보다는, 부모가 보호해준다는 사실을 아이에게 알려줄 더 좋은 방법이 있을 것이다. 아이가 학교에서 돌아올 때까지 기다려서 안 되는 문제는 거의 없다.

<u>가장 옳고 좋은 방법은 아이와 협력하는 것이다.</u>

이렇게 말하면 아이들은 대번에 반발한다. "이봐 꼬마 숙녀, 크리스마스이브인데 가족 모임에는 꼭 가야지." "네 친구들은 대체 어떤 애들이니? 친구를 사귀려면 친구의 의미를 정확히 아는 좋은 친구를 사귀어야지." "어떻게 그걸 숨길 수가 있어? 학교에 알리고 경찰서에 신고하자." 이런 식으로 반응하면 아이는 부모가 아무리 좋은 마음으로 논리적인 해결책을 제시해도 부모가 아직도 자기 인생을 좌지우지하려 한다고 생각해 반발할 수밖에 없다. 그런 식으로 반응하는 사람은 누구나 좋아하지 않는다. 자기 문제는 어느 정도 자신이 해결하고 싶다는 마음이 절실한 중학생들이라면 더더욱 그렇다. 중학생이 겪는 이런 수백 가지 문제를 해결하는 가장 좋은 방법은 혼자서 문제를 해결하고자 하는 아이의 뜻을 존중해주는 것이다. 아이가 위험에 처했는데도 권위적이라는 말을 듣지 않기 위해 그저 손을 놓고 있으라는 말이 아니다. 아이가 위험에 대처하는 법을 배우고 자신을 스스로 보호할 수 있도록 아이와 함께 문제를 해결하라는 뜻이다.

아무리 화가 나고 당황스러워도 아이와 상의할 때 부모는 자신이 아이를 걱정하고 있다는 사실은 알려주되, 감정을 드러내면 안 된다. 불안은 쉽게 전염된다. 부모가 불안해하고 있다는 사실을 아는 순간 아이는 마음을 닫아버릴 수 있다. 아이를 몰아세우지 말고 "우리는 크리스마스의 의미가 무엇인지 이야기를 나누어볼 필요가 있겠구나" "친구들이 그렇게 하면 어떤 기분이 드니?" "요즘 사이버 폭력이 심하다던데, 우리 그 얘기를 좀 해볼까?" 같은 말로 대화를 시작해야 한다. 부모는 아이의 말에 귀를 기울인다는 사실을 알려주어야 한다. 인기 있는 또래 집단에 들어가지 못하고, 친한 친구가 배신을 하고, 사이버 폭력에 시달리는 아이는 엄청나게 굴욕을 느낀다는 것을 명심하자. 아이들은 부끄러운 일은 제대로 설명하지 못한다. 아이들이 자신을 적절하게 표현할 때까지 인내심을 가지고 기다려주어야 한다. 부모는 언제나 아이의 편임을 알려주어야 한다.

아이가 중학교에 갈 무렵이 되면, 아이와 협상해야 할 일이 많아진다. 아이와 부모의 의견이 다르다면 아이가 이길 때도 있어야 한다. 아이가 자신의 가치관을 명확하고 강력하게 표현할 때는 특히 그렇다. 그래야 아이는 부모가 정말로 자신의 말에 귀를 기울인다는 사실을 알게 되고, 타협할 여지를 남겨두기 때문이다. 하지만 분명히 타협하면 안 되는 일도 있다. 가정에서 협상해도 되는 일과 그렇지 않은 일을 확실하게 구별하기 위해 앞에 나온 세 아이의 상황을 다시 한번 자세히 들여다보자. 어떨 때 타협을 해야 하고, 어떨 때 타협하면 안 되는지 살펴보자. 문제를 제대로 해결하는 아이로 기르려면 아이에게 적용할 정책도 분명하게 정해두어야 한다. 그래야만 협상을 하거나 타협을 할 때도 가족의 중요한 가치관을 지킬 수 있다.

케이트의 부모는 오랫동안 행복하게 참석해온 가족 모임을 어째서 케이트가 기꺼이 포기하려고 하는지 그 이유가 궁금할 것이다. 균형감은 어른이 아이에게 길러주어야 할 아주 중요한 감각이다. 케이트는 지금 친구들의 초대를 거절하면 다시는 그 아이들과 어울리지 못한다는 두려움에 사로잡혀 있다. 그렇다면 부모는 아이와 함께 인기와 우정에 관한 대화를 해야 한다. 가족 행사에 참여하는 것은 이제 막 청소년이 된 아이들에게 아주 중요하다. 하지만 잔뜩 화가 나고 뿌루퉁한 아이를 가족 모임에 데려갈 수는 없다. 부모는 친구들 모임에 가는 것은 허락할 수 없지만, 아이에게 그 모임이 얼마나 중요한지는 알고 있다고 말해주어야 한다. 그리고 가족은 가족 구성원 모두의 바람을 최대한 충족하도록 노력해야 한다는 사실도 분명하게 알려주어야 한다. 크리스마스이브의 가족 행사가 케이트의 부모에게 어떤 의미인지에 따라 케이트의 부모는 딸의 소망을 허락할 수도 있고, 타협할 수도 있고, 금지할 수도 있을 것이다. 케이트의 문제에서는 결론이 아니라 결론에 이르는 과정이 훨씬 중요하다.

제이컵의 문제는 부모가 적절한 순간에 물러나 있는 것이 왜 중요한지를 알려주는 사례이다. 중학생은 이성 친구를 상당히 자주 바꾸지만, 제이컵의 경우처럼 아주 중요한 날 그런 일이 생긴 것은 몹시 불행한 일이다. 하지만 초기 청소년기에 두드러지게 나타나는 특징은 바로 이성 친구를 자주 바꾸는 것이다. 가장 친한 친구들이 하룻밤 사이에 철천지원수가 될 수 있듯이, 한 소년의 '여자 친구'도 눈 깜빡할 새에 다른 소년의 '여자 친구'가 될 수 있다(그 반대 역시 가능하다). 소년들은 이런 배신에—항상 그런 것은 아니지만—보통 둔감하게 반응한다. 부모가 앞으로 몇 년 동안 텔레비전 연속극 같은 삶을 살고 싶다면 적극적으로 아들 일에 개입해서, 관련된 모든 사람에게 어떻게 그럴 수 있는지 물어보면 된다. 그런 진흙탕에 들어갈 마음이 전혀 없다면 이 문제는 열세 살 아들이 충분히 해결할 수 있는 문제라고 생각하고, 아들에게 맡기자. 제이컵은 두 아이가 '관계를 가졌다'고 했지만, 중학생이 쓰는 '관계를 가지다'라는 말은 직접 성행위를 했다는 것이 아니라 애무를 했다는 의미일 가능성이 크다. 하지만 제이컵이 하는 말이 무슨 뜻인지는 정확하게 알아볼 필요가 있다.

윌리엄의 문제는 아주 심각하기 때문에 즉시 조치를 취해야 한다. 아이가 위협을 받으면 부모는 엄청난 분노를 느끼고, 아이를 보호해야 한다는 감정에 휩싸인다. 원래 부모는 아이를 보호하도록 유전적으로 프로그래밍되어 있기 때문에, 곧바로 행동해야 한다는 충동을 느낀다. 그런데 부모의 이런 감정은 이성적으로 명확하게 생각하는 데 방해가 된다. 윌리엄의 엄마는 단순히 행동할 것이 아니라 신중하게 계획을 세워야 한다. 윌리엄은 정신 건강도 크게 훼손된 게 분명하다. 사이버 폭력에 속수무책일 수밖에 없다는 무력감과 창피함 때문에 심각한 우울증 증세를 보이고 있다. 윌리엄의 엄마는 두 가지를 해결할 대책을 세워야 한다. 하나는 사이버 폭력을 끝내는 것이고, 또하나는 아이의 망가진 감정과 우울증 증상을 치료하는 것이다. 이 문제를 해결하기 위해 엄마는 남편과 친구, 학교 선생님, 의사, 아동 전문 치료사 같은 여러 사람의 도움을 받아야 할 수도 있다.

하지만 제일 먼저 해야 할 일은 일단 윌리엄과 이야기를 나누는 것이다. 이미 무력감에 빠진 아이는 잘못하면 괜히 일만 커질지도 모른다며 두려워하고 있을 것이다. 경찰에 신고하는 것 같은 우발적인 계획은 아이의 두려움을 더욱 부추긴다. 당연히 어른이 나서면 사이버 폭력은 끝낼 수 있을 것이다. 하지만 윌리엄에게 제대로 도움을 주려면 엄마가 미리 문제의 해답을 정하지 말아야 한다. 엄마는 혹시 상담을 받아보고 싶은 사람이 있는지, 학교 회의에 참석하고 싶은지, 자신을 괴롭히는 아이들과 만날 마음이 여전히 있는지를 윌리엄에게 알아보아야 한다. 한 가지 확실한 것은 이 문제는 해결할 수 있다는 것이다. 청소년 문제 전문 치료사는 반드시 만나야 한다. 윌리엄은 우울증에 걸렸을 수도 있고, 극단적인 스트레스 증상을 보일 수도 있다. 이것은 정말 어려운 문제이지만, 오히려 불행에 효과적으로 대처하는 방법을 배울 기회가 될 수도 있다.

부모에게도 이런 문제는 좋은 기회가 될 수 있다. 여러 차례 성공을 거둔 바 있는 '스트레스를 조절하는 사회 및 정서 학습 프로그램(흔히 'SEL'이라고 부른다)'을 아이가 다니는 학교에서, 더 나아가 그 학교가 속한 학군에서 시행하도록 촉구할 수 있기 때문이다. SEL 같은 교육 프로그램은 감정을 인지하고 관리하고, 공감 능력을 개발하고, 갈등을 도덕적이고도 효과적으로 다루는 법을 가르쳐줌으로써 학교 폭력을 예방하거나 줄일 수 있다.[35] SEL 교육 프로그램을 진행하면 성적이 올라가고 약물을 적게 복용하고 스트레스 수치가 줄어드는데, 이는 결코 우연이 아니다.[36] 자신과 타인의 감정을 책임감 있게 제대로 다루는 법은 건강하게 성장하려면 꼭 익혀야 하는 기술이다. SEL 교육 프로그램은 한 번에 두 가지 효과를 낸다. 아이가 자신을 잘 이해할 수 있게 되고, 타인과 어울리는 법도 알게 된다. 이 두 가지를 잘하면 아이의 자아감도 건강하게 형성된다.

사이버상에서, 그리고 현실에서 행해지는 폭력은 쉽게 확산되고, 아이들에게 아주 나쁜 영향을 미친다. 그런데도 폭력을 줄이려고 더 힘껏 노력하지 않는 것은 정말 이해할 수 없다. 선생님은 우수하고, 교육과정은 탁월하고, 새로 지은 교실은 번쩍이고, 멋진 최신 장비를 갖춘 학교가 있다고 하자. 이렇게 좋은 학교라고 해도 아이들이 학교 폭력 때문에 학교에 가기 싫어하고, 제대로 잠을 자지 못하거나 집중력 장애를 겪는다면, 학교가 제공하는 것들은 모두 쓸모가 없다. 안전한 환경이라면 충분히 발달할 능력들이 전혀 발달할 수 없다. 부모는 우선순위를 분명하게 정해야 한다. 아이가 사는 곳이 어디인가에 상관없이, 우리 아이에게 가장 필요한 것은 안전한 학교이다. 학교는 공동체 사회이다. 한 아이가 폭력에 노출되었다는 것은 모든 아이가 폭력에 노출될 수 있다는 뜻이다. 학교 폭력 문제에서는 절대 타협하지 말아야 한다.

## 부모를 위한 팁
:

아이가 중학생이 되면서 친밀했던 관계가 소원해지고, 부모의 권위와 통제력, 부모에 대한 아이의 존경심이 많이 사라진 것 같다고 느끼는가? 당연히 그렇게 될 수밖에 없다. 우리 아이들이 어린 시절을 뒤에 놓고 성장해가는 것처럼, 부모도 근심 걱정 없던 아이들의 어린 시절을 뒤에 남겨놓고 떠나야 한다. 청소년기는 점점 더 어려워진다. 부모도 이런 상실에 적응할 시간을 가져야 한다. 새로운 변화에 적응할 시간이 필요한 것은 아이만이 아니다. 아이와 나누는 지적인 대화는 부모가 느끼는 허전함을 온전히 메워주지 못할 수도 있다. 하지만 한동안 잃어버린 것을 슬퍼하며 지냈다면, 이제는 얻은 것을 생각해야 한다. 아이가 독립하는 법을 배우면 스스로 좋은 선택을 할 수 있고, 정체성을 확립할 수 있고, 다양한 사람들을 만나 사귀고, 궁극적으로는 아이만의 특별한 방식으로 이 세상에 기여할 수 있다. 부모도 얻는 것이 있다. 많은 여성이 중년은 아주 행복한 시간이 될 수 있다는 사실을 깨닫는다. 아이가 어렸을 때는 접어두어야 했던 열정을 되살릴 수 있는 기회를 얻기 때문이다.

아이와의 사이가 삐걱거릴 때는 아이와 나의 관계가 하루아침에 만들어진 게 아니라는 사실을 기억하자. 부모와 자녀의 관계는 오랫동안 형성되어왔고 깊이 뿌리내리고 있다. 아이가 중학생이 되자 전혀 낯선 길로 접어든 것 같을 것이다. 낯선 길을 가는 동안 자주 멈춰야 하고 혼란스러울 때도 있겠지만, 부모와 아이 사이에 좋은 관계가 형성되어 있다면 그 길을 무사히 빠져나올 수 있을 뿐 아니라 부모와 아이 모두 크게 성장한다. 부모는 때로는 조언을 하고, 때로는 단호하게 이끌어주어야 한다. 균형을 잃지 말고 웃음을 잃지 말자. 당신이 가진 에너지를 이 시기에 다 써버리면 안 된다. 아이는 이제 곧 고등학교에 간다. 고등학교는 아이와 부모 모두에게 도전의 시간이다. 하지만 아이가 바람직한 방향으로 변해가는 시간이기도 하다.

# 5장
## 고등학생 때 할 일

        토요일 밤 11시 30분. 당신은 〈새터데이 나이트 라이브SNL〉를 끝까지 볼지 아니면 잠을 잘지를 고민하고 있다. 정말 기나긴 일주일이었고, 저녁에 외출 약속이 없다는 사실이 정말 기쁜 주말 저녁이었다. 열 살인 딸은 자고 있고, 열여섯 살인 아들은 소등 시간인 자정 직전에 뛰어들어올 것이다. 남편은 청바지와 티셔츠도 벗지 않은 채 벌써 침대에 누워 자는 소리가 들린다. 당신은 몇 주 동안 침대 옆 탁자 위를 차지하고 있는 책을 집어들고 남편 옆에 앉았다. 나른하게 기지개를 켜고 길게 숨을 내쉬었다. 정말 조용한 밤이었다. 그때 갑자기 전화벨이 울렸다. 당신은 재빨리 전화기를 들었다. 30분만 더 놀겠다는 아들 전화가 분명했다.

    하지만 아니었다. 전화기에서는 아들 목소리가 아니라 경찰이라고 자신을 소개하는 목소리가 흘러나왔다. 공포에 질려 비명을 지르려는 순간, 경찰이 "아드님은 무사합니다, 부인"이라고 말했다. 두려움에 사로잡힌 많은 엄마가 그렇듯이 당신도 그 순간 얼굴도 모르는 그 경찰을 사랑할 수도 있을 것 같다. 경찰은 엄마들에게는 그 말을 제일 처음 해야 한다는 사실을 잘 안다. 온몸에서 마구 솟구치는 아드레날린 때문에 경찰이 하는 말을 완벽하게 알아들을 수는 없었지만, 전하려는 뜻은 분명히 알 수 있었다. 지금 당신의 아들은 가장 친한 친구들과 함께 경찰서에 잡혀 있다. 아이들은 술을 마시고 난동을 부렸다. 당신은 정신을 제대로 차릴 수가 없다. 잔뜩 공포에 질려 자신을 데리러 와달라는 아들의 목소리를 듣기 전까지는 말이다. 하지만 아들의 목소리를 듣는 순간 레이더가 켜지면서, 내 아이에게 문제가 생겼고, 내 아이가 내 도움을 청하고 있다는 사실을 분명하게 인지한다. 당신은 남편을 깨워 재빨리 상황을 설명하고, 딸아이와 함께 집에 있으라고 말한다. 차를 타고 거리를 달리는 동안 경찰이 한 이야기를 곱씹어보지만, 도저히 믿을 수가 없다. 아들은 화살처럼 곧은 아이였다. 책임감이 강했고, 성적도 좋았고, 마약도 하지 않았고(하지만 이건 다시 생각해봐야 할지도 모른다), 자정을 넘겨 들어온 적도 없다. 내가 놓친 게 있을까? 아들은 우울했던 걸까? 내가 너무 바빠서 아들을 소홀히 돌본 걸까? 경찰서 주차장에 차를 세우면서 당신은 결심한다. 어떤 일이 있어도 더 나은 엄마가 되겠다고.

완전히 지쳐 있는 아들은 술에 취한 게 분명했다. 경찰은 아들을 밤새 붙잡아둘 수도 있지만, 그렇게 하지 않겠다고 했다. "아드님은 진짜 좋은 아이 같군요. 일단 집에 가서 재우고 내일 다시 이야기하지요." 경찰은 그렇게 말했다. 집으로 가기 위해 차에 오르면서 당신도 아이도 펑펑 울었다. 하지만 경찰 덕분에 기분이 많이 풀렸다. 사무적이지만 거칠지 않은 경찰의 태도 덕분에 당신은 아직 세상이 끝난 것은 아니라는 기분이 들었다. 집에 돌아온 당신은 아이에게 씻으라는 말을 하지 않고 빨리 자라고 한다. 아이의 슬픈 얼굴을 보면서 당신은 손으로 아이의 머리카락을 헝클이며 사랑한다고 말한다. 그리고 내일이면 모든 게 해결될 거라고 말한다. 아들은 간신히 "나도 사랑해"라고 말하고, 곧바로 깊은 잠에 빠져들었다. 비로소 당신은 화도 나고 슬프기도 하지만 보호 본능도 함께 느낀다. 그와 동시에 머릿속에서 끊임없이 맴도는 '올해 말까진 외출 금지야' '넌 정기적으로 약물 검사를 해야 해' '널 다시 믿을 수 있을지 모르겠다' 같은 말들을 해야할 지 고민한다.

다음날 아침, 아들은 깊이 반성하고 있고, 남편은 밤에 그런 일이 있었는데도 비교적 평온해 보이고, 당신은 여전히 화가 나 있다. 아들이 위험한 일에 연루되었을지도 모르는데 어떻게 이렇게 평온할 수 있지? 아들 녀석은 도대체 무슨 생각을 하면서 사는 걸까? 어떻게 그렇게 멍청하고, 경솔하고, 자기 파괴적인 행동을 할 수가 있지? 아이가 이런 실수를 하면 부모는 엄청난 걱정과 회의에 사로잡히게 된다. 당연히 엄마에게는 화를 낼 권리가 있지만, 전날 밤에 있었던 일을 전혀 다른 방식으로 생각할 수도 있다. 아들은 당신에게 나쁜 짓을 하지 않았다. 당신을 화나게 하려는 의도도, 당신을 불안하게 하려는 의도도, 당신이 제대로 된 부모가 아니라고 비난할 의도도 없었다. 아들은 그저 모험을 해본 것이다. 자신의 절제력을 시험하고, 자신이 어느 정도로 스스로를 조절할 수 있는지 알아보고, 호기심을 충족해본 것이다. 물론 아들이 잘했다는 말이 아니다. 그냥 봐주어서도 안 된다. 여전히 부모에게는 막중한 책임이 있다. 잘못을 한 아이에게 규칙을 다시 한번 되새겨주어야 하고, 결과를 책임지게 하고, 아이가 자신이 한 선택을 좀더 명확하게 생각할 수 있도록 도와주어야 한다. 아이가 어째서 그런 실수를 했는지, 그 이유도 알아내야 한다. 그래야 앞으로 어떤 문제가 생길지 예측할 수 있고, 고등학교에 다니는 동안 반드시 또 일어날 비슷한 일들에 현명하게 대처할 수 있다. 10대 아이들은 누구나 실수를 한다. 그러면서 또래 친구들의 압력에 대처하고, 정체성을 형성하고, 절제력을 키우고, 위험을 피하는 법을 배운다.

10대 아이들의 행동에는 특정한 방식이 있는데, 당신이 좋은 부모이든 나쁜 부모이든 나타난다. 독립된 개체로 살아가려는 충동이 있기 때문이다. 10대 아이들은 어른으로 살아갈 준비를 하는 나이이기 때문에 이런 충동이 아주 클 수밖에 없다. 부모는 아이의 충동이 이끄는 길을 따라 함께 가면서, 좋은 결과를 낼 수 있는 대처 기술을 가르쳐줄 수는 있지만 그 충동을 막을 수는 없다. 독립하고자 하는 충동을 부모가 막아도 안 된다. 부모는 10대 아이들이 하려는 일이 무엇인지, 제대로 활용할 수 있는 기술이 무엇인지, 아이의 길을 방해하는 것이 무엇인지를 잘 알고, 아이가 안전하게 성공적으로 여행할 수 있게 이끌어준다면, 걱정은 덜 하면서 좀더 효율적으로 아이를 기를 수 있다.

청소년기는 성인이 되기 위한 훈련 기간이다. 아이는 눈 깜빡할 사이에 전혀 다른 인간으로 탈바꿈할 것이다. 고등학교에 다니는 동안 아이는 의존적인 관계에서 벗어나 완전한 독립체로 성장하고, 자기중심적인 사고방식에서 벗어나 타인을 생각하고 친밀함을 형성하며, 단순한 논리로만 생각하던 방식이 아니라 훨씬 더 복잡하고 추상적이며 추론하는 방식으로 생각할 수 있고, 충동을 억제하고 사려 깊게 행동할 수 있으며, 자신에 대해 중구난방으로 하던 생각을 정리해 비교적 명확하게 자기 자신을 정의할 수 있게 된다. 아이들마다 변화하는 속도와 정도는 다르지만, 이런 변화가 향하는 방향은 하나이다. 바로 성숙해지는 것이다.

성숙해지는 건 아주 쉬운 일인 것처럼, 10대 아이들은 전혀 다른 두 과제를 동시에 해낼 것을 요구받는다. 한편으로는 사회의 규칙과 기대에 맞추면서도, 다른 한편으로는 다른 사람의 영향력에서 벗어나 자유롭게 살아야 하는 것이다. 그것은 엄청난 월급과 막대한 수당은 물론이고 무시무시한 상여금을 받는 골드만삭스의 직원들에게나 요구할 수 있는 일을 10대 아이들에게 해내라고 강요하는 것이나 마찬가지다. 아이들 대부분은 과제를 제대로 해내라는 끝없는 압박과 감시와 비난을 받으며, 기껏해야 상으로 가끔 자동차를 몰아도 된다는 허락을 받을 뿐인데 말이다. 다행인 것은 청소년기는 선택 사항이 아니라는 것이다. 좋든 싫든 간에, 준비가 되었든 되지 않았든 간에 10대 아이들은 몇 년 동안 주어진 과제를 수행하면서 조금씩 어른이 되어야 한다.

## 생각하는 어른으로 자라기

:

10대 아이들이 해내야 할 가장 중요한 과제는 심리적(독립심을 기르거나 정체성을 확립하는 것 등)이거나 신체적(2차 성징 발달 등)인 것이라고 생각하는 사람이 대부분이다. 그러나 우리 아이들이 풀어야 할 모든 과제(성과 우정을 편안하게 느끼고, 독립심을 기르고, 정체성을 정립하고, 자제력을 강화하는 것 등)를 성공적으로 수행하려면 어린 시절과 달리 성숙하게 생각할 수 있어야 한다. 다행히 고등학교에 가면 인지 혁명이라고 할 수 있을 정도로 생각하는 능력이 발달하기 때문에, 어른과 비슷한 방식으로 생각할 수 있게 된다. 어른처럼 생각하게 된다는 것은 곧 어른처럼 행동할 수 있게 된다는 뜻이다. 물론 청소년인 고등학생의 판단력은 아직 어른처럼 완전히 성숙하지는 않았다. 그러나 점점 더 건전하고 사려 깊게 행동하고 올바르게 결정하는 데 필요한 전적으로 새로운 사고방식을 익히게 된다. 고등학교에 가면 아이들의 생각은 다음과 같이 변한다.

### 추상적으로 사고하고 추론할 수 있다

고등학생은 '이것은 무엇인가'뿐 아니라 '앞으로 어떻게 될 것인가'도 생각할 수 있다. 바로 앞에 보이는 것만이 아니라 추상적이고 이론적인 가능성까지도 유추할 수 있다. 중학생은 이런 사고 능력이 없다. 수학적 재능이 아주 뛰어나도 고등 수학이나 고등 과학을 이해하는 중학생이 드문 것은 그 때문이다. 추상적이고 복잡한 생각을 할 만큼 중학생은 뇌가 발달하지 않았기 때문이다. 그러나 흥미와 하려는 의지가 있는 고등학생이라면 복잡한 과목을 익히는 데 필요한 사고 능력이 있다. 그렇기 때문에 미적분학이나 물리학을 배울 수 있다.

추상적으로 사고하는 능력이 생겼기 때문에 고등학생은 어린아이들에 비해 훨씬 구체적으로 자신의 미래를 그릴 수 있다. 현재를 뛰어넘어 생각할 수 있기 때문에 다양한 학교, 직업, 상황, 관계를 상상할 수 있다. 고등학생은 자신의 진짜 정체성을 찾을 때까지 자신의 모습이 여러 차례 바뀐다는 사실을 안다.

<u>가설을 세우고 추론할 수 있다</u>
청소년기에 획득하는 가장 위대한 지적 성취는 '만약에 수학 시험을 망치면 낙제할 테고, 그렇다면 여름방학 때 보충수업을 해야 해'처럼 '만약에'와 '그렇다면'을 전제로 추론할 수 있다는 것이다. 시험을 망칠 때 감수해야 하는 결과를 예측할 수 있는 것이다. 이런 특별한 추론 능력은 청소년기를 헤쳐나가는 동안 아이들이 성, 마약, 학업, 대인 관계, 진실성, 위험 부담 등의 문제를 해결할 때 계속 활용할 기술이다. 하지만 아이들이 '만약에'와 '그렇다면'을 이용해 추론하는 능력은 그 추론대로 행동하는 능력보다 훨씬 뛰어난 경우가 많다. 좋지 않은 행동을 했을 때 어떤 결과가 나오는지는 정확하게 예측하지만, 그런 행동을 하게 된 이유를 정확하게 제시할 수 없을 때가 많은 것이다. 고등학생은 생각과 행동이 일치하지 않을 때가 많지만, 자기가 한 행동이 불러올 결과를 미리 생각할 수 있는 능력이 생긴 것은 정말 엄

청난 인지 도약이라고 할 수 있다.

추론할 수 있다는 것은 또한 자신의 견해를 보류하고 다른 사람의 시각을 받아들이는 능력이 생겼다는 뜻이다. 아이가 더는 자기 생각만을 고집하지 않는다는 점에서 이것은 대체로 환영할 일이다. 이제 아이는 다른 사람의 입장을 생각하고, 다른 관점을 이해할 수 있다. 하지만 다른 사람의 마음을 헤아리게 되면서 아이는 용서를 모르는 (그리고 자주 정곡을 찌르는) 적수가 될 수 있다. 이제 아이는 "엄마는 위선자야. 엄마는 친구들한테 자랑하려고 날 아이비리그에 보내려는 거잖아" 같은 말을 할 수 있게 된 것이다. 그리고 부모는 이제 부모를 한 사람의 인간으로 보게 된 아이가 정곡을 찌르는 말을 하면 아이를 한 대 쥐어박고 싶은 충동에 휩싸이게 된다.

## 생각을 생각한다

고등학생들은 많은 시간을 생각하면서 보낸다. '상담 선생님은 가까운 대학교에 가라고 했어. 하지만 집에서 멀리 떨어진 곳으로 가는 게 행복할 거 같아. 내가 왜 이런 생각을 하는지는 모르겠지만 말이야. 내가 왜 이런 생각을 하는지 생각해봐야겠어.' 고등학생들은 생각을 생각하는 일, 즉 '메타인식'사고 과정 자체를 고찰하는 능력—옮긴이을 할 수 있게 된다. 아이들은 더이상 자신의 생각을 아는 것에 만족하지 않고, 왜 그렇게 생각하는지도 알고자 한다. 고등학교 저학년 아이들은 자의식이 아주 강하기 때문에 자신의 나쁜 점을 끝없이 곱씹으면서, 다른 사람이 자신을 나쁘게 평가할 것이라고 믿는다. 그러나 고등학교

2학년쯤 되면 아이들은 대부분 날카로운 사고 능력을 이용해 자신의 잠재력에 관한 강박관념을 뛰어넘게 되고, 부족한 부분이 무엇인지도 고민하게 된다.

사고 과정에 점점 더 관심을 가지면서 아이들은 더 효율적으로 학습할 수 있게 되고, 더 사려 깊어지고, 더 생산적으로 자신을 성찰할 수 있게 된다. 자아를 성찰하는 사고력의 엄청난 도약이라고 할 수 있다. 자아를 성찰하면 자립심이 길러지고, 생각 없이 충동적으로 행동하는 일이 줄어든다. 자아를 성찰하는 아이는 자신의 흥미와 재능, 능력과 기술을 객관적으로 평가하고, 자신의 모습을 좀더 현실에 가깝게 파악할 수 있다. 따라서 아이가 멍하니 천장만 보거나 음악을 들으면서 침대에 누워만 있다고 해서 '아무것도 하지 않는다'는 걱정을 할 이유는 없다. 그렇게 멍하게 있는 시간도 아이에게는 자기를 만드는 창조 작업을 하는 데 꼭 필요한 시간이다.

### 복잡하게 생각할 수 있다

불과 몇 년 전만 해도 아이는 "엄마는 가장 친한 친구가 누구야?"라든가 "할머니, 할아버지가 엄마한테 해준 것 중에서 가장 좋은 게 뭐야?" "엄마는 내성적이야, 외향적이야?"처럼 단답형으로 대답할 수 있는 쉬운 질문을 했다. 그러나 고등학생은 훨씬 복잡한 방법으로 생각한다. 고등학생은 가장 친한 친구를 몇 명 사귈 것이냐는 문제를 결정할 때 조언을 구할 친구, 도움을 받을 친구, 함께 어려운 일을 해나갈 친구처럼 여러 가지 상황을 생각해서 결정한다. 10대 아이들은 부모가 가장 잘한 일은 그저 아무것도 하지 않은 것이라는 의견에 공감한다('우리 엄마가 가장 잘한 일은 내가 수학 때문에 힘들어할 때 그냥 날 내버려둔 거야'라는 식이다). 그리고 전후맥락을 살펴서 자신을 평가할 수 있다('정말 이 상황이 낯설어서 어색해. 하지만 사람들하고 친해지면 편안해지고 충분히 잘 지낼 수 있을 거야').

한 가지 문제를 여러 각도에서 생각하는 능력이 생기면 10대 아이들은 분석 능력도 커진다. '만약에'와 '그렇다면'을 전제로 생각하는 능력처럼 한 문제를 여러 각도에서 생각하는 능력이 생기면 아이는 공부도 더 잘하게 될 뿐 아니라 복잡한 개인사와 대인 관계를 푸는 능력도 좋아진다. 다방면으로 생각하는 능력을 기른 아이는 사회와 관련된 주요 문제도 여러 측면에서 평가할 수 있게 된다. 더이상 흑과 백이라는 이분법적 사고를 하지 않기 때문에 고등학생들은 자연재해가 일어나면 재해를 당한 사람을 위해 봉사 조직을 구성하고, 정치 문제에서도 찬반 입장을 모두 살펴볼 수 있게 된다. 고등학교에 다니는 아이와 대화를 한다는 것은 부모에게는 즐거움이기도 하지만, 곤혹스러울 때도 많다. 이제 아이에게 "내가 그렇다고 했잖아"라고 말할 수 있는 시절은 지나갔다. 10대 아이들은 어째서 그런지 그 사실을 알고 이해하고 싶어한다. 아이들과 열정적으로 토론하고 논의하고 심지어 논쟁까지 하는 부모는 10대 아이들에게 큰 도움이 된다. 이제 아이가 부모의 말이라면 모두 받아들이던 시절은 완전히 끝난 것처럼 보이지만, 사실 아이는 자신의 생각을 어떻게 하면 부모의 생각과 일치시킬 수 있을까(혹은 일치시키지 않을 수 있을까)를 고민하면서 좀더 복잡하고 창조적으로 생각하는 방법을 배워나간다. 아이들은 부모에게 맞서면서 성장하지만, 다 자란 뒤에 아이들의 가치관은 부모의 가치관과 다르지 않고 비슷한 편이다. 아이들은 사실 부모가 하는 말에, 그리고 말보다는 부모의 행동에 크게 주목한다.

### 종합적으로 생각한다

아이가 폭발적으로 성장하던 시기를 생각해보자. 잠든 아이를 보다가 문득 아이는 잠을 잘 때도 쑥쑥 큰다는 생각을 한 적이 있을 것이다. 하지만 몸을 쓰는 법을 익히려면 식탁에 음료를 쏟고 문지방에 걸려 넘어지고 뒤뚱거리다가 벽에 부딪치는 등을 오랜 시간 동안 서서히 익혀야 한다. 천천히 여유를 가지고 연습을 시키고 도와주면 결국 아이는 팔다리를 쓰는 법을 배우고, 낯선 몸에 편안하게 적응할 수 있다.

고등학교 시절에 진행되는 사고력 발달과정은 그전에 진행되는 신체 발달과정과 아주 비슷하다. 사고력 발달은 신체 발달과정과 달리 몇 년에 걸쳐 서서히 진행되지만, 분명한 결과를 내고 제대로 적응하려면 시간을 들여 연습하고, 다른 사람의 도움을 받아야 한다는 점은 신체 발달과정과 정확하게 일치한다. 아직 제대로 자라지 않은 10대 아이들의 몸을 비웃는 부모는 없을 것이다. 아직 완성되지 않은 사고력도 비웃으면 안 된다. "언제부터 네가 그렇게 잘 알았어?"라든가 "네가 지금 무슨 말을 하는지 제대로 알고 있을 때 다시 이야기하자" 같은 말은 하면 안 된다. 추상적이고 추론적인 복잡한 생각은 결코 하룻밤 사이에 발달하지 않는다. 우리 아이들이 새로 익힌 생각 기술을 건강한 방식으로 안정적으로 사용하려면 몇 년 동안 꾸준히 연습해야 한다. 우리 아이들이 어른의 신체로 자라려면 시간이 걸리는 것처럼, 아이의 뇌가 어른의 뇌로 자라는 데도 오랜 시간이 필요하다.

<u>어른처럼 생각한다고 해서 반드시 어른처럼 행동하는 것은 아니다</u>
열일곱 살인 딜런은 자동차 뒤에 마리화나를 조금 숨겨두었다. 자동차 보험증서를 찾기 위해 글러브 박스를 뒤지다가 마약 봉지를 찾은 엄마가 딜런에게 봉지를 내밀었다. 엄마는 딜런이 상습적으로 마약을 하는지, 마약을 한 채로 자동차를 몰지는 않는지 걱정이다. 딜런은 솔직하게 한 달에 한두 번 마약을 하지만, 절대 마약을 한 상태에서 운전하지는 않는다고 했다. 딜런은 자신의 은밀한 비밀을 부모에게 들키지 않기 위해 자신의 방보다는 자동차 안에 보관하는 것이 더 나을 거라고 생각한 것 같았다. 얼핏 보면 딜런은 질 나쁜 거짓말쟁이 같지만, 자세히 생각해보면 딜런은 부모의 입장에서 생각할 능력이 있으며 부모가 어떻게 생각할지를 정확하게 판단할 능력이 있음을 알 수 있다. 지금 우리는 행동이 아니라 사고 능력을 살펴보고 있다는 사실을 기억하자. 궁극적으로 딜런의 행동은 상황을 다양한 관점으로 보는 능력에서 영향을 상당히 많이 받겠지만, 현재의 딜런에게는 생각을 행동으로 옮기는 기술이 상당히 부족하다.
딜런의 엄마는 딜런이 마약을 했다는 사실보다 마약을 하면 경찰에게 잡힐 수도 있다는 생각을 하지 않은 것에 더 화가 난다고 했다. 그러자 딜런은 자신도 잡힐 수 있다는 생각을 했다고 하면서, 혹시 있

을지도 모를 문제는 생각해보았다고 대답했다. 그리고 한참 머뭇거리던 딜런은 사실 몇 달 전에 경찰한테 잡힌 적도 있다고 했다. 그 경찰은 마약 봉지를 발견했지만, 그저 "안전하게 해라"라는 말만 하고 딜런을 보내주었다. 그때부터 딜런은 마약을 차에 보관하는 게 낫겠다고 생각했다. 엄마가 분명히 반대할 거라고 생각한 딜런은 마리화나를 피울 때 있을 수 있는 장단점을 분석한 정교한 주장을 한참 늘어놓았다. 그런 뒤에 '이 모든 것을 종합해본 결과' 마리화나를 가끔 하는 것은 자신에게 아무 문제가 되지 않는다고 했다. 딜런이 추상적이고도 복잡한 주장을 할 수 있다는 것은 '인지 양식cognitive style정보를 조직하고 처리하는 방식—옮긴이 능력이 발달했다는 뜻이다.

딜런은 성숙한 사고력, 추상적으로 생각하고 추론하는 능력, 여러 사람의 관점에서 생각하는 능력, 복잡한 주장을 하는 능력, 결과를 예측하는 능력 모두 발달했지만, 안타깝게도 단 한 가지 경험으로 결론을 내리는 '성급한 일반화의 오류'에 빠지고 말았다. 딜런이 자신의 생각에 확신을 갖게 된 이유는 사회적 권위가 있는 경찰이 딜런의 경범죄를 모른 척해주었기 때문이다. 10대 아이들은 어른과 달리 잠재적인 위험보다 잠재적인 보상을 훨씬 중요하게 생각한다. 딜런도 처벌을 받지 않은 것은 경찰이 자신의 결정을 인정해주었기 때문이라고 확신했다. 딜런의 뇌는 어른처럼 생각하는 능력은 있지만 경험이 부족하다. 더구나 딜런은 보상을 받으면 아주 기뻐하는 대뇌변연계의 영향을 크게 받고 있다. 그렇기 때문에 부모와 달리 자동차에 마리화나를 보관해도 된다는 엉뚱한 결론을 내리고 말았다. 딜런은 아무 생각 없이 행동하지 않았다. 딜런의 입장에서 바라보면 어째서 그런 행동을 했는지 쉽게 알 수 있다. 자동차에 마약을 보관하는 것은 잘못된 일이며, 마약을 하는 것은 딜런이 생각하는 것보다 훨씬 복잡한 문제임이 분명하다면, 딜런이 좀더 성숙하게 생각하는 사람이 될 수 있도록 도와주어야 한다.


◎ 어떻게 도와주어야 할까?

딜런이 성급한 일반화의 오류에 빠지지 않고 논리적인 사고를 할 수 있도록 의견을 교환해야 한다. 특별한 자유를 딜런에게서 빼앗는다거나 자동차에 마약을 두는 것은 불법이니 하지 말라고 명령하는 등 부모가 혼자서 결론을 내리고 그대로 따르라고 강요하면, 딜런은 이 세상 다른 모든 곳에는 융통성이 있는데 집은 너무 고지식하다고 생각할 것이다. 지나치게 격앙되거나 반박하지만 말고 오랫동안 차분하게 마리화나에 관해 이야기를 나누자. 결국 딜런은 장단점을 파악하는 능력을 갖게 될 것이다. 내 아이가 마약을 했다는 사실을 알게 되면 부모는 누구나 화가 머리끝까지 난다. 하지만 부모의 역할은 아이에게 생긴 일을 제대로 파악하고, 아이와 친밀함을 유지하면서 적절한 한계선을 정해주는 것이다. 적절한 한계선을 계속해서 상기시켜 주면 아이는 그 한계선을 자기 것으로 만들 뿐 아니라 스스로 한계선을 정하는 법도 배운다. 결국 자기 관리 능력이 향상되는 것이다.

부모는 언제 또다시 아이를 점검해야 하는지도 알아야 한다. 열다섯 살이 되기 전에 실제로 약물을 접한 경험이 있는 아이는(우연히 자신도 모르게 한 경우가 아니라면), 그 약물이 마리화나이든 알코올이나 담배이든 간에, 장차 중독이 되고 정신적으로 문제가 생길 위험이 크다. 열다섯 살이 넘은 뒤에 가끔 약물을 복용하는 아이의 경우, 그 약물이 오랫동안 나쁜 영향을 끼친다는 뚜렷한 증거는 나와 있지 않다. 단, 담배는 예외이다. 담배는 중독성이 강하기 때문에 오랫동안 건강에 나쁜 영향을 미친다. 물론 이런 통계는 수천 명을 대상으로 한 실험 결과이다. 아이들은 저마다 다르기 때문에 일찍 약물을 경험한다고 해도 심각한 문제로 발전하지 않는 아이도 있다. 중요한 것은 일반적으로 아이가 약물에 노출되는 시기가 늦으면 늦을수록 심각한 중독 장애에 걸릴 확률도 낮아진다는 것이다.

10대 아이들이 성취하는 위대한 업적 가운데 하나는 어른처럼 생각할 뿐 아니라 어른처럼 행동하기까지 한다는 것이다(나는 이 말을 성숙해졌다는 의미로 썼다. 사실 여전히 10대처럼 행동하는 어른도 아주 많다). 결국 우리 아이들에게는 행동에 기반이 될 성숙한 사고력과 자기 관리 능력, 그리고 실제 생활에서의 경험이 필요하다. 중요한 이 세 가지 행동 기반이 형성되려면 몇 년이 걸리기 때문에 아이들은 안타깝게도 거듭해서 위험한 행동을 한다. 딜런의 엄마는 딜런이 여러 번 경찰에 잡히기를 반복하다 결국 엄격한 경찰을 만나 소년원에 들어가기를 원하지 않는다. 하지만 새롭게 발달한 사고력을 제대로 쓰려면 경험을 해야 한다. 사고력 학습에서 가장 중요한 것은 경험이다. 10대 아이들이 경험하기 전에 미리 나서면 안 된다. 아주 빨리 개입하지 않아도 되거나 전혀 개입할 필요가 없을 때는 나서지 말아야 한다. 필요가 없는데도 부모가 나서면 아이들은 대처 기술을 기를 기회를 얻을 수 없다. 아이들의 경험을 부모가 빼앗으면 아이들은 자제력, 자부심, 자립심을 기를 기회를 잃게 된다. 결국 다른 사람에게 문제를 해결해달라고 하는 수동적인 사람이 되고 만다. 부모는 당연히 아이를 안전하게 보호해야 한다. 하지만 속도위반 벌금을 대신 내주면 아이는 책임감 없는 아이로 자란다. 아이들은 자신의 선택이 낳는 결과를 직접 경험해야 한다.

아이가 10대일 때 부모는 '나에게 보여줘봐'라는 마음을 가져야 한다. 대부분의 가정에서 10대 아이들은 자신이 열망하는 특권과 독립을 얻으려면 어른처럼 생각한다는 증거를 보여주어야 한다. 10대 아이들은 이같은 상황에 좌절하지만, 사실 이것은 10대를 위한 중요한 보호막이다. 감수해야 할 위험이 훨씬 큰 세상에 나가기 전에 아이들이 새로 습득한 생각 기술을 충분히 갈고닦을 기회를 주기 때문이다. 자정까지 들어오라는 귀가 규칙을 지키지 못한 열여섯 살 소녀는 새벽 1시까지 밖에서 놀 수 있는 권리를 얻을 수 없다. 매주 비디오게임을 사기 위해 용돈을 탕진하는 열다섯 살 소년은 돈을 제대로 관리하는 어른으로 자라기 어렵다. 10대 아이들은 기량을 갈고닦고, 경험해야 한다. 자신이 제어하지 못할 충동은 억제하는 법을 배워야 하며, 위험한 행동을 했을 때 얻는 보상은 대부분 보잘것없고 순간적이라는 사실을 깨달아야 한다. 또한 다른 사람이 시키지 않아도 스스로 사려 깊게 생각하고, 책임을 완수하고, 열심히 노력하고, 능동적으로 자신의 삶을 살아갈 때는 칭찬을 받아야 한다.

아이에게 실망했거나 화가 났을 때는 "왜 그런 거니?" 하고 물어본 뒤에 아이의 말에 귀를 기울여보자. 아이는 이렇게 말할지도 모른다. "다른 애들은 모두 코카인을 한단 말이야. 나도 그렇게 하기는 싫지만, 거절하면 아이들이 샌님이라고 부른단 말이야." 부모로서는 그런 대답을 듣고 싶지 않겠지만, 아이의 말에 귀를 기울임으로써 부모는 다른 속도로 자라는 아이의 생각과 행동 사이의 괴리를 조정해줄 수 있다. 부모의 역할은 분통을 터뜨리는 것이 아니다(그렇게 되면 다음부터 아이는 절대로 부모에게 자기 생각을 말하지 않을 것이다). 아이의 행동과 생각에 어떤 모순이 있는지 깨닫게 해주고, 다음번에는 생각하는 기술을 좀더 제대로 활용해 위험한 행동을 하지 않고, 위험한 행동에 따르는 결과를 분명하게 볼 수 있게 해주는 것이 부모의 역할이다. "어떻게 해야 할까?" "그 상황을 해결할 다른 방법은 없을까?" 같은 질문으로 대화를 시작하자. 아이가 해결 방법을 떠올리지 못하면 "미안하지만 안 돼, 코카인 때문에 내 친구가 정말 힘들어하고 있거든, 하고 말하면 되지 않을까?" 같은 대안을 제안해보거나, "엄마도 네가 친구들에게 유별나 보이고 싶지 않다는 건 알아. 하지만 마약에 취한 아이는 다른 아이가 하는 일에는 신경을 쓰지 않는단다"처럼 위험과 보상의 관계를 생각해보게 하거나, "코카인은 정말 위험한 약물이야. 그런 친구들과는 어울리지 않는 게 좋지 않을까?"처럼 행동의 결과를 상기시켜준다. 부모의 첫 번째 역할은 아이의 안전을 지키는 일임을 잊지 말자. 아이를 안전하게 지킬 수 없는데 인지력이 무슨 소용인가? 아이 일에 적극적으로 참여해 어려운 일을 잘 헤쳐나갈 수 있도록 돕고, 대안을 같이 고민해주고, 아이가 더욱 깊이 생각할 수 있도록 격려해주고, 필요할 경우에는 아이의 방패막이 되어주자.

## 10대 아이들과 토론하거나 논쟁할 때 주의할 점

10대 아이들은 논쟁을 좋아하는데, 다 이유가 있다. 한참 성장해가는 인지력을 다방면으로 갈고닦을 기회를 얻을 수 있기 때문이다. 아이들에게 이유를 절반만 제시해보라(종종 이유를 아예 제시하지 않아도 좋다). 그러면 아이들은 즉시 논쟁에 돌입한다. 부모가 인내할 수 있는 한계는 어디까지인가를 시험하는 일이 반복되고, 끝없는 논쟁이 지긋지긋해지더라도(이는 가족 문제의 아주 심각한 증상 중 하나이다) 아이와 대화를 해야 하고, 심지어 그 대화를 즐기고 있다는 인상을 심어주어야 한다. 고함을 치거나 흥분하면 안 된다. 어른은 그런 문제를 어떻게 받아들이는지, 어떤 식으로 다각도로 고민하는지 보여주어야 한다. 앞에서 살펴본 것처럼 고등학생은 다른 관점으로 생각하고 보는 능력이 크게 발달한다. 그 능력은 다른 사람의 감정을 이해하고, 궁극적으로는 이제 곧 있을 댄스파티가 아닌 더 중요한 사회 관련 문제를 고민하는 능력을 키울 토대가 된다.

10대 아이들이 논쟁을 하는 이유는 부모에게서 정신적으로 독립하기 위해서이다. 아이에게 도움을 줄 수 있는 위치에서 아이들과 논쟁을 하면, 아이들은 부모와 유대감을 유지하면서 더 쉽게 '한 사람'으로 성장할 수 있다. 10대 아이들은 논쟁을 증오하지 않지만, 부모는 증오한다. 논란의 여지가 있는 주제에 대해 직접 발언할 기회를 갖게 되면 아이들은 자기 감정을 명확히 하고, 자립심을 키울 수 있다. 부모를 충격에 빠뜨리는 행동이 사실은 부모가 추가로 얻는 보너스인 셈이다. 아이들에게 어째서 헤로인이 합법이어야 한다고 생각하는지, 그 이유를 설명해보라고 분명하게 요구하자. 어째서 섹스를 해도 좋은지, 설명해보라고 하자. 어째서 시험을 볼 때 부정행위를 하는 것이 생존 전략이라고 생각하는지 물어보자. 호기심과 승인은 분명히 다르다. 귀를 기울이고 물어보되, 성급하게 판단을 내리면 안 된다. 이런 대화를 하면서 부모는 아이의 인지력을 발달시키고, 10대 아이들이 머무는 특별한 세계의 내부 작동 방식도 알게 된다. 10대 아이와 하는 논쟁은 아이뿐 아니라 부모도 성장시킨다. 외부에서 보면 엉망진창인 소모전처럼 보이지만, 논쟁은 청소년이 건강하게 성장하기 위해서는 반드시 갖추어야 할 요소이다. 논쟁을 대안이라고 생각하자. 그리고 시간제한이 있기는 하지만 (고맙게도) 아이들과 유대감을 쌓을 수 있는 방법이라고 생각하자.

# 성 문제를 다루는 법 배우기

:

## 건강한 시작이 중요하다

아이들의 성 경험은 고등학교 때 시작하는 게 아니다. 아기들도 성기를 만지면 분명히 좋아하고, 어린아이들은 병원 놀이를 하고, 조금 더 큰 아이들은 성적 환상을 품는다. 실제로 성관계를 맺기 전에 아이들은 손을 잡고 키스를 하고 어루만지고 애무를 하는 등 전희 행위를 먼저 한다(일단 토대를 만들어야 하는 것이다).

사람의 발달과정이 모두 그렇듯이, 성도 과도기를 거치면서 간헐적으로 발달한다. 성 활동이 그저 놀이이던 어린 시절과 달리 사춘기에는 좀더 구체적이고 복잡한 양상이 나타난다. 잘못하면 임신을 할 수도 있고, 에이즈 바이러스에 감염되거나 성병에 걸리거나 성폭행을 당할 경우 정신적 외상이 생길 수도 있다.

고등학교에서 실시하는 '성교육' 덕분에 10대 아이들은 성에 관한 기본 지식과, 성생활에 따르는 위험을 어느 정도는 알고 있다. 고등학교에서 실시하는 성교육은 아이들이 10대의 성 문제를 어느 정도 자각하게 하는 성과를 거두었지만, 성과 관련한 감정 문제를 다루는 데는 실패했고, 건강 문제는 등한시한다는 문제가 있다. 많은 부모가 그렇듯이 학교도 아이들이 성에 관심을 갖는 것을 두려워하며, 일찍 성을 경험하지 않도록 막을 궁리만 한다. 성에 관해 아이와 이야기하면, 아이에게 그릇된 생각을 심어줄 수 있다는 주장은 잊어버리자. 고등학생들은 어른들에게 듣지 않아도 이미 오래전부터 머릿속에 성에 관한 생각이 가득차 있으니까.

10대는 성인기에 정상적인 성생활을 할 수 있도록 준비해야 하는 시기이다. 성은 민감하면서도 충분히 고민해야 하는 문제이다. 아주 어린 나이에 성을 경험하면 이성에 대해 쉽게 단정해버리거나 크게 상처를 받을 수 있다. 특히 이른 성 경험은 여성의 자존감에 크게 영향을 미친다. 부모는 건강하고 안전하면서도 정서적으로도 성장할 수 있는 성을 아이가 경험하기를 바란다. 지금부터는 아이의 성 경험에 크게 영향을 미치는 여러 요인들을 살펴보자.

### 나이

미국 10대 아이들이 처음 성을 경험하는 나이는 대부분 열여섯 살에서 열일곱 살 사이이다. 다행히 이 나이가 그래도 안전하다고 할 수 있는데 거기에는 몇 가지 이유가 있다. 첫째, 이때 처음으로 성 경험을 하는 아이가 그보다 일찍 성을 경험하는 아이보다 피임을 할 확률이 훨씬 높다(물론 피임을 하는 것은 대부분 첫 경험을 한 뒤의 일이다). 둘째, 이 시기에 첫 경험을 하는 아이들이 그보다 어린 나이에 성 경험을 하는 아이들보다 심리적으로 나쁜 영향을 덜 받는다. 열여섯 살 이전에 성을 경험하는 아이들은 걱정할 일이 훨씬 더 많기 때문이다.

10대 아이들은 대부분 육체적으로 성행위를 할 수 있는 준비를 정신적인 면에서 준비가 끝나기 전에 마친다. 10대 아이들이 육체적으로 완전히 성장하고 사춘기가 끝났다는 것이(여자아이들의 경우 열한 살이나 열두 살이라는 어린 나이에 끝날 수도 있다), 성행위를 해도 될 만큼 다 자랐다는 뜻은 아니다. 일찍 성숙한 남자아이들은 넘치는 테스토스테론 때문에 성적 욕구가 엄청나지만, 여자아이들은 호르몬의 영향을 크게 받지는 않는다. 여자아이들이 성을 경험하는 이유는 주로 주위 환경 때문이다. 어쨌거나 나이는 아이들의 성 경험을 결정하는 아주 중요한 요인이다.

### 신체 만족도

10대 아이들은 사실 여부에 상관없이 자신의 몸에 결점이 있다는 생각을 하는데, 그 때문에 새롭게 얻은 자기 몸에 만족하지 않는다. 10대가 되어서도 아이들은 '상상 속 청중'이 하는 말에 지나치게 휘둘린다. 생김새가 엉망이라서 고등학교 댄스파티에 가기 싫다며 딸아이가 울고 있다면, 파티에 참석하는 아이들은 자기 외모에 신경쓰느라 다른 사람 외모는 그다지 눈여겨보지 않는다는 사실을 알려주자. 고등학교 저학년 학생들은 다른 사람은 누구나 자신을 주목하며, 그것도 엄청난 주의력을 가지고 살펴본다고 생각한다. 자신이 감추고 싶은 아주 작은 결점까지 샅샅이 드러날 것이라고 여기는 것이다(이것은 정말 잘못된 생각이다). 외모를 지나치게 의식하는 나이에 성을 경험하면 아주 불안해할 수 있다. 특히 여자아이들이(전적으로 그런 것은 아니지만) 외모에 대한 걱정이 많다. 흥미로운 점은 이 상상 속 청중이 심어주는 걱정은 남자아이나 여자아이 모두 열다섯 살쯤이면 최고로 커졌다가 그뒤에는 서서히 사라진다는 것이다. 그렇기 때문에 그전에 성을 경험하는 것보다는 열여섯 살이나 열일곱 살에 성을 경험하는 것이 여자아이에게나 남자아이 모두에게 좋다. 일단 상상 속 청중이 떠나가면 10대 아이들은 훨씬 현실적으로, 그리고 친절하고 자유롭게 자신의 매력을 평가한다. 성은 10대 아이들이 자신의 몸을 긍정적으로 평가할 때 훨씬 좋은 결과를 낳는다.

### 싫다고 말할 자유

성은 자발적인 활동이다. 성생활을 해야겠다고 결정한 10대 아이들은 성적 책임감과 성적 반응이 발달하는 데 반드시 필요한 원숙함과 자제력도 크게 발달한다. 성생활을 하려면 반드시 원숙해야 한다. 10대 아이들은 이성 친구나 또래 집단이 자신에게 성행위를 하라고 강요한다는 느낌을 자주 받는다. 여자아이들은 남자아이들보다 성적 압력에 취약하며, 자존감이 떨어지는 것을 막기 위해서 성을 이용하는 잘못을 더 쉽게 저지른다. 남자아이들 역시 또래 집단의 압력에 취약한데, 남자아이들은 성행위를 의무라고 생각하는 경우가 많기 때문이다. 성행위를 할 것인가 말 것인가를 스스로 결정을 할 수 있는 것은 중요한데, 왜냐하면 부당한 압력을 거부할 수 있으며, 옳은 결정을 하는 사고력을 보유하고 있다는 증거이기 때문이다. 자기 마음을 정확히 아는 10대는 다른 사람의 말에 쉽게 흔들리는 아이보다 훨씬 더 옳은 결정을 한다.

성과 피임에 관한 지식

불행하게도 10대 아이들은 임신 가능성을 그저 운에 맡긴다. 한 여론조사에서 전체 고등학생 가운데 40퍼센트가량이 최근에 성관계를 할 때 피임을 하지 않았다고 대답했다. 10대 아이들의 상황이 이런 데는 몇 가지 이유가 있다. 무엇보다도 10대 아이들은 대부분 성관계를 우발적으로 한다. 이는 순결 서약서를 작성한 아이들조차(이 아이들이 성행위를 할 확률은 순결 서약서를 작성하지 않은 아이들과 비슷하다) 피임을 할 확률이 낮은 이유이기도 하다.[1] 또한 어떨 때는 피임을 하고 어떨 때는 피임을 하지 않는 것도 위험한 행동이다. 10대 아이들은 대부분 상황에 따라서 피임을 하거나 하지 않는다. 아이들에게 항상 피임을 해야 한다는 사실을 알려주어야 한다. 이성 친구와 솔직하고 편안하게 피임에 관한 대화를 나누도록 이끌어주면, 내 아이는 피임을 할 가능성이 높아진다.

그렇다면 아이들이 피임을 하는 데서 가장 중요한 변수는 무엇일까? 바로 나이이다. 나이가 들면 아이들은 생각을 먼저 하며, 성행위에 대한 죄의식도 줄어들고, 임신을 하고 싶지 않다는 생각을 하기 때문에, 이성 친구와 솔직하게 피임 문제를 의논한다. 부모는 원치 않는 결과를 피할 수 있는 방법을 아이에게 알려주어야 한다. 그리고 성은 정체성을 강화하는 데 중요하며, 발전적이고 친밀한 관계를 맺는 막강한 힘이 있다는 사실도 분명하게 알려주어야 한다. 10대 아이들이 성을 제대로 관리하기를 바란다면, 아이들에게 도움을 주는 가장 유용한 방법을 부모가 알고 있어야 한다. 그렇지 않으면 분명히 당황하게 될 것이다.


## 성을 관리한다는 것은 고등학생에게 어떤 의미인가


열다섯 살인 제니는 지난 몇 달 동안 자주 어울린 열일곱 살 저스틴과 만나기 위해 위층에서 준비하고 있다. 제니의 엄마는 두 아이가 성관계를 맺는지 궁금하지만, 다행히 두 아이는 여러 아이들과 함께 시간을 보내는 것 같다. 엄마가 더 걱정이 되는 것은 저스틴이 제니를 밤늦게 차로 데려다준다는 점이다. 혹시 음주 운전을 하지는 않는지 걱정이 되는 것이다. 하지만 제니는 친구들이 저녁에는 함께 모이지만, 곧 커플들끼리 흩어져서 애무부터 성교에 이르기까지 다양한 성행위를 한다는 사실을 안다. 어떤 아이들은 사귀지는 않지만 섹스를 하기도 한다(고등학생들은 이 경우에 "관계를 맺는다"라고 한다). 제니는 엄마가 자신이 외출한 뒤에 벌어지는 일을 거의 모른다는 사실을 안다. 앞으로도 쭉 그랬으면 좋겠다. 제니는 또한 엄마가 자기에게 어디에 가는지, 어떤 일을 하는지, 언제 올 것인지를 묻지 않았으면 한다. 외출을 할 때마다 그런 질문을 받으면 꼭 심문받는 느낌이다.

제니와 저스틴은 애무는 하지만 아직 섹스는 하지 않았다. 제니는 그저 친구였던 저스틴이 자신을 좋아한다는 사실을 불과 몇 주 전에 알게 되었다. 제니는 아직 성 경험이 없고, 제니와 친한 친구들 역시 대부분 그렇지만, 최근 들어 부쩍 섹스에 관한 이야기가 늘었다. 하지만 제니가 저스틴을 좋아한다는 것이 무엇보다도 중요하다. 제니는 저스틴과 자발적으로 섹스를 하면 둘 사이가 훨씬 가까워질 거라고 생각한다. 저스틴의 진짜 여자 친구가 된다면 정말 근사할 것이다. 저스틴은 자신은 이미 성 경험이 있지만, 그저 제니가 준비가 될 때까지 기다리겠다는 암시를 보내고 있다. 외출 준비를 하면서 제니는 '오늘 밤에 하자고 하면 어떻게 하지?' 같은 고민을 하고 있다. '만약에'와 '그렇다면'으로 질문하는 능력이 상당히 발달한 터라, 제니는 그런 질문을 수없이 많이 할 수 있다. '하자고 하면 어떻게 하지?'는 물론이고, '내가 아직 준비가 안 됐으면 어떻게 하지?' '내가 제대로 못해서 엉망이 되면 어떻게 하지?' 같은 질문도 한다. 하지만 가장 걱정이 되는 것은 '혹시 저스틴이 피임 도구를 사용하지 않으면 어쩌지?'였다. 섹스는 근사할 것 같지만 임신을 하고 싶지는 않고, 성교육 시간에 알게 된 성병에 걸리고 싶지도 않았다. 제니는 저스틴이 만족하고, 제니를 훨씬 좋아하게 되면서도, 자신을 보호하는 방법은 구강성교뿐일지도 모른다고 생각했다.

제니는 새롭게 얻은 추론 능력 덕분에 자신이 선택할 일이 어떤 결과를 불러올지 예상할 수 있다. 더구나 '아빠가 날 죽일 거야' '엄마가 엄청 화낼 텐데' '저스틴은 아주 기뻐할 거야'처럼 다른 사람의 입장에서 생각할 수 있기 때문에 더욱 분명하게 결과를 예측할 수 있다. 이런 다양한 생각이 제니의 머리에서 요동치는 순간에도, 제니의 머리에 가장 많이 떠오른 것은 가장 친한 여자 친구들이다. 섹스를 하는 여자아이들도 있지만, 정말 친한 친구들은 제니와 같은 입장이다. 제니처럼 남자 친구와 애무도 하고 키스도 하지만 아직 진짜 섹스는 하지 않았다. 가장 친한 친구들 가운데 자신이 가장 먼저 섹스를 하는 사람이 될지도 모른다는 생각을 하면 기분이 묘하고 짜릿했다.

그때 초인종이 울렸다. 제니는 나는 듯이 아래층으로 뛰어내려갔다. 엄마, 아빠가 저스틴에게 형편없는 점수를 주기 전에 막아야 했다. 제니는 저스틴과의 문제는 자신의 사생활이라고 생각한다. 부모가 저스틴에게 시시콜콜 묻는 것은 불쾌했다. 저스틴은 분명히 엄마, 아빠가 이상하다고 생각할 것이다. 정말 엄마, 아빠 때문에 당황할 때가 많다. 하지만 제니는 부모가 자신이 잘되기를 바란다는 사실을 안다. 제니는 그 어느 때보다 더 오래 엄마, 아빠를 안아주고 밖으로 나왔다. 집을 나서서 걸어가는 순간에도 제니는 몇 시간 뒤에 자신이 어떤 결정을 내려야 할지 몰라서 당혹스럽다.

◎ **어떻게 도와주어야 할까?**

고등학교에 다니는 아이가 성 문제에 제대로 대처할 수 있도록 돕는 방법을 얘기할 때는 좋은 소식과 나쁜 소식을 함께 들려줄 수밖에 없다. 나쁜 소식은 연구 결과에 따르면 또래 친구들과 달리 부모는 아이가 성생활을 시작하는 시기에 거의 영향을 미칠 수 없다는 것이다.[2] 성도 친구가 아이의 결정에 커다란 영향을 미치는 수많은 영역 가운데 하나이다. 가족 간에 유대 관계가 좋고 건전한 가정에서 자랐으며, 사려 깊고 학습 동기가 충분한 친구들과 어울리는 아이도 부모 세대와 달리 이제는 쉽게 성을 경험한다. 그러나 학교를 싫어하는 친구들과 사귀고, 곧잘 위험한 행동을 하며, 부모가 사사건건 아이의 행동에 간섭을 하면, 아이는 더 일찍, 자신이 통제하지도 못하는 성을 경험할 가능성이 크다.[3]

좋은 소식은 아이가 성을 대하는 자세에 부모가 적잖이 영향을 미친다는 것이다.[4] 부모가 성에 관해 아이와 대화할 때 가장 중요하게 다루어야 하는 내용은 피임이다. 허심탄회하게 대화를 나누면 아이가 안전하게 사랑을 나눌 확률이 훨씬 높아진다.[5] 나이가 많은 형제가 피임 방법을 알려주는 것도 크게 도움이 된다.[6]

우리 아이가 어디에서 무엇을 하는지를 정확하게 아는 것도 위험한 성행위를 줄일 수 있는 방법이다. 아이가 파티에 갈 때는 파티를 여는 집에 부모가 있는지 확인해야 한다. 귀가 시간을 어기거나 전화를 하지 않을 때에는 분명한 조치를 취해야 한다. 아이가 고등학교에 들어가면 적어도 몇 년 동안은 어떤 친구를 사귀는지, 어떤 일을 하는지를 부모가 파악하고 있겠다는 사실을 아이에게 분명히 알려야 한다. 당연히 아이는 완강하게 저항할 것이다. 10대 아이들은 자기 인생의 많은 부분을 사생활이라고 규정하고 부모에게 감추기 위해 엄청나게 노력한다. 성도 당연히 사생활이다. 부모는 아이가 기꺼이 털어놓는 부분만 점검할 수 있을 뿐이라는 사실을 명심하자. 부모와 오랜 시간 허물없이 대화를 나눈 아이만 은밀한 사생활을 부모에게 털어놓을 것이다. 전화를 할 때 방문을 닫는 정도는 사생활로 인정하고 존중해주어야 한다. 그러나 나쁜 친구를 사귀거나 약을 하거나 위험한 섹스를 하는 것처럼 큰 문제는 그냥 내버려두지 않겠다는 사실을 정확하게 알려야 한다. 부모는 아이가 청소년기에 시간을 벌 수 있도록 최선을 다해야 한다. 인생 경험은 불과 1~2년의 차이이지만, 아이가 위험에 대처하는 능력은 그 차이에 따라 크게 달라지기 때문이다. 열다섯 살에 성을 경험하면 행동이나 학습에 큰 문제가 생길 수 있지만, 열일곱 살은 그렇지 않다. 10대 아이들은 이런 사실을 알고 있어야 한다. "아직 섹스를 해도 좋은지 확신이 서지 않았을 거야. 조금만 더 시간을 두고 생각하면 훨씬 명확하게 결정을 내릴 수 있을 거야" 같은 말을 해주자.

부모는 아이들에게 섹스는 반드시 자신의 의지로 결정해야 한다는 사실을 분명하게 알려주어야 한다. 여자아이들은 자기보다 나이가 많거나 발언권이 센 남자아이의 요구를 거절하지 못할 때가 많다. 이런 여자아이들은 매력적이라는 사실을 인정받았기 때문에 자존감이 높을 것이라고 흔히들 생각한다. 모두 그렇지는 않지만, 일반적으로 이런 여자아이들은 힘의 균형이 남자 친구에게 치우친 관계를 맺고 있기 때문에 자존감이 손상될 가능성이 크다. 능력에 부치는 성 문제로 고민하는 여자아이들은 기발한 대비책을 마련하고 있어야 한다. 술을 마시면 아이들이 어떻게 해야 하는지 생각해보자. 아이들이 할 수 있는 일은 부모에게 전화하는 것뿐이다. 그러면 부모가 아이를 집으로 데리고 올 것이다. 물론 이런저런 질문을 할 필요도 없다. 성에 관한 문제일 때도 비슷한 조치를 취하면 된다. 달갑지 않은 성 문제가 생기면 부모가 언제라도 구출해줄 수 있다는 사실을 우리 아이들에게 분명하게 알려주자. 이 전략이 효과를 발휘하려면 부모가 아이를 비난하지 말아야 한다. 10대 아이들은 자립심이란 보통은 스스로 하는 것을 뜻하지만, 필요할 때는 다른 사람에게 적절하게 도움을 받는 능력도 자립심임을 알아야 한다.

## 청소년기에 주의해야 할 성 이야기

미국 청소년들이 겪는 성 문제는 거의 없다는 주장은 정말 순진한 생각이다. 10대 청소년의 임신율은 너무 심각해서, 선진국 가운데 1위를 달리고 있다. 콘돔을 제대로 사용하지 않기 때문에 10대 청소년의 성병 발생률과 에이즈 바이러스 감염률도 꾸준히 높아지고 있다. 동성애는 여전히 심각한 편견과 무지에 시달리고 있기 때문에, 우울증에 걸리거나 자살을 택하는 10대 아이들이 아주 많다. 성희롱이나 성폭력도 아주 심각하지만, 제대로 보고가 되지 않고 있다. 미숙하고 연약한 10대 아이들의 성 문제에서 임신 문제는 그 심각성이 충분히 알려져 있지만, 성병이나 에이즈 바이러스 감염 같은 문제는 사회적으로도 경제적으로도 정확하게 알려져 있지 않다. 청소년의 성 문제를 해결하려면 부모뿐 아니라 학교, 종교 단체, 사회복지 관련 기관, 사법기관 같은 모든 사회 기관이 발 벗고 나서야 하며, 효과적으로 성을 가르치는 것을 주제로 삼아 사회과학 연구도 진행해야 한다.

그러나 사실 10대 아이들에게 성 문제는 흔하게 접할 수 있는 심각한 문제가 아니다. 10대 아이들은 대부분 성 문제에 현명하게 잘 대처한다. 10대의 성 문제로 충격을 받는 부모도 있겠지만, 대부분은 알고 있는 내용을 다시 확인하는 정도에 지나지 않는다. 어쨌거나 고등학교를 졸업할 무렵이면 대부분 성 경험을 하고, 그것이 장기적으로나 단기적으로 문제가 되는 경우는 거의 없다.[7]

많은 부모에게 성은 어렵고 난해한 주제이다. 10대의 성은 조금 느긋하게 생각할 필요가 있다는 주장은 근시안적이고 무신경한 주장처럼 보일 수도 있다. 사실 부모는 대부분 10대 아이들을 잘 가르쳐왔고 10대 아이들이 상대를 가리지 않고 성행위를 하는 경우는 드물다. 대부분은 따뜻하고 친밀하고 충실한 관계를 맺는다.[8] 많은 10대 아이에게 성은 청소년기를 풍성하게 해주는 정상적이고 환영받을 일이다.

## 정체성 확립하기

:

정체성에 집착하는 것은 청소년기의 주요 특징이다. 아이들에게 처음으로 지적 기술과 고집이, 그리고 내면의 심리를 재편성하는 창의성이 생기기 때문이다. 추상적으로 생각하고, 자신을 반성하고, 관점을 바꾸는 등, 인지력이 성숙하면 아이들은 추론하고 깊이 생각하고, 끊임없이 정체성을 바꾸어가면서 결국 일관성 있는 정체성을 점진적으로 형성해나간다. 일관성 있는 정체성이란 무엇일까? 상당히 오랫동안 변하지 않는 정체성이라는 뜻이다. 내면의 문을 걸어잠갔다가 다시 열었을 때 내면의 집 안에 동일한 사람이 있다면 무척 안심이 될 것이다. 하지만 10대 아이들의 내면에서는 그런 일을 기대할 수 없다. 10대 아이들은 내면의 문이 어디에 있는지 찾지 못할 때도 있고, 찾았다고 해도 문이 잠겨 있을 수 있고, 복도에서 전혀 다른 사람을 만날 수도 있다.

청소년기의 '정체성 위기'에 대해 쓴 글들은 사용한 잉크만 모아도 강 하나는 너끈히 만들 정도로 많다. '정체성 위기'라는 말은 오랫동안 인기를 끌었지만, 그 의미는 아주 모호한데, 그 이유는 사회과학자들이 청소년기를 스트레스와 갈등을 피할 수 없는 시기라고 정의했기 때문이다. 나는 '위기'라는 말은 적절하지 않다고 생각한다. 그 대신 정체성을 형성하는 어렵고 험난한 장기 프로젝트에 '도전'이라는 말을 붙이고 싶다. 도전은 어렵지만 기회이다. 위기를 도전이라는 말로 바꾸어도 과제의 강도가 줄어드는 것은 아니다. 하지만 10대 아이들은 자기중심적이며 눈앞의 일만 생각하고 스스로를 돌아보지도 못하던 어린 시절에서 벗어나 특별하고 독특한 자의식을 가진 어른이 되어야 한다.

고등학교 시절은 보통 정체성이 성장하는 비옥한 시기이지만, 이제 막 고등학교에 입학한 아이들은 정체성 확립이라는 어려운 과제 앞에서 긴장할 수밖에 없다. 정체성이 성장한다는 것은 믿음과 가치관과 목표를 새롭게 받아들이고, 어떤 것은 보존하고 어떤 것은 버리는 복잡한 과정이다. 따라서 얼마간은 혼란스럽고 어리둥절할 수밖에 없다. "나는 내가 아주 외향적이라고 생각했는데, 부모님이 이야기를 좀 해보라고 하면 그냥 혼자 있고 싶어져요. 내가 사교적인지 내성적인지 진짜 모르겠어요." 10대 아이들은 연습을 해야만 행동이 상황에 따라 바뀌는 복잡한 것임을 이해할 수 있으며, 시간이 흐를수록 모순에 부딪혀도 불안을 덜 느끼게 된다. 자아감이 더 복잡한 아이는 복잡성을 제대로 다루지 못하는 아이보다 우울해질 가능성이 적다.[9] 아직 완전한 자아감이 형성되기 전이기 때문에 10대 아이들은 다양한 '자아'를 거치게 된다. 청소년기가 끝날 무렵이나 성인기가 시작될 무렵이 되어야만 아이들은 대부분 일관성 있고 편안하고 강건한 자아감을 형성할 수 있다.

열여덟 살인 클로이에게 이제 곧 고등학교를 졸업하는 소감을 말해보라고 했다. 그러자 이렇게 말했다. "내 인생이니까, 내가 알아서 할 거예요." 그 말을 듣자 클로이보다 열여섯 살 어린 두 살짜리 아이도 그런 식으로 말한다는 생각이 들었다. 앞으로 몇 년 안에 클로이는 자기 인생을 직접 조정하고 있다는 느낌을 더 강하게 받을 것이다. 클로이의 말은 정체성과 자기 효능감(혹은 개인의 능력) 사이에 아주 중요한 관계가 있음을 분명히 보여준다. 자신을 둘러싼 주변 세상에 자신이 실제로 영향을 미치고 있다고 느끼면 자부심과 자존감이 생기고, 수많은 심리 문제에 제대로 대처할 수 있다. 중요한 것은 그렇게 되면 분별력이 생긴다는 것이다. 부모가 밤잠도 못 자고 빌면서 10대 아이들에게 생기기를 바라던 그 분별력 말이다.

## 고등학생에게 정체성 확립이란?

　열일곱 살인 조시는 정말 사랑스러운 아이이다. 운동도 잘하고 매력적이고 재미있고 똑똑한 조시는 잠깐 마약과 술을 입에 댔지만 그만두기 위해서 열심히 치료를 받았다. 약물 치료를 받겠다고 결정한 것은 조시 자신이었다. 자신을 '정말 좋은 아이'라고 생각하는 조시는 과하게 약을 하는 자신과 평소에 생각하는 자신은 전혀 일치하지 않는다는 생각에 치료를 받겠다고 결정했다.

　그런데 조시는 자신을 잘 알고 있다고 생각하면서도 자신을 열의가 없고 단조로운 아이로 묘사했다. 놀라운 일이었다. 내가 그 점을 지적하자 조시는 어깨를 으쓱하면서 말했다. "사실 아이들은 모두 그래요. 저기 있는 집들 좀 보세요. 페인트 색만 다르지 모두 똑같이 생겼잖아요. 우리도 정말로 특별한 애는 없어요." 성적도 뛰어나고 운동도 잘하는 남자아이 입에서 그런 말이 나오다니, 정말 놀라웠다. 그 뒤로 조시를 만날 때마다 나는 조시의 기분을 바꾸는 데 초점을 맞추어 상담을 진행했다. 조시는 자신이 약을 복용한 이유는 '특별하다'는 기분을 느끼고 싶어서라고 했다. 처음에 조시의 말을 들었을 때는 조시의 문제가 정체성에 관한 아주 작은 문제라고 생각했다. 그러나 아이의 말에 귀를 기울일수록 나는 조시의 정체성에서 강한 부분(좋은 성적, 좋은 아들, 좋은 형제, 좋은 친구라는 자부심)과 아직 제대로 발달하지 않은 약한 부분을 좀더 자세하게 들여다볼 수 있었다. 조시는 충분히 예상할 수 있는 방식으로만 특별해지기를 바라는 것이 아니었다.

자신의 유머 감각과 배려심이 잘 드러날 수 있는 방식으로도 특별해지기를 간절히 바랐다. 좋은 학생이자 인기 있는 운동선수만이 아니라 뭔가 특별한 사람이 되기를 원했다. 같은 분야에서 이미 많은 아이가 훌륭히 성과를 내는 공동체에서는 그저 잘한다는 것만으로는 특별한 사람이 될 수 없었다.

조시의 심리 상태를 파악하는 상담을 진행하는 동안 조시는 "나를 정말로 필요로 하는 사람은 없다"라고 했다. 그 말은 맞는 말이다. 17년을 살았지만, 조시의 부모는 조시에게 언제나 공부만 하게 했기 때문에 조시는 단 하루도 일을 해본 적이 없었다. 여름방학이면 공부를 하거나 운동을 하는 곳으로 가야 했다. 사고 싶은 물건은 살 수 있을 만큼 용돈도 넉넉하게 받았다. 친구는 아주 많았지만, 조시는 자주 아주 외롭다는 느낌을 받았다. 그러니까 조시는 몇 년 동안 틀에 박힌 생활을 한 학교에서 벗어나 자신에게 의미가 있는 무언가를 하고 싶다고 갈망하는 소년이었던 것이다.

조시의 엄마인 엘런은 조시의 '자존감'이 너무 낮다고 하면서, 자존감을 키워줄 수 있는 해외 프로그램이나 영재 캠프가 조시에게 도움이 될지 나에게 물었다. 전직 회사 임원인 엘런은 열과 성을 다해 세 아이를 길렀고, 세 아이 모두 좋은 학생이자 누구나 인정하는 좋은 아이로 자랐다는 자부심이 대단했다. 엘런은 늘 엄청난 계획을 세웠기 때문에 듀크 대학교나 펜실베이니아 주립 대학교에서 진행하는 영재 캠프를 언급했을 때도 나는 전혀 놀랍지 않았다. 하지만 조시는 자존감이 낮은 아이가 아니다. 낮기는커녕 목적의식이 정체성 형성에 아주 중요하며, 부모에게 많은 혜택을 받았지만 자신에게 꼭 필요한 기회는 얻지 못했다는 사실을 분명하게 깨닫고 있었다. 나는 조시와 엘런에게 조시가 자신의 자아감에 꼭 더하고 싶어하는 특별함을 얻으려면 봉사하는 기회를 갖는 것이 좋겠다고 제안했다.

그리고 두 사람은 근사한 생각을 해냈다. 할머니를 사랑했던 조시는 할머니가 돌아가시기 전까지 계시던 양로원에서 상당히 많은 시간을 보냈는데, 사랑스럽고 재미있는 조시는 거기서 언제나 환영받는 손님이었다. 할머니가 돌아가신 뒤에도 양로원에는 조시를 사랑하는 할머니들이 많았다. 조시는 치매에 걸린 할머니들을 위해 봉사 활동을 하기로 했다. 투자를 많이 해야 하는 일이었다. 안 그래도 할 일이 많은 양로원 직원들은 일주일에 두 번 양로원에 나오겠다는 조시의 결정을 환영했다(실제로 조시는 자신의 '할머니들'을 돌보기 위해 그보다 더 자주 갔다). 조시는 자신이 의미 있는 일을 한다는 사실에 행복했고, 정말 열심히 봉사했다. 몇 달 뒤, 조시의 친구들도 양로원에서 함께 봉사하기로 했다. 아이들은 함께 연구를 하면서, 치매 노인을 위해 할 수 있는 일을 늘려나갔다. 아이들은 대학 입학원서의 봉사 활동 칸을 메우기 위해 이런 봉사를 하는 것이 아니었다. 한 인간으로 성장하기 위해 반드시 필요하지만 흔히 무시되는 요구를 채우려는 진심 어린 열정 때문이었다. 바로 사회를 위해 봉사하고자 하는 욕구, 스스로를 필요한 사람이라고 느끼고 싶은 욕구를 채우려는 욕구인 것이다. 이제 조시의 정체성은 사회를 위해 의미 있는 공헌을 했다는 만족을 느끼게 됐다. 조시의 표현대로라면 "진짜 성공했다"는 기분을 느끼게 된 것이다.

## ◎ 어떻게 도와주어야 할까?

청소년들의 정체성 하면 흔히 피어싱, 염색한 머리, 완전히 밀어버린 머리, 북미 원주민인 모호크 족처럼 정수리만 기른 머리, 대담하게 차려입은 록 가수 복장, 시끄러운 펑크 음악, 신경질적인 힙합, 여성 혐오증 등 부모를 폭발 직전으로 몰고 가는 무시무시하고 다양한 외적인 모습을 주로 연상한다. 하지만 화려하지만 곧 사라질 이런 외적 특성에 시선을 빼앗기거나 현혹되지 않아야만 아이의 정체성 형성이라는 중요한 과업을 더 잘 이해할 수 있다.

부모가 해야 할 가장 중요한 일은 아이의 기본 성격을 파악하고, 그 아이의 진짜 모습을 제대로 보고 인정해주는 것이다. 얼핏 듣기에 이런 말은 너무 단순하게 느껴진다. 부모는 이런 의문을 품을 수도 있다. 사실 청소년기는 우리 아이들이 극적으로 바뀌는 시기 아닌가? 아주 빠른 속도로 보수주의자였다가 자유주의자로, 그리고 무정부주의자로 변하는 아이들을 어떻게 이해하라는 말인가? 책벌레이면서도 파티 걸인 아이도 있고, 운동을 많이 하면서도 영화에 미쳐 있는 아이도 있는데? 당연히 부모는 그런 아이들을 제대로 파악할 수 없다. 그러니 아이를 어떻게 도와야 하는지도 알지 못한다. 다양한 정체성을 갖는 것은 청소년기에 정서 및 인지가 발달하는 데 꼭 필요하다. 부모는 아이의 의상이나 끊임없이 바뀌는 정치관은 일단 옆으로 제쳐두고, 10년 넘게 보아온 아이의 가장 중요한 본성에 집중해야 한다.

빠르게 변하는 아이의 정체성에 부모가 보조를 맞추는 것은 중요한데, 아이가 문제를 향해 돌진하는 것처럼 보일 때 특히 그렇다. 부모가 이혼을 하거나 실직을 하는 등, 가정에 문제가 생기면 그전에는 아무 문제가 없던 아이도 공부에 관심이 없고 마약을 하고 좀도둑질을 하는 친구와 어울릴 수 있다. 이때 부모는 아이가 어떤 위험한 행동을 하는지 잘 알고 있어야 한다. 고등학생(특히 1~2학년)이 등교를 하지 않거나 섹스, 마약, 알코올을 일찍 경험하거나 가벼운 비행에 빠지거나 아직 어린데도 독립을 하겠다고 고집을 부리는 것은 앞으로 더 큰 문제가 생길 수 있다는 전조이다. 아이가 자신을 거칠다거나 마약쟁이라고 인식하고 행동한다면(즉 난폭하게 행동한다거나 가출을 한다거나 마약을 사고팔면), 아이를 데리고 전문가를 찾아가 상담을 받아야 한다. 아이가 안전한 선택을 할 수 있도록 한계를 정해주어야 하며, 다른 문제가 있을지도 모르니 세밀하게 살펴보아야 한다.

하지만 대다수 10대 아이들을 부모가 가장 잘 도울 수 있는 방법은 잠깐 뒤로 물러나 있는 것이다. 10대 아이들이 보여주는 모든 모습에 끝없이 논평을 가할 것이 아니라, 그저 심리적 완충지대가 될 만한 '기댈 수 있는 환경'을 만들어주어야 한다. 여러 가지 정체성에 휘둘리며 혼란스러울 때에도 아이들은 보호받고 인정받고 사랑받고 있음을 분명히 느껴야 한다. 10대는 언제라도 폭발할 수 있는 일촉즉발의 상태로 묘사되곤 하는데, 그런 묘사는 실제보다 훨씬 과장된 것이다.

'나는 과연 누구인가?'라는 긴박한 질문은 금세 그 중요성을 상실한다. 아이들은 대부분 출발점에서 크게 벗어나지 않는 모습으로 완성된다. 조용한 아기는 감정을 잘 표현하지 않는 어린아이가 되었다가 수줍은 10대를 거쳐 과묵한 어른이 된다. 한 사람의 기질은 일생 동안 매우 안정적인 형태로 나타난다.[10] 하지만 탐구욕 왕성한 중학생 시절을 보내고, 자의식이 강하면서 매번 외적인 모습이 바뀌는 아이를 보면, 변하지 않는 자질이 아이에게 있다는 사실을 인정하기는 쉽지 않다.

그렇다면 지금까지 충분히 준 사랑과 열린 마음 외에, 아이가 정체성을 제대로 형성할 수 있도록 도울 방법이 있을까? 아이의 개성을 중요하게 생각하고 적절한 독립심을 갖도록 이끄는 온화한 부모라면 아이가 좀더 쉽게 도전하도록 도울 수 있다. "노력해봐. 충분히 노력한 뒤에 도움이 필요하면 나에게 알려주렴"이라고 말하는 부모가 되자. 아이들의 대처 기술은 거의 모두 부모가 자신을 믿고 있다는 사실을 알 때 강화된다. 아이의 능력을 믿고 있으며, 노력만이 재능을 키울 수 있는 방법이고 부모는 언제라도 든든한 지원군이 되어주겠다는 사실을 분명히 알려주자.

많은 10대 아이가 앓고 있는 권태는 부모와 학교, 그리고 사회가 아이들에게 의미 있는 일을 할 수 있는 기회를 제공하면 쉽게 물리칠 수 있다. 책임감을 느낄 수 있는 일, 자원봉사, 후배들을 위한 조언가 역할 등을 하게 해주면, 아이는 자신이 특별하고 중요한 사람이라는 생각을 하게 된다. 이런 활동에 참가하면, 아이는 재능뿐 아니라 독립심, 사회성, 자존감을 키울 수 있다. 이런 활동은 아이에게 자신은 의미 있는 사람이라는 인식을 심어주기 때문에 아이는 강인하고 튼튼한 정체성을 형성할 수 있다. 성적을 잘 받거나 상장을 받는 것보다 훨씬 더 효과적이다.

청소년의 정체성을 형성하는 데는 사회참여 외에도 다른 방법들이 있다. 이 시기에 10대 아이들은 자신이 재미있어하는 일(운동이나 지적 활동 혹은 예술 활동 등)을 깊게 탐구할 수 있는 육체적, 인지적, 감성적 능력을 실제로 갖추게 된다. 여름방학 때 관심 있는 분야에서 인턴 활동을 하면 직업 흥미도도 높아지고, 그 분야에서 경험을 쌓은 조언자를 만날 수 있다는 장점이 있다. 우리 아들은 2년 동안 여름방학에 법률사무소에서 인턴으로 일했다. 그 결과 우리 아들은 법조계에서 일해야겠다고 결심했다. 우리 아들과 함께 같은 곳에서 인턴 일을 한 아들의 친구도 한 가지 결심을 했다. 자신은 절대 법조계에 발을 들이지 않겠다는 결심 말이다. 정체성이 발달한다는 것은 내가 누구인지를 아는 일이기도 하지만, 내가 누구일 수 없는지를 아는 일이기도 하다.

## 자율성 발달시키기
:

열두 살(중학생)인 리베카의 엄마는 친구 집 파티에 가려는 리베카를 불러세우고는 저녁밥은 집에서 먹어야 하니까 일찍 돌아오라고 말했다. 그러자 리베카가 심하게 발을 구르며 엄마를 노려보면서 말했다. "나한테 이래라저래라 하지 마. 내 인생이잖아. 파티가 끝나면 돌아올 거란 말이야." 열일곱 살(고등학생)인 에이미에게도 엄마가 같은 말을 했다. 에이미는 "가족이 함께 저녁을 먹는 건 중요하지. 나도 알아. 하지만 친구들과 하는 파티도 나한테는 중요해. 나는 되도록 오래 친구들하고 놀고 싶어. 그러니까 엄마가 저녁을 준비할 때쯤에 전화해줄래? 그러면 집에 와서 저녁을 먹을 수 있잖아" 하고 대답했다.

리베카와 에이미는 독립심과 자율성이 어떻게 다른지 보여준다. 엄마의 손을 뿌리치고 "내가 할 거야" 하고 소리치는 두 살 난 아이처럼 리베카도 무작정 독립을 부르짖는다. 리베카는 상황에 반응할 때 그저 자신이 할 수 있는 것과 할 수 없는 것, 할 일과 하지 않을 일만을 구분한다. 독립심이란 자아를 관리하는 일이다. 그러나 자율성은 독립심보다 훨씬 범위가 넓고 어렵고 복잡하다. 자율성은 발달한 사고력, 자립심, 자제력, 친밀감, 유대감이 모두 한데 엮여 형성된다. 자율성은 한 사람으로 독립하는 동시에 다른 사람들과 관계를 맺는 능력이라고 할 수 있다.

열일곱 살인 에이미는 훨씬 성숙하기 때문에 훨씬 자율적으로 행동하면서 엄마와 의견을 조율할 수 있다. 자기 입장뿐 아니라 엄마의 입장도 함께 헤아릴 수 있는 것이다. 이는 아이가 더이상은 의견 조율을 승자와 패자의 게임이라고 생각하지 않는다는 증거이다(그러니까 파티에 오래 머물면 내가 이긴 것이고 집에 빨리 오면 엄마가 이긴 것이라고 생각하지 않는다는 것이다). 에이미보다 어린 아이들이 융통성이 없는 데 반해, 에이미는 개인 간의 거래는 아주 복잡하다는 사실을 잘 안다. 후기 청소년기보다 초기 청소년기에는 아이와 부모 간의 갈등이 심한데, 후기 청소년기에는 자율성이 형성되는 데 반해 초기 청소년기에는 독립심이 형성되기 때문이다.

에이미는 사고력도 성숙했을 뿐 아니라 정서적으로도 성숙했다. 에이미에게는 엄마와 싸우지 않는 것이 중요했다. 어쨌거나 에이미는 엄마를 좋아했고, 엄마를 화나게 할 생각도 없었다. 또한 에이미는 엄마의 의견에 어느 정도 타협을 해야만 자신의 소중한 사생활도 지킬 수 있음을 안다. 엄마의 마음을 헤아린 덕분에 에이미는 엄마의 질문에 시달리지 않을 수 있다. 안 그랬다면 엄마는 누구와 함께 파티를 하는지, 어째서 파티가 중요한지를 집요하게 캐물었을 것이다. 지금도 여전히 엄마, 아빠가 자신의 행동을 꼬치꼬치 캐물으려고 할 때는 불쑥 화가 나는 에이미였기에 되도록 그런 대화는 피하는 것이 낫다는 사실을 잘 안다. 결국 에이미는 엄마와 충돌하지 않기 위해 인지적, 행동적, 감정적 기술을 통합해서 구사하고 있는 것이다.

10대 아이들은 여러 차례 통찰력이 변화하는데, 이는 결국 자율성 발달로 이어진다. 나는 어린 환자들이 처음으로 부모에게도 결점이 있다는 사실을 알게 되는 모습을 보면 늘 마음이 아련해진다. 그 사실을 처음으로 인식한 아이들은 거의 혐오에 가까운 반응을 보인다. 이른 아침에 나를 찾아왔을 때 열네 살인 애슐리는 온몸이 떨릴 정도로 분노하고 있었다. 아빠가 그날 아침에 세면대에 역겨운 코털을 잔뜩 떨어뜨려놓았다는 것이 그 이유였다. 애슐리의 아빠는 그전에도 세면

대에 코털을 남겼을 것이다. 그러나 애슐리는 그날 아침 처음으로 그 사실을 인지했다. 지난 14년간 애슐리는 아빠를 전적으로 사랑했기 때문에, 아빠에 대한 환상이 깨지는 시기에 들어서고 나서야 비로소 그런 충격적인 사실을 깨달은 것이다. 부모의 모습을 있는 그대로 보는 능력이 생기는 것, 그것은 자율성이 생기기 시작했다는 신호이다. 어린 시절에는 전적으로 옳고 이상적으로 보이던 부모를 감정적으로, 인지적으로 똑바로 볼 수 있게 되면 독립심과 유대감이 갈등을 덜 일으키게 된다.

자율성이 발달하고 있다는 또다른 증거는 부모에게 부모의 역할 외에 다른 삶이 있다는 사실을 이해하고, 부모에게 덜 의존하며, 심지어 가정 안에서도 자신은 독립적이어야 한다는 사실을 깨닫는 것이다. "엄마, 아빠한테는 모든 걸 이야기하지만, 그래도 역시 몇 가지는 말하지 않은 게 있어요"라는 아이의 말은 부모와 유대감을 유지하면서도 독립적이라는 증거이다. 부모들은 '그래도 몇 가지는 말하지 않는다'는 아이의 말을 들으면 당혹스러울 것이다. 하지만 그것이야말로 우리가 부모 역할을 제대로 해내고 있으며, 우리 아이들이 사랑스럽고도 친밀한 협력자가 될 수 있는 강건한 자아감과 자율성을 길러가고 있다는 증거이다.

## 고등학생에게 자율성이란?

• 열여섯 살인 메건은 학교 무도회에 입고 갈 드레스를 사기 위해 친구들과 함께 옷 가게에 가기로 했다. 당연히 엄마는 함께 가자는 소리를 듣지 못했다. 몇 시간 뒤에 메건은 쇼핑 가방을 흔들면서 집으로 뛰어들어왔다. "엄마! 어떤 옷이 제일 괜찮은지 말해줘!"라고 소리치면서. 이것이 바로 자율성이다. 아이와 함께 옷을 사러가지 못했다고 해서 부루퉁해 있을 이유가 없다. 아이의 패션쇼를 열심히 관람하고 멋진 조언을 해주자.

• 열여덟 살인 크리스는 거의 매일 밖에 나가 여자 친구와 시간을 보낸다. 크리스 가족은 해마다 여름이면 휴가를 떠났다. 크리스에게 올해는 어디에 갈까 하고 묻자, 크리스는 여자 친구도 함께 갔으면 좋겠다고 했다. 이것이 바로 자율성이다. "네 여자 친구는 우리 가족이 아니잖니" 같은 말은 하지 말자. 기꺼이 여자 친구를 초대해주자.

• 열다섯 살인 세라는 2주 동안 독감을 앓았다. 다시 학교에 간 다음날 화학 시험을 보았고, 당연히 시험을 망쳤다. 세라는 부당한 대우를 받았다며 울면서 화를 냈다. 그 말에 찬동해 세라의 엄마가 선생님에게 전화를 한다고 하자, 세라는 그렇게 하지 말라고 했다. "내가 알아서 할게." 이것이 바로 자율성이다. 딸아이가 희생자라고 우기면서 선생님에게 전화하는 일은 하지 말자.

이 세 상황은 자율성이 발달하는 청소년기에 10대 아이들과 부모가 흔히 겪는 복잡한 조정 과정을 보여주는 예이다. 10대 아이들은 당연히 독립 쪽으로 밀고 나아간다. 이때 부모가 어떤 반응을 보이느냐에 따라 이후의 아이와 부모의 관계는 크게 달라진다. 부모가 아이와 행동을 함께하면 아이는 기지가 풍부해지고, 부모와 유대감이 깊어지고, 성공할 가능성이 커진다. 독립심은 커졌지만 부모가 멀게 느껴지거나 부모와 심적으로 멀어진 아이는 여러 가지 심리적 조정 능력이 제대로 발달하지 않는다. 반면에 독립적이지만 부모와 긴밀한 관계를 맺고 있는 아이는 심리적으로 아주 건강하다. 독립심뿐 아니라 자율성도 함께 성장했기 때문이다.[11]

한때 우리가 그리고 우리 아이들이 속했던 영역(여덟 살짜리 아이는 당연히 엄마와 함께 옷을 사러갈 것이다)에서 점차 떠나와야 한다는 사실은 분명히 놀라울 것이고 쫓겨났다는 기분이 들어 슬프기까지 할 것이다. 그러나 아이의 관점에서 보면 자신이 할 수 있는 일은 스스로 함으로써 정말 필요한 순간에만 부모의 도움을 받을 수 있게 된 것이다. 메건, 크리스, 세라의 자율성은 건강하게 잘 자라고 있다. 세 아이는 자기 나이에 맞는 도전(혼자 옷을 사는 열여섯 살, 여자 친구와 함께 보낼 일정을 짜는 열여덟 살, 학교에서 일어난 일은 스스로 해결하려는 열다섯 살)을 스스로 처리하는 능력이 있다. 이 아이들은 부모의 도움을 하찮게 여기지 않는다. 그저 부모와 좋은 관계를 유지하면서도, 어렸을 때와 달리 좀더 성숙하게 살아가고 싶은 것이다.

메건은 친구들과 함께 쇼핑을 갈 수 있는 능력 덕분에 몇 가지 기술을 더 발전시킬 수 있다. 친구들과 쇼핑을 가려면 자신이 어떤 옷을 좋아하는지 파악해야 하고(개성 확인), 예산을 세워야 하고(자금 관리 능력), 또래 아이들은 어떤 옷을 입는지 생각해야 하고(유행 파악 능력), 판매원을 상대하는 법을 알아야 한다(기지). 이런 단순한 행동들이 청소년에게는 성장하는 기회가 된다. 아이가 친구와 함께 옷을 사러가는 이유는 친구에게 안내와 지원을 받기 때문이기도 하지만, 무엇보다도 학교 무도회가 자신과 친구들을 위한 자리임을 알기 때문이다. 엄마에게 옷을 보여주고 함께 즐거워하는 것은 메건과 엄마의 관계가 아주 굳건하며, 메건이 엄마를 자신의 판단을 재확인해줄 동료라고 생각한다는 증거이다. 그런데 그 드레스가 엄마 마음에 들지 않으면 어떻게 해야 할까? 잠가야 한다(엄마의 입을 말이다). 가슴이 보일 정도로 목 부분이 파였거나 과도하게 비싼 옷이 아니라면 최소한 한 가지 장점을 찾아 아이의 기분을 맞춰주자. 아이는 지금 자신의 선택을 판단할 심판을 만나러온 것이 아니다. 주어진 과제를 자신이 멋지게 해냈다는 칭찬을 받으러온 것이다. 지금 엄마는 딸의 자존감과 자부심을 키워줄 절호의 기회를 잡았다. 아이에게 적절하게 질문하고, 아이가 고른 옷의 장점을 찾아내자. 아이와 함께 즐거워하고 아이를 안아주고 아이의 선택을 지지해주자.

'가족 휴가'라는 말에 모순이 있다고 생각하는 사람도 있고, 가족 휴가에는 수많은 도전이 따른다는 사실을 부인할 사람도 거의 없겠지만, 많은 사람이 가족 휴가에는 그 나름대로 신성한 면이 있다고 생각한다. 가족의 단결과 통합과 공통 목표를 선언하는 의식이라고 생각하는 것이다. 여자 친구도 함께 가면 좋겠다고 선언하는 순간 크리스는 자신의 위상이 바뀌었으니 가족 내에서의 지위도 바뀌어야 한다는 선언을 효과적으로 한 것이다. 크리스가 결정을 내리는 데는 크리스의 내적 힘과 자기 효능감이 큰 역할을 했다. 크리스는 자신이 속할 우주의 모습을 만들어갈 능력이 있을까? 크리스가 데려오는 여자 친구가 뱀파이어 해결사 버피Buffy the Vampire Slayer미국 드라마에 나오는 주인공 이름—옮긴이만 아니라면, 크리스의 부모는 아들에게 자율성이 생겼다는 사실에 기뻐하고, 여자 친구를 가족 모임에 데려올 정도로 아들이 집을 편하게 생각한다는 사실을 좋아해야 한다.

아이들이 어렸을 때 우리 집은 해마다 래프팅을 하고 야영을 했다. 나는 뉴욕에서 나고 자란 도시인이었기 때문에, 어릴 적 나에게 광대한 야외에서 활동을 한다는 것의 의미는 그저 여름이면 내 방 창문에 방충망을 치는 것에 불과했다. 그런 내가 매년 땅바닥에서 잠을 자는 것을 보면, 아이들과 방해받지 않고 보내는 시간이 얼마나 강력한 힘이 있는지를 알 수 있다. 아이들이 성장하면서 '가족 휴가'는 아이들의 친구와 여자 친구가 함께하는 시간으로 확장되었다. 그래서 아주 슬펐냐고? 물론이다. 내가 슬픈 이유는 거의 나에게 전적으로 의지하던 작은 아이들은 이제 없다는 자각 때문이었다. 아이들은 내가 함께하지 못할 것이 분명한 새로운 관심과 목적을 가진 남자로 자란 것이다. 이런 변화에 훌륭하게 적응해야만 가족의 전통을 이어갈 수 있다. 지금도 우리 가족은 다양한 외부 가족과 함께 래프팅을 하러간다. 앞으로 내가 어떤 변화에 또다시 적응해야 할지는 모르겠지만, 내가 구명조

끼의 버클을 채울 수 있는 한, 래프팅은 해마다 할 것이다. 청소년기는 그저 우리 아이들의 능력만 키우지 않는다. 부모의 능력도 함께 자라게 한다.

세라의 엄마가 흥분한 이유는 세라가 아직 어렸고 속상해했기 때문이다. 딸이 불공평한 대우를 받았다는 사실에 아이를 보호해야 한다는 모성애가 발동한 것이다. 그러나 이 문제에서는 세라가 옳다. 세라에게는 화를 낼 이유가 충분했다. 그러나 자기가 직접 문제를 해결하겠다고 선언함으로써, 세라는 강인한 내적 힘과 기지, 그리고 자제력을 갖추었다는 사실을 분명히 드러냈다. 엄마가 끼어드는 것은 잘못된 신호를 아이에게 보낼 뿐이다. 그다지 큰일이 아닌데도 엄마가 끼어들어야 하는 아주 심각한 문제라는 신호를 아이에게 보내는 것이다. 세라에게 필요한 것은 자신의 삶에서 벌어지는 문제는 스스로 해결할 수 있으며, 실수할 경우에는 부모가 도와주리라는 믿음이지, 부모가 나서서 모든 일을 해결해주는 것이 아니다. 좌절하고 실망하고 분노하는 것은 당연한 일이지만, 이 일을 통해 아이는 불쾌한 감정을 다스리는 법을 비롯해 많은 것을 배울 것이다. 제대로 연습하지 않은 아이는 아주 작은 도전도 제대로 처리하지 못한다. 세라의 엄마가 세라를 돕는 가장 좋은 방법은 스스로 하겠다는 아이의 결정을 기뻐해주고, 선생님에게 할 말을 정리할 수 있도록 도와주고, 엄마의 도움이 필요하면 언제라도 나서겠다는 사실을 알려주는 것이다.

부모는 아이가 필요할 때 도움을 줄 수 있어야 하고, 아이의 안전 문제에는 절대적으로 관심을 가져야 하며, 아이의 활동 내용(어디에 가는지, 무엇을 하는지, 누구와 있는지)을 잘 알고 있어야 한다. 그러나 몇 가지 예외만 아니라면 아이의 자율성 향상에는 관심이 지나친 것보다는 덜한 쪽이 낫다. 간섭도 하지 말고 관심도 갖지 말라는 뜻이 아니다. 아이가 잘 자랄 수 있도록 능동적으로 옆에 있어주고, 든든하게 뒤에 서 있어주라는 뜻이다. 물론 말처럼 쉬운 일은 아니다. 아이가 앞으로 나아가기 위해 연습을 하는 동안 부모는 뒤로 물러서는 연습을 해야 한다.

## 뒤로 물러서기의 어려움

열일곱 살인 딸은 가장 친한 친구가 자신의 오랜 남자 친구와 시시덕거렸다는 사실을 이제 막 알게 되었다. 친구는 심지어 가슴이 훤히 드러나는 자기 사진을 딸의 남자 친구에게 보내기까지 했다. 눈이 벌게진 채 집으로 돌아온 딸은 방문을 잠그고, 아주 조용한 소리로 전화를 하면서 울기 시작했다. 아이는 자신이 슬프다는 사실을 엄마에게 감추지 않았지만 도움을 요청하지도 않았다. 엄마는 아이가 친구가 죽어서 우는 것인지, 학교에 입고 간 바지가 마음에 들지 않아서 우는 것인지 도무지 알 수가 없다. 딸이 전화를 끊자 엄마는 왜 그런지 물었다. 그리고 아주 간결한 설명을 들었다.

자, 이제 어떻게 해야 할까? 몇 년 동안 해왔던 방식대로 하자면 아이를 붙잡아 달래주어야 한다. 그리고 딸에게 친한 친구를 만나서 남자 친구와 함께 그 문제에 대해 이야기해보라고 말해야 한다. 그러나 해야 할 일을 딸에게 알려주면 엄마의 마음은 편하겠지만, 아이에게 도움이 되지 않는다는 사실을 엄마는 잘 안다. 아이가 갈등 해결 능력을 키우거나 성장하는 데 도움이 되지 않는다. 딸은 이런 문제를 충분히 해결할 수 있는 인지능력이 있지만 아직 경험이 부족하다. 숙제를 하거나 잠자리에 드는 문제는 적절하게 해결할 수 있지만, 다행히 지금까지 배신을 당한 적이 거의 없다. 지금이야 엄마가 옆에서 도와줄 수 있지만, 당장 내년이 되어 대학에 가면 옆에 있어줄 기회가 거의 없고, 좀더 세월이 흐르면 완전히 떠나야 한다. 그렇다면 엄마는 어떻게 해야 할까? 아무 말도 하지 않아야 할까, 조언을 해야 할까, 친구들과 이야기를 해보라고 재촉해야 할까?

결정을 내리기 전에 엄마는 먼저 아이의 심리 상태를 정확하게 파악해야 한다. 문을 잠갔다는 것은 '지금은 나를 그냥 내버려둬'라는 뜻이다. 엄마와 딸의 사이가 좋다면, 열일곱 살인 딸은 어떻게 해야 엄마에게 적절한 도움을 구할 수 있는지 알 것이다. 계속 아이 주위를 맴돌면서 아이 얼굴을 들여다보는 것은 전혀 도움이 되지 않는다. 그런 행동을 하는 이유는 아이가 제대로 문제를 해결할 수 있다는 사실을 엄마가 믿지 못하기 때문이다. 엄마가 그런 식으로 행동하면 아이는 자신의 감정에 집중해야 할 때 그러지 못하고, 엄마가 속상해한다는 사실에 신경을 쓸 수밖에 없다. 그러나 문제를 해결하기 위해서는 다음과 같은 과정이 아이에게 필요하다.

- 슬퍼하고 분노해야 한다.
- 사실을 정확히 알고 사태를 파악해야 한다.
- 자신의 감정을 스스로 다스릴 수 있는 가장 좋은 방법을 알아내야 한다.
- 친구들에게 어떻게 할 것인지를 직접 결정해야 한다.

아무리 의도가 좋아도 10대 아이들에게 필요 이상으로 개입하면 문제가 엉망이 될 수 있다. 이제부터 그런 예들을 살펴보자.


"화낼 필요 없어. 그럴 가치가 없는 일이야."

아니, 당연히 중요한 문제이다. 그 아이들은 딸의 친구들이다. 도대체 우정을 어떻게 생각하면 이런 말을 함부로 할 수 있을까? 더구나 아이가 느끼는 감정을 엄마 마음대로 규정해버리면 아이는 자신의 감정을 정확하게 읽는 법을 배우지 못한다.

"자고 일어나면 괜찮아질 거야."

도대체 그걸 어떻게 아는가? 오히려 더 나빠질 수도 있다. 10대 아이들은 어른과 거의 비슷할 정도로 감정이 복잡하지만, 분노와 실망과 배신감 같은 복잡한 감정을 처리하려면 시간이 훨씬 많이 필요하고, 감정 처리를 하는 연습도 해야 한다.

"나쁜 친구들이야. 하나도 쓸모가 없어. 그러니까 이제는 상대하지 마."

딸에게 그런 식으로 지시를 내리는 순간, 부모는 황금 같은 기회를 잃게 된다. 이런 충고는 감정을 복받치게 할 뿐(위 내용을 참고하자), 딸이 문제를 해결하기 위해 키워야 하는 복잡하고 다양한 기술을 발전시키는 데는 전혀 도움이 되지 않는다. 엄마는 어른이다. 그런 일을 겪는다고 세상이 끝나지 않는다는 사실도 알고 있으며, 아이가 겪는 힘든 일이 결국에는 부당함에 대항하는 능력, 기준을 정하는 능력을 길러주리라는 것도 잘 알고 있다.

우리 아이가 자신을 잘 돌보는 사람이 되는 것, 그것은 모든 부모가 바라는 바이다. 10대 아이들은 자신의 감정을 정확하게 파악하고, 자신의 행동을 조절하고, 필요할 때는 자신을 믿고 스스로를 다독일 수 있어야 한다. 그래야 대처 기술이 생기고 자아감이 뚜렷해진다. 내면으로 눈을 돌려 자신이 가지고 있는 자원을 파악하고, 어떤 것이 효과적인지 알아내고, 불행을 다스리는 법을 배워야 한다. 아이들은 감정을 제대로 다스리지 못할 때도 가끔 있지만(술을 많이 마시거나 마약을 할 수도 있다), 다행히도 대부분 자신의 감정을 제대로 다스린다(친구와 대화를 하거나, 산책을 하거나 일기를 쓰는 것이다). 당연히 부모로서 의견은 제시할 수 있다. 그러나 아이가 혼자 있고 싶다고 해서 거절당했다는 생각은 하지 말자. 아이의 침실은 생생하게 연구가 진행되는 연구실이다. 아주 중요한 일이 아이의 방에서 진행되고 있다. 어른이 되기 위해 조용하게 내면의 변화를 겪고 있는 것이다. 방해는 정말 필요할 때만 해야 한다.


## 10대 아이의 자율성은 왜 부모를 힘들게 할까?

부모는 누구나 내 아이가 자립심이 강하고 친밀하고 사랑스러운—모두 자율성을 갖춘 아이의 특징이다—아이로 성장하는 것 외에는 더이상 바랄 게 없다고 말하지만, 사실은 진짜 자율성을 갖춘 아이로 키우는 것만큼 어려운 일은 많지 않다. 그 이유는 아마도 아이들의 다른 성장 영역과 달리 자율성은 부모가 자기 수양을 하고 자아 성찰을 해야만 효과가 있는 분야이기 때문일 것이다. 아이가 자율성을 키워가는 시기에 부모는 온갖 일을 겪는다. 자율성이 성장한다는 것은 이제 아이가 엄마, 아빠는 모든 것을 다 안다고 생각하는 시기가 끝난다는 신호이며, 우리가 아이를 속속들이 다 알고, 하나부터 열까지 챙겨주고 결론을 내려주던 시간이 사라진다는 신호이다. 거의 매 순간 말다툼을 하던 중학교 시절에도 아이는 부모와 밀접하게 연결되어 있었다. 그러나 진정한 자율성을 획득하기 위해서는 모든 것을 아는 부모의 품에서 벗어나 기꺼이 위험을 감수하고 실패를 견뎌내야 한다. 그리고 스스로를 믿고 의지해야 하며, 아직은 경험이 부족하더라도 스스로 문제를 풀면서 결론을 찾아야 한다.

내 아이의 자율성을 효과적으로 키워주려면, 아이들이 사실 그대로를 표현한다고 생각하며 "말하고 싶지 않단 말이야"라거나 "엄마, 아빠하곤 전혀 상관없잖아"라고 말할 때 어떻게 아이들에게 대응해야 하는지를 잘 알아야 한다. 물론 우리 아이들은 그전에도 아주 격앙된 말투로 그런 말을 했을 것이다. 하지만 이번에는 훨씬 더 격앙되어 있고, 더 혼란스러워하고 있고, 더 속상해하고 있다. 그것은 부모가 도와야 한다는 뜻이다. 고등학생도 당연히 부모의 도움이 필요하다. 하지만 부모가 직접 행동으로 나설 필요는 없다. 부모는 해답을 제시하는 것이 아니라 옆에 있어주는 법을 배워야 한다.

다섯 살인 우리 아이에게 아이의 가장 친한 친구가 '나쁜' 말을 하면, 부모는 울고 있는 아이를 붙잡고 "나한테 나쁜 말은 하지 말라고 똑바로 이야기해야 해"라고 말해주어야 하고, 친구의 부모를 만나 두 아이를 화해시킬 방법을 진지하게 논의해야 한다. 중학교는 '나쁜 아이' 증후군이 도처에 나타난다. 중학생은 표면적으로는 엄마가 간섭하지 말라며 격렬하게 저항할 것이다. 하지만 위태로운 친구 관계를 제대로 풀어나가기 위해서는 부모의 도움이 여전히 필요하다. 우여곡절이 많은 시기이지만, 부모에게는 여전히 아이의 여러 일들에 대한 결정권이 있다. 선생님이나 다른 학부모 들과 상담해야 할 일이 많고, 여전히 부모는 자신이 아이에게 필요한 존재라고 느낀다.

하지만 아이가 고등학생이 되면 부모는 더이상 아이에게 '필요 없어진' 것이 아닌가 하는 느낌이 든다. 물론 그럴 리가 없겠지만, 아이가 둥지를 떠날 준비를 하는 모습을 보면서 등뼈를 타고 흘러가는 서운함을 느끼지 않을 부모는 많지 않다. 몇 년 동안 아이 인생의 앞마당에 서 있던 부모에게 아이가 이제는 뒷마당으로 물러나 달라는 말을 하고 있는 것이다. 갑자기 할 일이 사라진 것 같고, 정체성마저 흔들리는 것 같다. 당연히 아주 외로울 수밖에 없다.

이 시기에는 엄마가 특히 힘든데, 여성은 그 시기에 또다른 상실을 겪는다는 것도 어느 정도는 그 이유가 된다. 아이를 낳는 능력, 낯선 방에 들어갔을 때 시선을 끄는 능력, 아직은 살아야 할 날이 많다는 기분이 한번에 사라져버리는 시기(갱년기)가 된 것이다. 한때는 우리 인생에서 가장 강렬하고 만족스러웠던 관계가 사라져버린다는 사실에 부모들은 충분히 슬퍼할 자격이 있다. 그러나 아이에게 자율성이 생긴다는 것은 부모로서 맡은 바 책임을 훌륭하게 완수했다는 증거임을 알아야 한다. 또한 이제 삶의 방향을 바꾸어 내가 관심을 갖는 일을 하고, 내 자신의 인간관계를 깊이 구축할 수 있는 기회가 왔음을 깨달아야 한다. 큰아들과 둘째 아들이 대학으로 떠나고 난 뒤에야 나는 내가 작가였고, 이제 두 번째 직업을 시작해야 한다는 사실을 깨달았다. 아이들에게 자율성이 생기자 나에게는 나만의 시간과 공간이 생긴 것이다. 이제는 몇십 년 동안 제쳐둔 내 분야를 탐구할 수 있다. 이 세상은 우리 아이들을 기다렸을 뿐 아니라, 우리도 기다리고 있었던 것이다.

·3부·

자생력:
일곱 가지 필수 대처 기술

지금까지 우리는 아이가 성숙해간다는 것은 아이나 부모에게 기이하고, 어렵고, 때로는 기진맥진해지고, 그러면서도 즐거울 때가 많은 롤러코스터 타기 같은 여정임을 살펴보았다. 부모의 도움과 격려를 받아 각 성장 단계를 대면하고 정복해나가면서 아이는 자신의 장점과 단점, 재능과 적성, 믿음과 가치관을 발견하고 키워나간다. 그런 과정을 통해 아이는 진짜 자신과 진짜 자신이 될 수 없는 것을 구별하는 방법을 익힌다.

그러나 우리는 부모이기 때문에, 아이의 답안지를 대신 채우는 사람이 아니라 그저 뒤로 물러나 아이가 답안지를 써내려가는 것을 지켜보는 목격자로 사는 게 쉽지 않다. 부모가 갈 길은 진퇴양난, 진흙길이다. 지나치게 간섭하고 쓸데없이 보호하면서 아이가 스스로 잘못과 실수를 바로잡을 기회를 빼앗으면, 아이는 대처 기술을 강화하고 발전시키는 능력을 얻지 못한다. 대처 기술은 발달단계마다 부여된 과제를 제대로 수행하는 데도 필수적이고, 내면의 자신을 이해하는 데도 필수적이다. 대학 입시 면접관들은 이런 아이들을 '실패가 결여된 아이들'이라고 부르며, 실패가 결여된 아이들은 혹독한 환경에서 번성하지 못한다는 사실도 잘 안다. 시도했다가 실패한 다음 다시 시도해보지 않은 아이들이 어떻게 자신에게 대처 기술이 있는지 없는지를 판단할 수 있겠는가? 다른 선택지는 없는지 혼자서 살펴볼 기회가 없었다면 어떻게 도전이 끝난 뒤에 평정심을 되찾는 방법을 익힐 수 있었겠는가? 의도가 좋더라도 지나치게 보호하고 모든 일에 끼어드는 현대 부모 때문에 자아감이 제대로 서지 않은 아이들이 많다. 물론 아이들에게 신경을 써야 하고, 필요할 때는 조언을 해야 하고, 아이에게 닥칠 수 있는 위험을 줄여야 하고, 감정적으로 아이를 내팽개치는 일은 절대 없어야 한다. 그러나 부모는 아이에게 내면의 공간을 충분히 확보해주어야 한다. 아이가 대처 기술을 충분히 기를 수 있도록 의미 있는 인생 경험을 많이 하게 해주어야 한다. 대처 기술을 기른 아이만이 잘 살 수 있고, 충분한 자생력이 생기며, 진짜 성공할 수 있다.

어른들은 대부분 인생에서 불쑥 튀어나오는 복잡한 문제를 헤쳐나가는 법을 상당히 잘 배웠다. 성공과 실패에 빠르게 반응하는 사람은 인생을, 충분히 감당할 수 있을 뿐 아니라 만족스럽고 의미 있는 과정이라고 생각한다. 일상에서 만나는 다양한 도전을 해결하는 동안 우리가 정말로 성공했다고 느끼는 순간은 여러 기술을 빠른 속도로 시도하고 폐기하다가 마침내 적절한 대처 기술을 찾아낼 때이다.

엄마는 지금 두 아이와 함께 집에 있다. 종일 괴팍한 상사에게 잔소리를 듣고 잔뜩 지친 상태로 돌아와 간신히 저녁을 차린 엄마에게 아이들은 저녁이 부실하다고 투덜댄다. 이때 엄마는 당연히 짜증이 날 테고, 그냥 주는 대로 먹으라고 소리치거나, 아이들에게 각자 방에 들어가라고 명령하거나, 다시는 저녁을 차려주지 않겠다고 선언하거나, 다른 먹을 것이 있는지 아이들과 차분하게 상의하거나, 너희는 다 컸으니 너희가 직접 만들어 먹으라고 하거나, 시내에 있는 이탈리아 식당에서 가족들이 좋아하는 피자를 사 먹고 오자고 제안할 수도 있다. 이런 일상의 문제에는 '정답'이 있을 수 없지만, 엄마는 그중에서도 가장 좋은 답이 무엇인지는 안다. 가끔이라면 피자를 사 먹는 것도 좋은 해결책이 될 테지만, 자칫하면 아이들이 저녁 식사 때마다 외식을 하자고 조를 수도 있다. 상황에 따라서 아이들에게 그냥 차려주는 밥을 먹으라고 해야 할 때도 있고, 정말 피곤하다면 엄마는 그냥 방에 들어가서 쉬고 아이들이 직접 차려서 먹게 할 수도 있다. 엄마는 하루에도 몇 번씩 이런 일들을 처리해야 한다. 기지와 자기 관리 능력 같은 풍부한 대처 기술이 없다면 엄마는 가정(그리고 엄마의 인생)을 제대로 꾸려나가지 못한다.

앞으로 두 장에 걸쳐 우리는 아이가 대처 기술을 기를 수 있도록 돕는 방법을 살펴볼 것이다. 부모가 그저 모범을 보임으로써 부모가 구사하는 대처 기술이 아이에게 자연스럽게 '전달'될 수도 있다. 그러나 아이들은 부모가 도전에 반응하고 위기를 극복하는 방법을 보고 배우기는 하지만, 아이들이 부모는 아니다. 어떤 대처 기술이 가장 잘 발달하는가는 유전과 기질이 크게 좌우한다. 사람은 자신의 장점에 더 이끌리는 법이다. 외향적인 부모는 열정을 먼저 이끌어내려고 하지만 내성적인 아이는 창의성을 먼저 선택한다. 두 능력 모두 문제를 풀 때 크게 도움이 되는 기술이다. 열정, 창의성, 기지, 근면성을 한데 묶어 6장에서 살펴볼 것이다. 왜냐하면 이 네 능력은 인간의 가장 기본적인 자질이며, 아이들이 문제를 해결할 때 가장 많이 활용하는 기술이기 때문이다. 7장에서는 자기 관리 능력, 자존감, 자기 효능감을 한데 묶어 살펴볼 것이다. 이 세 능력은 바깥세상에서 행동을 요구할 때 우리가 써먹어야 하는 기술이기 때문이다(어째서 자존감이 여기에 포함되는지 궁금한 사람도 있겠지만, 일단은 계속 읽어보자).

대처 기술이 많을수록 자생력이 강화된다. 자생력은 우리 아이들에게 있을 수도 있고 없을 수도 있는 어떤 것이라고 생각하면 안 된다. 자생력에 관한 한 미국 최고 전문가 가운데 한 명인 케네스 긴즈버그Kenneth Ginsburg의 말처럼 "자생력은 성격 특성개인의 성격을 나타내는 데 사용하는 기본 단위—옮긴이이 아니다." 동일한 아이라도 환경에 따라 자생력이 다양하게 나타난다("수학 성적이 굉장히 나빠서 열심히 공부해야 해"처럼 긍정적으로 표현될 수도 있고, "내 친구가 나에게 함께 쇼핑 가자고 하지 않았어. 이젠 나한테 친구는 없어. 난 완전히 실패자야"처럼 부정적으로 나타날 수도 있다). 자생력은 상황에 따라 계속 변한다. 기질, 부모의 관심, 환경이 자생력에 영향을 미친다. 압도적인 위험에서 아이를 보호하고, 아이를 지지해주고 대처 기술을 키워줄 환경(아이의 나이에 맞고 아이가 대처할 만한 도전 과제에는 아이가 도전할 수 있게 허락하는 것도 포함된다)을 제공하면 아이의 자생력은 강화된다.

지금까지 우리는 아이들의 '문제'에만 지나치게 초점을 맞춰왔다. 10대 아이들의 경우에 특히 그랬다. 아이들이 하지 말아야 할 일을 어떻게 알려줄 것인지만을 끊임없이 조언해왔다. 약을 하면 안 된다, 섹스를 하면 안 된다, 술을 마시고 운전하면 안 된다, 숙제를 잊어버리지 마라 등등. 나는 아이들에게 무엇을 하지 말아야 하는지가 아니라 무엇을 해야 하는지 가르쳐줄 때 훨씬 효과가 크다고 생각한다. "마약은 하지 마라"라는 말은 아이가 위험한 행동을 하지 못하게 막는 데 큰 효과가 없다. 그에 반해, 자제력을 길러주고, 부모가 직접 모범을 보이고, 아이의 행동에 주목하고 칭찬해주면, 살면서 만나는 다양한 도전과 유혹을 다스리고 자신을 보호하는 능력을 키울 수 있다.

내가 선택한 가장 중요한 대처 기술은 일곱 가지이지만, 이 목록은 당연히 바꿀 수 있다. 나는 유머 감각이 없는 인생은 상상도 할 수 없다. 반면 영적이고 종교적인 수행이 아주 중요한 사람도 있을 것이다. 그러나 아이들은 누구나 다음 두 장에서 다루는 일곱 가지 대처 기술을 어느 정도는 갖추어야 한다. 그 위에 어떤 대처 기술을 더할 것인가는 각자 자유롭게 결정하면 된다. 각 대처 기술마다 마지막에는 '해야 할 일'과 '하면 안 되는 일'을 실었다. 아이들의 대처 기술을 길러주기 위해 부모가 해야 할 일과 하지 말아야 할 일을 정리한 것이다.

# 6장 문제를 해결하는 아이로 기르자

## 기지: '엄마가 해줘'가 아니라 '내가 한다'는 자세

:

이제 막 스탠퍼드 대학에 입학한 메이는 대학 교정을 걷고 있다. 9월 말이다. 기숙사 방에 시간표를 두고 왔기 때문에 다음이 무슨 시간인지 알 수가 없다. 그래서 메이는 엄마에게 전화를 했다. 열여섯 시간이나 시차가 나는 아시아에 있는 엄마에게. 메이는 공부를 아주 잘하는 학생이지만, 기숙사로 달려가 시간표를 보는 요령은 없었다. 대학 건물마다 있는 학생회실에 달려가 도움을 받을 생각도 하지 못했다. 그저 습관처럼 늘 해오던 일, 다시 말해 엄마에게 전화하는 것이 메이가 할 수 있는 최선이었다.

물론 메이의 전략이 성공적일 수도 있다. 메이에게는 해결해야 할 문제가 있고, 가장 빠른 해결 방법은 엄마에게 전화하는 것일 수도 있다. 하지만 메이의 전략에는 문제가 많다. 메이가 택한 전략은 최상의 전략이 아닐 수 있다. 엄마와 통화하지 못할 수도 있는 것이다. 엄마는 자고 있기 때문에 전화를 꺼놓았을지도 모른다. 최상의 기지를 구사하면 문제를 그냥 푸는 것이 아니라 아주 잘 풀 수 있다. 기지를 제대로 구사하려면 당연히 연습을 해야 한다. 메이는 네 살 때도 열네 살 때도 이런 기지를 구사하는 연습을 제대로 하지 못했다. 성적이 뛰어난 학생 중에는 모든 자원을 성적을 올리는 데 쏟아붓기 때문에, 일상적인 문제를 푸는 데 필요한 대처 기술을 제대로 연마하지 못한 아이들이 많다. 그런 아이들은 교실에 있을 때는 빛이 나지만, 혼자서 신발을 사거나 데이트를 신청하거나 새로 가야 할 교실을 찾는 등의 간단한 문제는 제대로 해결하지 못하는 경우가 많다. 공부는 잘하지만 자립심과 기지가 부족한 것이다.

보통 우리는 아이들에게 자립심을 키워주기 위해서 많이 노력한다. 하지만 기지가 더 좋은 특성이다. 왜냐하면 기지는 일상에서 겪는 문제를 스스로 가장 잘 푸는 능력이며, 혼자서 문제를 풀지 못할 때는 가장 적절한 조언자를 찾는 능력이기 때문이다. 아이가 성장하는 동안 부모는 아이의 문제 해결 방법이 바뀌기를 바란다. 외부의 도움을 받기도 하고 스스로 해결하기도 하던 데서 점점 스스로 해결하는 쪽을 더 많이 택하기를 바라는 것이다. 아이가 대학에 갈 시기가 되면 아이는 당연히 일상생활을 아무 문제 없이 해결할 수 있어야 한다. 쓸데없이 다른 사람에게 의지하면, 의지가 되는 사람이 아무리 뛰어나다고 해도 결국 아이에게는 기지가 생기지 않는다. 메이가 기숙사로 돌아갔거나 학생회실을 찾아갔다면, 수업 시간에 조금 늦었을 수도 있다. 그러나 자신의 문제를 외부 도움 없이 직접 해결했다면 스스로 문제를 해결하는 능력을 기를 수 있고, 성취감이 주는 기쁨도 느낄 수 있었을 것이다.

물론 혼자서 해결할 수 없는 문제도 있다. 이때는 그 사실을 파악하는 능력이 중요하다. 기지는 때로 병리적인 모습을 띤다. '살아남기 위해' 시험을 볼 때 부정행위를 하는 아이도 사실은 기지를 발휘한 것이다. 부모의 폭력을 견디기 위해 마약을 하는 아이도 마찬가지이다. 많은 10대 아이가 엄청난 삶의 무게를 줄이기 위해 위험한 행동을 한다. 이때는 신뢰할 수 있는 어른이 크게 도움이 될 수 있다. 어려운 상황에 처한 아이들이 미처 생각하지 못한 해결 방법을 찾아주면 된다. 시험을 볼 때 부정행위를 하면 시험 자체가 무효가 된다는 지적을 해줄 어른이 필요하다. 마약을 하면 학교에 다닐 수 없을지도 모른다고 알려줄 어른이 필요하다. 당황한 아이에게는 아이의 처지를 이해하는 어른이 여러 가지 조언을 해주면 아이의 기지가 강화된다. 가족 외에도 정보를 제공해줄 어른은 어느 아이에게나 필요하다. 학교 상담 선생님, 담임 선생님, 운동부 선생님, 종교 사제, 친구의 부모님 모두 그런 역할을 할 수 있다. 아이가 부모가 아닌 다른 사람에게 조언을 구하는 모습을 보면 부모는 위축될 수 있다. 하지만 그럴 이유가 전혀 없다. 외부 조언자는 아이의 삶을 보호해줄 아주 중요한 요소임을 이해해야 한다.

기지는 그저 반응하는 데 그치지 않고 상황을 주도한다. 기지가 풍부한 아이는 운전 교육 수업 마감일까지 기다리지 않고 미리 수업 신청을 하고 반드시 수업에 참가한다. 기지가 풍부한 아이는 미리 계획을 세우기 때문에 수능 준비 과정이나 야구 교실에 등록하지 못할까 봐 안절부절못하고 초조해하는 법이 없다. 기지는 아이가 문제를 푸는 데도 도움이 되지만, 문제를 피하는 데도 도움이 된다. 기지가 풍부한 아이들은 대부분 자신이 처한 상황을 어떻게 이끌어가야 하는지, 자신이 어떤 자원을 가지고 있는지 정확하게 파악한다.

우리가 허겁지겁 살아가는 것도 아이들이 기지를 제대로 못 익히는 이유 중 하나이다. 기지를 익히려면, 상황을 해결하기 위해 다양한 방법을 시도하면서 가장 효과적이고 효율적인 방법을 찾는 훈련을 해야 한다. 하지만 우리 아이들이 문제를 풀기 위해서 하는 다양한 시도는 다음의 경우처럼 대부분 좌절되고 만다.

"엄마, 할머니한테 드릴 선물을 어떻게 포장해야 할지 모르겠어."
"그냥 빨리 해. 안 그래도 벌써 생일 파티에 늦었단 말이야. 가는 길에 달리기 연습을 하고 있는 언니도 데려가야 하잖아."
"그냥 종이 가방에 넣어서 드릴까? 할머니도 재미있어하실 거야."
"바보 같은 소리 하지 말고 그냥 포장해. 빨리 가야 한다니까."
"하지만 울퉁불퉁하게 생겨서 포장이 잘 되지 않는단 말이야."
"우리 정말 늦었다니까. 이리 내. 내가 할게. 넌 그냥 차에 가서 기다려."

어디서 많이 들어본 대화 아닌가? (그렇지 않다면 당신은 지금 당장 양육에 관한 책을 써야 한다.) 부모는 아이를 항상 재촉하고 서두르라고 말한다. 부모는 항상 자기 자원은 아끼면서도, 아이가 아이 자신의 자원(기지)을 개발할 시간은 주지 않는다. 이 아이에게 직사각형 포장지로 울퉁불퉁하게 생긴 물건을 포장할 시간을 10분만 더 주면, 아이는 수학을, 문제 푸는 방법을, 물건을 다루는 방법을 익힐 수 있다. 가장 효과적이고 효율적이고 만족스러운 방법을 평가하기 위해 많은 시간을 들이고 다양한 방법을 시도하는 가운데서 기지는 성장한다.

이 세상이 점점 더 살기 쉬워진다고 생각하는 사람은 아무도 없을 것이다. 살면서 어려운 도전과 문제는 반드시 생기기 마련이다. 대처 기술을 기를 수 있는 시간은 우리가 아이들에게 줄 수 있는 아주 멋진 선물이다. 어린 시절은 재빨리 달려야 하는 시기가 아니라 천천히 걸어야 하는 시기임을 기억하자. 기지가 있는 아이가 최상의 해결책을 찾으려면 혼자서 마음껏 문제를 풀 수 있는 시간이 반드시 필요하다.


◎ **해야 할 일**


• 아이가 직접 해야 할 일을 만들어주자. 축구 교실에 가야 하는 열두 살 딸에게 늘 간식을 만들어주었을 것이다. 이제부터는 가끔 간식을 준비하지 말자. 간식은 아이가 직접 준비해야 한다고 전날 밤에 미리 말해주자. 간식으로 먹을 바나나와 주스를 알아서 준비하게 하

자(아이는 집에서 간식을 가져갈 수도 있고, 점심시간에 살 수도 있다). 이런 식으로 아이의 나이에 맞는 도전 과제를 제시해주자. 아이가 과제를 훌륭하게 완수하면 기뻐해주자.

• 일상에서 벌어지는 문제를 부모가 어떻게 해결하는지 아이에게 보여주자. 중요한 발표 때문에 입고 가야 하는 옷이 있는데, 출근하기 직전에 그 옷이 아직도 세탁기 안에 있는 걸 발견했다고 생각해보자. 부모는 아이에게 자신이 어떤 느낌인지(분명히 절망했을 것이다), 그 문제를 어떻게 해결할지(일단 숨을 깊이 들이마시고, 옷장에 다른 옷이 있는지 살펴보는 거다) 말해준다. 부모의 행동을 통해 아이는 살다보면 좌절할 때가 분명히 있지만, 좌절을 곱씹고 있는 것은 문제 해결에 전혀 도움이 되지 않는다는 것을 알게 된다.

• '정답'이 있는 문제는 거의 없다는 사실을 알려주자. 기지가 넘친다는 것은 열심히 몰두할 때도 있고, 쉴 때도 있고, 혼자서 해결해야 할 때도 있고, 다른 사람의 도움을 받을 때도 있다는 것을 아는 것이다.

• 아이가 감정에 좌우되지 않도록 마음을 다스리는 법을 가르치자. (눈을 감고 숨을 깊이 들이마시면서 열까지 세거나, 밖에 나가 잠깐 산책을 하는 방법을 알려주는 것이다.) 감정을 조절하지 못하면 기지는 생기지 않는다. 불안한 마음보다 고요한 마음이 기지를 더욱 쉽게 끌어모으는 법이다.

◎ 하면 안 되는 일

• 너무 빨리 끼어들면 안 된다. 당연히 부모가 아이보다 더 쉽게 기지를 발휘할 수 있다. 하지만 중요한 것은 아이 스스로가 기지를 쌓아야 한다는 것이다. 기지를 보유한 아이가 되려면 시간과 인내가 필요하다. 그런데도 부모는 너무 쉽게 아이의 과제를 대신 해버린다. "빨아놓은 양말이 없어? 알았어, 엄마 양말 신어"라고 하는 것이다. 물론 가끔은 그럴 수도 있다. 하지만 늘 그런 식이라면, 양말을 벗으면 세탁 바구니에 넣어야 한다는 가르침을 딸에게 줄 수 없다. 오히려 문제가 생기면 다른 사람이 해결해준다는 생각을 심어준다.

• 부모는 자신의 기지가 손상될 정도로 스트레스를 받으면 안 된다. 많은 10대 아이들이 스트레스를 받으면 술을 먹는 부모를 보고 술을 마시기 시작했다고 했다. 그 수는 내가 생각한 것보다 훨씬 많았다. 우리는 모두 살면서 아주 많은 일 때문에 스트레스를 받는다(어떤 일이 특히 그런지 생각해보자). 따라서 자신을 건강하게 만드는 일에 힘을 쏟아야 한다. 술보다는 요가 교실이 훨씬 낫다.

• 안 그래도 기지가 부족한 아이에게 짜증을 내면 안 된다. 너무 피곤해서 오빠에게 수학 숙제를 대신 해달라고 부탁한 아이는 상충하는 두 가지 문제를 풀기 위해 애를 썼을 것이다. 선생님은 아이가 스스로 수학 숙제를 하기를 바라고, 부모님은 아이가 밤에 푹 자기를 바

란다는 사실을 아이는 잘 알고 있다. 그래서 아이는 맡은 바 책임을 다하고 푹 쉬고 싶다고 생각했다. 부모는 아이에게 한계("오빠한테 숙제를 대신 해달라고 하면 안 돼. 그건 나쁜 짓이야")를 정해주어야 한다. 하지만 그보다 중요한 것은 아이가 선택할 수 있는 여러 대안(점심시간에 숙제를 한다거나, 선생님에게 부탁해 기한을 조금 더 늘리는 것 등)을 제시해주는 것이다. 아이가 할 일을 대신 해주면 안 되지만, 지혜는 빌려주어야 한다.

## 열정: '무엇이든 상관없어'가 아니라 '이것이 좋아'라는 자세

한밤이었다. 우리 집 막내아들 제러미와 남편과 나는 이제 막 집으로 돌아왔다. 대학교 방학이라 집에 온 제러미와 함께 늘 하던 대로 야구 시합을 하고 온 것이다. 우리는 함께 모여앉아 시합을 분석했다. 야구는 팔방미인하고는 거리가 먼 우리 아들 제러미가 유독 관심을 보이는 분야였다. 아들은 여름방학 동안 어느 마이너리그 야구팀에서 인턴으로 근무했다. 아들은 잠깐 시간을 내어 박스 스코어출전 선수의 성적을 상세하게 기록한 시합 결과표—옮긴이를 확인하고, 야구팀 웹 사이트에 글을 올렸다. 아이가 한참 자기 일을 하고 있을 때, 아들의 제일 친한 친구인 지반이 찾아왔다(물론 시간은 자정에 가까운 한밤중이었다. 하지만 가정은 아이의 친구가 아무 때나 들르는 곳이 되어야 한다. 그러면 내 아이를 더 잘 알게 되고, 내 아이와 달리 나를 현명하다고 생각하는—아이들은 흔히 내

부모보다 다른 사람의 부모를 더 현명하다고 생각한다―애 친구들과 늦은 밤에 대화를 나누는 즐거움을 누릴 수 있다). 나는 지반에게 대학 생활이 재미있는지 물었다. 지반은 제러미를 부러운 듯이 쳐다보면서 "괜찮아요. 하지만 정말 하고 싶은 일을 못 찾았어요. 금요일 밤에 집에 앉아서 일을 해야 할 정도로 사랑하는 일을 찾진 못한 거죠"라고 했다.

열정이 있다는 것은 좋은 것이다. 하지만 열정이 정말로 아이들의 건강한 성장에 꼭 필요한 요소일까? 아이들이 열정을 저마다 다른 식으로 표현한다는 사실을 분명하게 이해하고 있다면, 그렇다고 할 수 있다. 열정이 없는 아이는 마지못해 한다. 자기 일에 열정을 가진 사람을 생각해보라. 그런 사람은 자신의 경험을 다른 사람과 나누고, 말하기를 좋아한다. 열정적인 서핑 애호가인 내 친구는 물 이야기만 나오면 눈이 반짝반짝 빛난다. 최근에 대학 사회교육원에서 목공 과정을 이수한 친구는 가장자리가 조금 삐딱하게 마무리된 식탁을 이제 막 낳은 자기 아이라도 되는 것처럼 자랑스럽게 내보인다. 이동 주택 주차장을 경영하는 친구는 고객 관리가 얼마나 어려운지를 말할 때마다 생기가 돈다. 나에게는 세 친구들의 이야기가 그다지 흥미롭지 않지만(사실은 전혀 흥미롭지 않지만), 열정은 그 친구들을 들뜨게 하고, 기쁘게 하고, 더욱더 만족스럽게 한다. 내 친구들의 모습은 관심이 있는 일을 하면 행복하다는 사실뿐 아니라, 삶의 의미는 우리가 무엇을 하느냐로 결정된다는 사실까지도 분명하게 보여준다.

건강한 활동이기만 하다면, 정확히 무엇을 하는가가 아니라 열정이 있는가 없는가가 차이를 만든다. 부모는 기계에 열정을 갖는 아이도 수학에 열정을 보이는 아이만큼 격려해주어야 하며, 줄넘기에 열정을 갖는 아이도 축구에 열정을 보이는 아이만큼 지원해주어야 하며, 지역 식품 은행에서 자원봉사를 하는 아이도 월스트리트에 인턴으로 들어가는 아이만큼 뿌듯하게 생각해야 한다. 정말 그래야 하느냐고 반문할 수도 있겠다. 동네 줄넘기 챔피언이 된 아이를 대학 축구팀에 들어간 아이만큼 환호해주어야 하느냐고 말이다. 물론이다. 열정은 '내면의 추진자'이기 때문이다. 물론 타고난 재능과 내적 동기 같은 여러 요소들이 아이가 기량을 쌓는 데 영향을 미친다. 그러나 저스틴 비버를 보면서 고함을 지르든, 학교 합창단에 들어가 노래를 부르든, 카네기 홀에서 공연을 하든 간에 지속적인 열정은 아이가 그 일을 더 잘할 수 있게 해주는 동기가 된다. 아이들이 경험하고 능숙해지고 결국 잘하게 되려면 반드시 열정이 있어야 한다.

부모는 성인이 되었을 때 쓸모가 있다고 믿는 재능을 자기 아이가 갖추기를 바란다. 부모는 아이가 재능을 키울 수 있도록 돕고, 재능을 키울 기회를 마련해주어야 한다. 아이가 수학을 잘하고, 수학에 흥미도 있다면 당연히 여름 수학 캠프에 보내주어야 한다. 또한 부모는 아이에게 그런 선택을 해야 하는 이유를 제대로 알려주어야 한다. "넌 수학을 좋아하잖아. 여름 캠프에 가면 너처럼 수학을 좋아하는 아이들을 많이 만날 수 있을 거야. 어렵지만 분명히 재미있는 시간이 될 거야" 같은 말을 해주어야 하는 것이다. 그러나 아이가 캠프에 가고 싶은 마음이 없는데 억지로 보내면 아이의 재능에 찬물을 끼얹는 꼴이 된다. 아이들은 대부분 재능이 있을 때, 그 분야를 더 잘하고 싶어한다. 그러나 자발적으로 원해서 하는 것과 등을 떠밀려서 하는 것은 전적으로 다르다. 아이는 순순히 부모의 말을 따름으로써 부모를 기쁘게 할 수도 있고, 분명히 인생에 도움이 될 활동인데도 부모의 말을 따르지 않을 수도 있다. 그러나 부모는 아이를 이끌어주어야 하며, 다양한 흥미와 활동을 경험할 수 있도록 도와주어야 한다. 살짝 밀어주어야지 거칠게 떠밀면 안 된다. 아이를 특정 활동에 참여하게 할 수는 있지만, 억지로 아이에게 익히게 할 수는 없고, 즐겁게 하게 할 수는 더더욱 없다. 부모의 선택을 존중하게 할 수도 없다. 선택은 아이가 해야 한다. 하지만 너무 쉽게 포기하게 내버려두면 안 된다. 가끔은 진행 상황을 점검해야 한다. 아이가 성취한 결과를 그대로 인정하고 기뻐해주면서, 좀더 앞으로 나아갈 수 있도록 격려하고 이끌어주어야 한다.

열정은 키울 수 있는 것일까, 타고난 기질일까? 열정을 키워주어야 하는 아이와, 규제를 해야 하는 아이는 처음부터 정해져 있는 것일까? 타고난 기질은 분명히 열정을 표현하는 방식(특히 열정의 강도와 형태)에 어느 정도 영향을 미친다. 역동적으로 열정을 표현하는 아이도 있고, 잔잔하게 열정을 표현하는 아이도 있다. 열정은 얼마나 요란한 소리를 내는가가 아니라 얼마나 집중하고 즐거워하며 활발하게 참여하는가로 측정할 수 있다. 아이의 열정은 이 세상에 즐겁게 참여하려는 아이의 소망을 허락해주고 격려하고 즐거워해주는 부모의 능력에 달려 있다. 갓난아기였을 때는 발가락을 빨아도, 모빌만 건드려도, 아니 그저 부모를 향해 웃어주기만 해도 손뼉을 치면서 기뻐한다. 부모의 열정은 아이가 열정적으로 살아가는 데 토대가 된다. 부모가 아이의 흥미를 외면하고 무시하고 하찮게 여기면, 아이는 열정도 잃고 부모와의 유대감도 형성하지 못한다.

유능한 학생이지만 학습 의욕은 낮고 약간 우울증 증세를 보이는 카일은 모든 일에 열의가 없다. 10대 아이들은 자신이 어떤 부류인지를 잘 알고 있어야 하는데도 카일은 자신을 알리는 노력을 거의 하지 않는 것처럼 보였다. 처음 상담을 시작했을 때는 거의 말이 없었고, 시간이 흘러 조금씩 말을 하게 된 뒤에도 카일은 내가 자신에게 관심을 보인다는 사실을 경계했고, 진심으로 놀라워했다. 그러던 어느 날, 카일은 내가 어린아이들을 위해 상담실에 준비해둔 스케치북과 크레용, 파스텔에 관심을 보였다. 카일이 그림을 그리기 시작했을 때, 카일에게 어떤 재능과 적성이 있는지가 분명하게 드러났다. 내가 화가가 될 생각은 한 번도 해보지 않았냐고 묻자, 카일은 자신이 그림을 그릴 때마다 전문직인 부모님이 시간 낭비라고 했기 때문에 나도 그렇게 생각할 줄 알았다고 했다. 사실 나는 미술에 관심이 많았다. 나는 카일을 우리 집으로 데려가 몇 년 동안 내가 수집한 그림을 보여주었다. 내가 계속 그림을 그리라고 격려해주자 카일은 점점 열정적인 아이로 변했다. 곧 우리는 박물관에도 가고, 〈폴락〉, 〈프리다〉, 〈진주 귀걸이를 한 소녀〉처럼 화가가 주인공인 영화도 봤다(정말이다. 청소년을 치료하는 직업은 정말 재미있다!). 아들의 교육에 열정적인 카일의 부모님도 결국 깨달았다. 아들의 미래를 걱정한다며 자신들이 한 일이 아들의 현재를 망치고 있다는 것을 말이다. 카일은 로드아일랜드 디자인 스쿨에 입학했고, 자신의 말대로라면 행복하고 열정적인 젊은 '화가'가 되었다. 카일이 선택한 길은 쉽지 않을 것이다. 어쩌면 카일은 화가로 성공하지 못할 수도 있다. 그러나 간호사로 살아가든 의사로 살아가든 공연 예술가로 살아가든 간에, 한 사람의 직업은 그저 일이 될 수도 있고, 천직이 될 수도 있고, 소명이 될 수도 있다. 자신의 인생에서 일이 갖는 의미를 정의하고 만족을 느껴야 할 사람은 바로 아이들이다. 물론 부모로서 우리는 이끌어주고 격려해주고 올바로 지시해주어야 한다. 하지만 인생의 숙제를 풀어야 할 사람은 우리가 아닌 아이들임을 명심해야 한다.

자신이 원하는 것을 찾기 위해 이것저것 시도해보는 아이들을 격려하지 않는 부모도 있다. 그런 부모는 아이가 지금과 나중에 살아가는 데 필요한 일들을 재미없고 터무니없고 바보 같은 일이라며 무시해버린다. 어떤 일이 미래에 가치가 있을지 지금은 정확하게 예측할 수 없다. 20년 전 일이다. 잔뜩 실망한 부모가 10대 소년을 데리고 나를 찾아왔다. 그 소년이 게임을 너무 많이 한다는 것이 부모의 걱정이었다. 부모는 아이가 컴퓨터를 좋아한다면 공학에 흥미를 가져야 하는데, 쓸데없이 시간을 낭비하고 있다고 슬퍼했다. 하지만 지금 그 소년은 유명한 인터넷 회사에서 게임 부서를 책임지고 있다. 엄청난 돈을 벌어들이는 그 소년은 지금도 게임에 열정을 쏟아붓고 있다. 그 열정은 내가 소년을 처음 만났을 때와 비교해 조금도 달라지지 않았다. 혹시 부모의 걱정이 터무니없었던 것은 아닐까? 당연히 게임이 아니라 공학에 관심을 쏟았다면 기회는 더 많았을 것이다. 소년은 게임 부서를 이끄는 사람이 아니라 훌륭한 공학자가 되었을 수도 있다. 그러나 성공이 주는 행복을 만끽하려면, 사랑하는 일을 추구하고 그 분야에서 성공해야 한다.

아이가 어디에 열정을 쏟는가가 아니라 얼마만큼 열정을 쏟는가에 주목하자. 아이의 열정을 키우는 가장 좋은 방법은 부모의 열정을 보여주는 것이다. 청소년 심리학자는 누구나 가장 치료하기 어려운 아이는 치료받을 마음이 없는 아이라고 말한다. 거칠고 버릇없이 구는 아이는 고칠 수 있다. 하지만 기력도 열정도 없는 아이는 정말 고치기 힘들다.


## ◎ 해야 할 일

• (건강한 선택이라면) 아이의 선택을 기뻐해주고, 아이가 흥미를 갖도록 격려해주자. 부모가 실제로 도마뱀에 관심이 있는지 없는지는 딸에게 중요하지 않다. 그러나 부모의 지원은 중요하다. 적어도 "도마뱀에게 그렇게 관심이 많은 걸 보니 진짜 대단한데" 같은 말 정도는 해주자.

• 나이에 맞는 열정을 갖게 하자. 일곱 살 아이에게는 바그너의 장황한 음악극 〈신들의 황혼〉보다 프로코피예프의 관현악곡 〈피터와 늑대〉를 들려주는 것이 좋다. 아이들은 자신이 경험해본 적이 없는 불편한 일을 할 때가 아니라 즐거운 일을 할 때 열정이 쉽게 피어오른다.

· 아이들은 수많은 일에 일시적으로 흥미를 보일 수도 있고, 평생은 아니더라도 몇 년 동안 열정적으로 지속될 단 한 가지 흥미를 가질 수도 있다. 중요한 것은 그것은 아이들의 흥미이지 부모의 흥미가 아니라는 점이다. 아들이 듣는 헤비메탈 때문에 당신은 집중을 하지 못하고 머리가 아플 수도 있다. 그럴 때는 당신과 아들 모두를 위해서 아들에게 이어폰을 사주자. 그리고 음악에 대한 아들의 열정이 어떻게 발전하는지 지켜보자.

· 부모가 다양한 활동을 자주, 그리고 지속적으로 함으로써 아이에게 모범을 보이자. 평생 동안 열정을 쏟아부을 일이 자신에게는 없다고 생각하는 사람은 왜 그런지 이유를 생각해보자. 엄마나 아빠가 자신의 열정에 관심이 없거나 심지어 우울해하기까지 한다면, 아이는 마음을 터놓고 자신의 열정을 부모와 나누려 하지 않는다. 흥미와 성과와 꿈을 열정적으로 함께 나누는 일은 가족의 일원으로 누릴 수 있는 아주 큰 행복이다.

· 지나치게 풍족한 아이는 열정이 쉽게 사라진다. 아이의 요구에 너무 쉽게 굴복하고, 한계를 정해주지 않으면, 아이는 특권 의식을 당연한 권리로 아는 사람이 된다. 무엇이든지 쉽게 충족하기 때문에 원하는 것이 아무것도 없는 아이는 노력해야 할 것도, 바라는 것도 없고, 행복하고 만족스럽다는 느낌도 받을 수 없다. 조금은 부족한 아이는 '모든 것을 가진' 친구와 자신을 비교할 수도 있다. 하지만 도달해

야 할 목표를 위해 즐겁게 열정적으로 노력하는 것이 어린아이에게는 훨씬 소중하다.


◎ **하면 안 되는 일**

• 아이가 열정을 가지고 하던 일을 더는 하지 않는다고 해도 실망하면 안 된다. 어린 시절에 반드시 해내야 하는 과제는 자신에게 맞는 재능과 적성과 능력을 찾기 위해 다양한 흥미를 가지고 다양한 활동을 하는 것이다. 물론 쉽게 뛰어들고 쉽게 포기하는 일이 아이들에게 좋을 리가 없다. 부모는 아이가 책임감을 가지고 꾸준히 할 수 있도록 도와주어야 한다. 하지만 여덟 살에 시작한 일을 열두 살에도 여전히 해야 할 이유는 없다. 당신이 오래전에 열정적으로 하던 일이 지금은 어떻게 되었는지 생각해보자(나는 한때 내 손으로 요리하는 걸 좋아했다. 요리하던 손을 지금은 전자레인지의 '데우기' 버튼을 누르거나 휴대폰을 들고 다니는 데 쓴다).


• 당신이 열정을 표현하는 방식과 아이가 열정을 표현하는 방식이 같을 수 없다는 사실을 기억하자. 대화가 넘쳐흐르는 우리 집에서는 저녁 식사 시간이면 서로가 각자의 열정을 가족과 나누느라 여념이 없다. 하지만 우리 집 막내아들은 자신이 현재 열정을 쏟고 있는 관심사를 말로 표현하지 않는다. 눈으로 직접 볼 수 있게 해준다. 우리 집

에는 설탕 봉지가 수백 장 넘게 있고, 레고 블록이 수백 개나 된다. 막내아들은 그것들을 가지고 순식간에 다리를 만들고 지렛목 같은 물건을 조립해서, 서 있다는 게 믿기지 않을 정도로 비뚜름한 구조물을 만든다. 부모가 특히 말이 많은 사람이라면, 아이가 몰입을 하거나 호기심을 보이는 것으로 열정을 표현할 수도 있다는 사실을 알아야 한다.

• 부모의 사랑이나 인정을 아이의 열정이나 흥미를 좌우하는 수단으로 이용하면 안 된다. "우리 집 아이가 차량 정비공이 되는 일은 있을 수 없어"라는 부모의 말은 자동차와 운전에 관한 아이의 열정을 꺾고, 흥미를 앗아갈 수 있다. 그리고 아이와 부모의 사이도 멀어질 수 있다.

• 격정적으로 임할 필요는 없다. 아이에게는 열정이면 충분하다.

## 창의성: '정답이 뭐지?'가 아니라 '다른 식으로 생각해보자'는 자세
:

무엇보다도 제일 먼저 버려야 할 고정관념은 창의성이란 예술가에게만 필요하다는 생각이다. 배우, 감독, 무용수, 안무가, 순수예술가, 작가, 음악가, 사진가는 당연히 창의성이 뛰어나다. 그러나 그런 사람은 아주 적다. 샌프란시스코, 산타페, 로스앤젤레스, 뉴욕 같은 곳은 예술가들이 많이 산다. 그러나 이런 도시들에서 예술가가 차지하는 비율은 전체 노동인구의 4퍼센트도 되지 않는다. 아메리카 대륙 전체에서 예술가가 차지하는 비율은 전체 노동인구의 1.4퍼센트 정도에 불과하다.[1] 수는 적지만 엄청난 가치를 만들어내는 이 근면한 사람들이 우리 문화를 만들고 우리 문화를 대변한다. 그들은 정말 엄청난 창의성을 가지고 진짜 창조적인 일을 해낸다.

그렇다면 흔히 사람들이 창조적인 일이라고 생각하는 것과는 한참 거리가 먼 분야에 관심을 갖는 아이들에게 창의성이 중요한 '도구'라고 하는 이유는 무엇일까? 창의성을 지탱하는 토대는 무엇이며, 창의성은 어떤 방식으로 아이들의 성장을 촉진할까? 창의성은 사람에 따라 조금씩 다르게 정의하지만, 독창성과 유용성(혹은 가치)이라는 두 가지 요소로 이루어져 있다는 데에 거의 이의가 없다. 아이들은 음악 재능과 수학 능력을 발전시킬 때처럼, 새롭고 유용한 방식으로 문제 해결 능력을 발전시킬 수 있다. 흔히 사람들은 이런 능력이 아이들에게 고정된 것이라고 생각하지만, 연구 결과를 보면 전혀 그렇지 않다. 물론 아이들 모두 창의성, 음악 재능, 수학 능력이 같다는 말은 아니다. 타고난 능력과 부모의 격려는 아이의 재능에 영향을 미친다. 그러나 이런 재능은 아이에게 동기가 생기고, 아이가 최선을 다해 자발적으로 노력하면 분명히 발전할 수 있다. 보통 수학 숙제나 수능은 노력만 하면 잘할 수 있다고 믿는다. 그렇다면 창의성도 바짝 노력을 하면 발전할 수 있지 않을까? 물론이다. 어쩌면 다른 능력보다 훨씬 더 잘 발달할 수도 있다.

취업 면접이나 소개팅처럼 어떻게 행동해야 할지 명확하게 확신이 서지 않는 상황에 처해 있다고 생각해보자. 대부분은 그 상황에 적응하기 위해 엄청나게 노력을 할 테고, 필요하면 자신의 행동 방식을 바꾸고, 어떻게 해서든지 자신을 부각하려고 애쓸 것이다. 창의성도 매일 그런 식으로 작동한다. 창의성은 민첩하고 유연하고 혁신적인 생각을 하게 한다. 다시 말해서 창의성은 기업 경영주들이 21세기 세계 경제 발전에 꼭 필요한 자질이라고 반복해서 강조하는 사고방식을 길러주는 원동력이다. 창의적으로 생각하는 이 능력은 아이들의 정신 건강에도 중요한 역할을 한다.

열세 살인 샘은 숙제를 할 때 조금도 가만히 앉아 있지 않는다. 온몸을 비비 꼬다가 벌떡 일어나 물을 마시러가거나 화장실에 가고, 끊임없이 발을 떨면서 사방을 둘러보며 다른 데 정신을 판다. 벌써 몇 년 전에 주의력결핍및과잉행동장애ADHD라는 진단을 받았고, 샘의 엄마는 체계적으로 관리하라는 의사의 권고대로 샘을 대했다. 엄마는 매일같이 샘에게 20분 동안 가만히 앉아서 숙제를 해야 일어날 수 있다고 했다. 하지만 매일같이 샘은 그 과제를 완수하지 못했다. 샘은 점점 더 좌절했고, 샘의 엄마는 점점 더 화가 났다. "세상에, 샘. 고작 20분이잖아. 도대체 20분도 못 앉아 있는 사람이 어디 있어?" 규칙을 세우고 지키려는 엄마와, 엄마의 지시를 따르지 않는 아들이 추는 이 춤은 점점 더 큰 싸움으로 바뀔 것이다. 결국 엄마는 자신이 부족한 엄마라고 생각하게 되고 아들은 자신이 무능력한 바보라고 느끼게 될 것이다.

그렇다면 엄마는 어떻게 해야 할까? 엄마는 샘이 '고정관념을 깨고' 새로운 생각을 할 수 있도록 도와야 한다. 사실 완전히 새로운 방식으로 생각하는 것은 ADHD인 아이들이 특히 잘한다. 엄마 역시 창의적으로 생각해야 한다. 그러지 못하면, 벽에 머리를 박는 듯한 두통에 늘 시달릴 것이다. 계속 실패만 하는 방식을 되풀이해서 사용하면 흔히 '신경쇠약증'이라고 부르는 증상이 나타난다. 증상 이름까지 들먹일 이유는 없다고 해도, 비효율적인 방식임은 분명하다. 샘과 엄마 모두 과거는 잊어야 한다. 지금까지 해온 방식을 버리고 두 사람이 무엇을 할 수 있는지 생각해야 한다. ADHD인 아동은 ADHD인 10대 아이들과는 다른 방식으로 대해야 한다. 내가 치료한 ADHD 아동들 대부분이 의자에 5분에서 10분 이상 앉아 있지 못했다. 아동과 나는 '적극적인 휴식 시간'을 가졌다. 아이스크림을 사러갈 때도 있었고 음악을 들으며 춤을 추기도 했다. 나는 아이들이 상담 시간을 주도적으로 이끌게 했다. 한 아이는 우리가 이야기를 하는 동안 자기 자전거에 앉아 있겠다고 했다. 그 말은 햇빛이 따가운 캘리포니아 야외에서 상담을 해야 한다는 뜻이었다. 아이는 가끔 움직여야 할 때 자전거에서 내려왔다. 하지만 언제나 몇 분 안에 어김없이 자전거로 돌아갔다. 심리 치료는 소파에 편하게 기대앉거나 의자에 다소곳이 앉아서 진행해야만 하는 것은 아니다.

결국 샘은 자신이 숙제를 제대로 하려면 엄마가 요리용 타이머를 들고 주위를 맴돌지 않아야 한다는 결론을 내렸다. 책상 의자보다는 흔들의자에 앉아 있는 것이 훨씬 쉬웠기 때문에, 샘은 엄마에게 흔들의자를 사달라고 부탁했다. 샘은 가능한 오래 의자에 앉아 있겠다고 했지만, 필요할 때는 자유롭게 일어나겠다고 했다. 엄마는 끊임없이 감시하면서 숙제를 얼마나 했는지 점검하는 대신, 샘이 숙제를 모두 한 뒤에 보여달라고 했다. 열세 살 아이가 수학 문제를 풀다가 자주 뜀박질을 하는데 엄마는 다른 방에 있으면서 신경도 쓰지 않는 모습을 본다면 누구나 이상하다고 생각할 것이다. 그러나 사람마다 생산력을 발휘하는 방식은 모두 다르다. 다른 사람이 보기에는 기묘하다 싶을 정도이다. 나는 카페인이 없는 모카커피와 튤립을 잔뜩 꽂은 화병이 책상 위에 있어야 일이 잘된다. 샘은 엄마의 도움을 받아, 자신이 어떻게 해야 숙제를 가장 잘할 수 있는지 알아냈다. 엄마가 맡은 가장 중요한 역할은 샘이 해결 방법을 찾아낼 때까지 다양한 의견을 제시할 수 있도록 격려하고, 샘에게 문제 해결 능력이 있음을 믿는다고 알려준 것이다. 부모가 개입하지 않고 아이 혼자 시작과 실패를 경험하면, 설사 그 방법이 잘못되었다고 해도, 아이는 혁신적인 해결 방법을 찾는 여행을 계속할 수 있다.

개성이 아니라 순응하기를 강조하고, 열정적으로 탐구하는 것이 아니라 암기 학습을 강조할 때, 창의성은 억눌린다. 창의성이 실제로 억눌리는지를 확인하려면 유치원 교실과 고등학교 교실을 비교해보면 된다. 다섯 살 아이들의 교실에서는 온갖 형태의 창의성이 교실을 가득 메운다. 그러나 10년이 흘러 같은 아이들이 책상에 앉아 있는 고등학교 교실에서는 창의성은 사라지고 반쯤 조는 아이들과, 다음 시험에 나올 문제를 알아내기 위해 애쓰는 아이들만 남는다.

우리 아이들을 산업혁명이 한창일 때의 일꾼처럼 가르치면 아이들이 장차 어떤 대가를 치러야 하는지를 잘 아는 학교도 있다. 이런 학교에서는 아이들이 다양한 미래를 준비할 수 있도록 가르친다. 이런 학교에서는 아이들이 열정적으로 학습 과정에 참여해 배우는 방식으로 수업을 한다. 학생들은 복잡한 문제를 풀면서 정답이 아닌 다양한 해결 방법을 찾는 훈련을 한다. 프로젝트를 기반으로 수업을 하는 학교에서는 아이들이 함께 문제를 해결하는 프로그램을 진행한다. 프로젝트를 함께 해결하면서 아이들은 협력하고 소통하고 창의력을 발휘하는 법을 배운다. 이제는 거의 모든 산업체가 미래에는 협력을 통해 문제를 풀어야 하며, 뛰어난 한 사람의 기발한 사고에서 나오는 혁신은 거의 없을 것이라고 말한다. 따라서 부모는 선생님에게 아이들이 함께할 수 있는 프로젝트 학습을 해달라고 요청해야 한다. 선생님이 할 수 없는 일이라면 교직원과 상담해야 한다.

창의성의 반대는 지루함이다. 아이들에게 학교생활이 어떠냐고 물어보면 가장 많이 하는 답이 '지루하다'이다.[2] 현재 아이들은 컴퓨터, 텔레비전, 비디오게임, 스마트 폰 등을 너무나도 쉽게 접한다. 따라서 아이들이 '정말 지루하다'는 말을 점점 더 많이, 그것도 강력하게 표현한다는 사실에 주목해야 한다. 아이들은 외부 자극을 수동적으로 받아들이면 안 된다. 아이들은 창조하고 경험해야 하고, 같은 문제도 다른 식으로 풀 수 있다는 사실을 알아야 하고, 자신의 재능과 적성을 찾아가는 즐거움을 누려야 한다. 아이가 지루하다고 말하는 것은 몰입하고 창조 에너지를 발산하면서 정말로 즐긴 적이 한 번도 없다는 뜻이다. 그런 경험이 없다는 것은 살면서 경험해야 할 아주 근사한 일들을 해보지 못했다는 뜻이자 진정한 자아가 창조력을 발휘해가며 적극적으로 참여해본 경험이 없다는 뜻이다.

아이들은 많은 시간을 가족과 함께 보내기 때문에 모든 가족이 재미있게 즐길 수 있는 관심거리를 찾아야 한다. 하지만 쉬운 일은 아니다. 우리 집의 아들 둘은 운동을 좋아하고, 아들 하나는 연극을 좋아한다. 가족의 일원으로 산다는 것은 모든 가족 구성원의 목표와 취향을 번갈아가면서 경험해야 한다는 뜻이지만, 모든 구성원의 욕구가 충족되지 않으면 결국 가족은 분열된다. 가족 구성원이 서로의 관심을 존중하지 않으면 아이들의 영역은 좁아진다. 남편과 나는 아이들의 경험을 재구성해주기 위해 노력했다. 우리 집에서 연극 관람은 팀워크를 기르는 활동이고, 운동은 즐겁기 위한 활동이다. 이제 우리 집 세 아들은 모두 자랐다. 연극을 좋아하던 아들은 운동에 대해선 정말 '굉장한 구경거리'라고 하며 정기적으로 운동경기를 보러간다. 음, 운동을 좋아하는 두 아들은 형제가 만든 연극은 보러가지만 다른 연극은 잘 보러가지 않는다. 하지만 전혀 문제 될 것이 없다. 부모가 펼쳐놓은 길을 따라 아이들이 걸어갈 이유는 없다. 하지만 부모는 다양한 길을 펼쳐줌으로써 아이들에게 '주변을 둘러보렴. 세상은 정말 흥미있는 일로 가득차 있단다. 너에게 어떤 일이 가장 흥미로울지는 직접 경험해보고 느껴보지 않으면 알 수 없단다'라는 중요한 메시지를 전달해줄 수 있다. 아이들은 경이로운 마음으로 세상과 처음 만난다. 아이들이 가지고 태어난 호기심과 상상력과 창의성을 잃지 않게 하는 것, 그것이 부모의 역할이다.


## ◎ 해야 할 일


• 집 안 곳곳, 쉽게 만질 수 있는 곳에 창의성을 키울 수 있는 물건을 두자. 아이들이 텔레비전이나 컴퓨터를 얼마나 쉽게 만질 수 있는지 생각해보라. 종이, 색연필, 마커 펜(당연히 모두 수용성이어야 한다)을 곳곳에 놓아두고, 아주 어린 아이들을 위해서 꼭두각시 인형도 준비하자. 좀더 큰 아이들에게는 값이 싼 카메라나 악기를 주자. 아동 치료사의 상담실에 다양한 장난감과 미술 도구를 두는 이유도 바로 그 때문이다. 창의성은 우리가 한 단어도 놓치고 싶지 않은 '아이들의 언어'이다.


• 아이들이 자유롭게 활동할 수 있도록 해주어야 한다. 아이들이 블록 놀이와 판지 상자를 좋아하는 이유는 그런 물건을 가지고 놀 때는 어른들이 "제대로 노는 방법이 있다"라고 말하지 않기 때문이다. 아이들이 자라는 동안 결과가 아니라 과정에 흥미를 느끼고, 다양한 질문을 하도록 이끌어야 한다. 책을 읽거나 글쓰기를 할 수 있게 북돋워주어야 한다. 그리고 사진 교실에 나가거나 연극부에 들거나 방을 직접 꾸미고 청소하는 것 같은 창의적인 일도 할 수 있게 격려해주어야 한다.

• 아이가 창의성을 발휘해 작품을 만들었을 때는 그 작품을 충분히 즐기고 느낄 수 있는 기회를 주어야 한다. 집에서 콘서트를 열어주거나, 극장처럼 의자를 배치하고 아이가 공연하는 연극이나 춤을 보거나, 그림을 액자에 담아 벽에 걸어주는 것이다. 아이들이 자신이 만든 작품을 기꺼이 보여준다는 것은 부모에게 가장 진실한 내면의 자신을 보여주는 선물을 하는 것이다.

• 창의력협회Odyssey of the Mind의 교육 프로젝트는 아이들이 창의적으로 문제를 푸는 능력을 키워주는 좋은 프로그램이다. 아이의 학교에서도 비슷한 프로그램을 진행할 수 있도록 건의하자.

• 자유롭게 놀 수 있는 기회가 많은 아이는 그렇지 않은 아이보다 생각해서 문제를 푸는 능력과 창의성이 훨씬 발달한다. 틀이 짜인 활동을 해야 한다면, 그런 활동을 한 시간만큼 자유롭게 놀 시간도 주자.

◎ 하면 안 되는 일

• 아이가 속한 교육구에서 예술 수업을 없애거나 줄일 때(미국 내 교육구의 70퍼센트 정도에서 지금 그렇게 하고 있다) 가만있으면 안 된다. 예술 관련 수업이 줄어드는 것은 아이들이 부당한 대우를 받는 것이며, 예술에 재능이 있는 아이들이 스스로를 하찮게 여기게 만드는 일

이고, 재능도 타고난 위계질서가 있다는 오해를 불러일으키는 동시에 수학과 과학만이 중요하다는 편견을 만든다. 물론 수학과 과학은 중요하다. 하지만 그 때문에 아서 밀러Arthur Miller가 회계사가 되었다면, 우리 문화에 얼마나 큰 손실이었을지 생각해보자.

• 지금 여기서 넷플릭스Netflix인터넷으로 영화나 드라마를 볼 수 있게 해주는 회원제 주문형 웹 사이트―옮긴이와 게임플라이GameFly온라인상에서 비디오게임을 대여하는 미국 업체―옮긴이는 전적으로 다르다는 주장을 할 생각은 하지 말자. 아이들이 창조적으로 활동하려면 플러그는 빼놓아야 한다. 아이들이 화면을 볼 수 있는 시간을 제한해야 한다. 어떤 화면이 되었건 간에 보는 시간을 통틀어서 정해주어야 한다. 숙제 때문에 들여다볼 필요가 있는 화면 외에 다른 화면은 모두 오락거리이다. 이런 화면은 하루에 두 시간 이상 보게 해서는 안 되며, 아이가 많이 어리다면 시간을 더 줄여야 한다.

• 의심이 많은 아이에게는 인내심을 가져야 한다. 분명히 아주 힘든 일이다. 하지만 의심이 많은 아이는 주어진 사실들을 가지고 아주 새롭고 창조적인 시도를 할 때가 많다. 어린아이들은 파란색과 노란색을 섞어 초록색으로 만드는 연금술을 사랑한다. 다른 시각이 형성될 수 있도록 마음껏 섞을 수 있게 해주자. 버트런드 러셀은 아인슈타인에 대해 '익숙한 것을 당연하게 생각하지 않는 능력'이 있었다고 했다. 명백한 설명에 만족하지 않고 뒤로 물러나 새로운 대안을 생각해보

는 아이는 창의성을 키우고, 미래를 혁신하는 사람으로 자랄 수 있다.

• 아이의 창의성이 뚜렷하게 발현하려면 당연히 시간이 필요하다. 한 분야에서 뚜렷하게 창의성을 발휘하는 사람들은 거의 대부분 그 분야의 기본 원리를 완전히 익히기 위해 오랜 시간 노력했다. 아이에게 컴퓨터 디자인, 건축, 발레, 사진, 노래 같은 창조적 분야에 재능이 있다면 좋은 선생님을 찾아주고, 자주 경험할 수 있게 해주자. 하지만 너무 일찍 시작하면 안 된다. 아이가 자신이 가진 특별한 재능을 키울 준비가 되었으니 도와달라는 신호를 보내기 전까지는 기다려야 한다.

## 근면: '그만둘 거야'가 아니라 '계속 해볼 거야'라는 자세
:

아이의 성적에 실망한 부모들이 늘 나에게 하는 질문이 있다. "우리 아이는 정말 똑똑해요. 그런데 공부에 도통 관심이 없어요. 어떻게 해야 하죠?" "우리 아이는 정말 똑똑해요. 그런데 성적에는 관심이 없고 늘 친구들과 놀 생각만 해요. 어떻게 해야 하죠?" "우리 아이는 정말 똑똑한데, 맨날 컴퓨터게임만 해요. 도대체 어떻게 해야 하죠?" 같은 질문들이다.

'어떻게 해야 하나?'라는 질문은 좋은 해결책을 찾고 싶다는 바람을 나타내지만, 질문의 방향이 틀렸다. 이 질문을 하는 부모들은 대부분 아이가 공부에 신경을 쓰기만 하면 성적이 아주 좋아지리라고 추정한다. 물론 그럴 수도 있다. 성적은 아주 열심히 해야만 익힐 수 있는 내용으로 평가할 수도 있고, 아주 쉽게 익히고 아주 쉽게 잊히는 내용으로 평가할 수도 있다. 지난 10년 동안 중요한 평가 기준으로 자리잡은 표준화 시험과 성적의 관계를 둘러싸고 논쟁이 끝없이 되풀이되고 있다. 이는 표준화 시험이 과학적으로 입증되지 않았으며, 세계화 시대를 이끌 경쟁력 있는 학생을 양성하는 방법에 대해 명확하게 합의된 바가 없다는 뜻이다. 그런데도 표준화 시험에 그토록 많은 에너지와 자원을 낭비하고 있다는 것은 정말 이상한 일이다. 국제 시험에서 좋은 성적을 거두는 나라들은 집중적인 표준화 시험을 채택하지 않기 위해 많은 노력을 한다. 표준화 시험은 아이들을 시험은 잘 보지만 혁신과는 거리가 먼 아이로 만들기 때문이다. 50여 년 전에 국제 시험이 도입된 뒤, 미국이 뛰어난 성적을 거둔 적이 단 한 번도 없다는 사실에 주목해야 한다. 그렇지만 특허가 가장 많고, 노벨상을 가장 많이 타고, 이 세상을 변화시킬 기술을 가장 많이 개발하는 곳은 미국이다. 물론 우리는 아이들에게 교과목을 가르쳐야 하고, 가르친 내용을 평가해야 하지만, 평가 방법은 다시 생각해보아야 한다. 국제 사회에서 미국이 차지하는 위상을 생각해보면, 쉽게 평가할 수는 없다고 해도 혁신을 이끄는 능력이 평가 대상이 되어야 할 것이다.

우리 아이들이 제대로 배우지 못하는 이유는 시험을 준비할 시간이 없기 때문이 아니다. 어떤 경우에는 우리가 전통적으로 잘해오던 것들마저 방해할 정도로 시험 준비를 과하게 하기 때문이다. 교과 내용을 가르치고, 아이들이 적극적으로 학습에 참여하게 하고, 호기심을 장려하고, 창의성과 혁신을 기준으로 평가해야 한다. 아이들은 학습 과정에 적극적으로 참여할 때 배운다. 참여한다는 것은 관심을 가지고 시간과 노력을 쏟아붓고, 내적으로 동기가 생긴다는 뜻이다. 적극적으로 학습에 참여하는 학생은 성적도 좋고, 육체적으로도 정신적으로도 건강하며, 근면하게 협동하면서 최선의 노력을 다하는 능력이 있다. 다시 말해서 학업 성취는 근면성과 나란히 발전한다는 뜻이다. 잘 배우려면 노력하고 인내해야 하는데, 노력하고 인내하려면 배울 내용에 관심이 있어야 하고, 자신의 자아상도 그 내용과 관련이 있어야 한다.

근면한 사람은 보통 자신을 긍정적으로 생각하고, 능력이 있고 빈틈이 없으며, 끊임없는 칭찬 따위는 바라지 않으며, 동료나 친구 들과도 아주 좋은 관계를 유지한다. 근면한 아이들은 문제를 만나면 쉽게 포기하지 않고 문제를 해결하기 위해 계속 노력한다. 근면이라고 하면 학교생활이나 성적에 국한해서 생각하는 경향이 있다. 그러나 정원을 가꿀 때도, 단어 맞추기 놀이를 하거나 아이를 키우는 등 다양한 활동을 할 때도 근면은 아주 중요하게 작용한다. 근면은 살면서 반드시 만날 수밖에 없는 도전 과제를 헤쳐나가기 위해 반드시 갖추어야 할 특질이다. 힘든 일도 버티면서 최선을 다할 수 있게 해주는 자질인 것이다.

근면의 정의는 비즈니스 책이라면 반드시 등장하는 단골 소재가 된 것 같다. 일에 대한 아이들의 태도는 유치원에 들어가기 전에 상당히 많이 결정된다는 것을 생각해보면, 정말 이상한 일이다. 우리 집 큰아들 로런도 네 살 때 첫 번째 사업을 벌였다. 우리 집 앞에서 돌 파는 일을 해보겠다는 것은 로런에게 정말 자연스러운 생각이었다. 우리 집 앞마당 잔디밭에는 돌이 많았기 때문이다. 흔히 볼 수 있는 레모네이드 가판대처럼 로런이 만든 돌 가판대는 로런에게 근면이 무엇인지를 많이 가르쳐주었다. 로런은 자신이 열정적으로 돌을 소개할 때 사람들이 돌을 더 많이 사간다는 사실을 알았다. 로런은 다른 사람이 돈을 지불한다는 것에도 신경을 많이 썼기 때문에, 돌을 구입한 사람에게는 진심으로 고마워했고, 구입하지 않은 사람도 그럴 만한 사정이 있다고 이해했다. 이 모든 것을 로런 혼자서 했을까? 돌 가판대를 만들어야겠다고 생각한 것은 로런이지만, 고작 네 살이었기 때문에 계산을 하고 가격을 매기고 거래를 하려면 다른 사람의 도움이 필요했다. 아이들의 근면은 그런 식으로 성장한다. 아이에게 근면을 길러주는 일은 일찍 시작해야 하고, 과정에 집중하되 결과에 집착하지 않아야 한다. 그해 여름에 로런은 모두 합해 24달러를 벌었다. 로런은 정말 근사한 방법으로 거래가 무엇인지를 배울 수 있었다.

그런데 로런과 달리, 우리 아이가 고작 하루 만에 사업을 '끝낸다'는 선언을 하면 어떻게 해야 할까? 손님이 와도 본 체 만 체하다가, 엄마가 자기를 놓고 집으로 들어가면 짜증을 내고 울음을 터뜨리는 경우에는 어떻게 할까? 엄마 신발이나 안 쓰는 립스틱처럼 자기 물건도 아닌 다양한 물건을 가판대에 마구 늘어놓으면 부모는 어떻게 해야 할까? 청소년 시기에는 아이가 얼마나 오랫동안 과제에 매달려야 하는지, 얼마나 많은 에너지를 과제에 쏟아부어야 하는지, 아이가 경로를 벗어나면 어떻게 해야 하는지를 궁금해할 수밖에 없는 경우가 자주 생긴다. 축구를 하던 아이가 갑자기 축구를 그만두겠다고 하고, 피아노를 치는 아이가 더이상 피아노를 치지 않겠다고 하고, 공부를 잘하는 성실한 아이가 숙제보다 여자 친구와 만나는 일이 더 중요하다고 하면, 부모는 어떻게 해야 할까? 만족을 뒤로 미루는 능력, 인내, 성실, 노력 같은 자질을 아이가 갖기를 원한다면, 부모는 아이를 어느 정도까지 밀어붙여야 하고, 언제 뒤로 물러나야 할까? 분명히 부모는 아이가 끊임없이 소일거리를 찾아다니는 호사가가 아니라 능력 있고 성실한 일꾼이 되기를 소망할 것이다.

다섯 살 아이가 가판대를 접고, 열네 살 아이가 공부를 하지 않아도 그냥 내버려두어야 할까? 상황에 따라 다르다. 부모는 아이가 근면해야 하는 이유를 가르쳐주어야 하며, 아이에게 높은 기대를 해야 한다. 그리고 아이가 한 손으로는 충동과 기쁨을 잡고 다른 한 손으로는 책임과 성실을 잡은 채 노력할 때는 부모가 열심히 응원하고 있음을 느끼게 해주어야 한다. 비난을 받거나 계속 어려운 과제만 해야 하면 절대로 근면성을 기를 수 없다. 방법이 효과가 없다면 왜 그런지 고민해야 한다. 돌 가판대 앞에서 몇 시간 동안 버티기에는 아이가 너무 어리거나 약하지는 않은지 고민해야 한다. 열네 살 아이가 공부에 신경을 쓰지 않는다면, 정말로 학교생활을 엉망으로 하고 있기 때문인지, 아니면 공부와 새로 구축하고 있는 사회생활에 힘을 나누어 써야 하기 때문인지 알아보아야 한다. 지금까지 열심히 공부를 했던 아이라면, 특정한 활동의 어떤 측면 때문에 아이가 공부를 포기하게 된 것은 아닌지 살펴보아야 한다. 아이가 포기하려는 일이 상당히 공을 들인 과외활동이라면, 그 활동이 단순히 아이에게 조금 힘이 부쳐서 그럴 수도 있다는 생각을 해야 한다. 이 세상에는 온갖 기회가 있다. 아이는 자신의 재능과 적성에 맞는 일을 찾아야 한다. 학교 공부를 포기하려고 한다면 선생님과 상의하자. 아이가 "난 진짜 수학에는 소질이 없단 말이야"라고 말하기 전에 부모는 자신이 해결할 수 있는 문제인지 파악해야 한다. 아이를 부모의 기대대로 이끌려면 먼저 부모가 아이의 입장이 되어야 한다. "매일 연습하는 게 힘든 걸 알아. 하지만 난 네가 얼마나 끈기 있는 아이인지 잘 알아. 넌 결국 해낼 거야" 같은 말을 해주자. 앞에서 이야기한 것처럼 아이들은 부모가 기대하는 대로 성장한다. 아이에게 높은 기대를 걸어야 한다. 부모가 화를 내지 않고, 아이에게 더 잘할 수 있으니까 노력해보라고 말해줄 때 아이들은 부모의 말을 듣는다. 가장 중요한 것은, 그저 재능이 있다거나 영리하다고 해서 성공하는 것이 아니라 근면한 태도를 갖추어야만 성공한다는 사실을 아이에게 알려주는 일이다.

◎ **해야 할 일**

• 부모가 열심히 일하는 근면한 모습을 보여주자. 일에 치여 사는 부모는 열심히 일을 하면 스트레스를 받고 신경이 곤두서게 된다는

부정적인 인식을 아이에게 심어줄 수 있다. 그런 부모처럼 되고 싶은 아이는 한 명도 없을 것이다. 열심히 일을 하면 성취감과 자부심을 느낄 수 있음을 알려주어야 한다. 매 순간 그렇게 할 수는 없겠지만, 열심히 일하면 뿌듯해진다는 사실을 자주 느끼게 해주어야 한다.

• 아이가 그 일을 해야 하는 이유를 명확하게 알려주어야 한다. 지나치게 어려워서 아이가 아무리 노력해도 할 수 없는 일이라면, 그런 노력은 아무 의미가 없다. 몇 시간씩 노력해도 결국 울면서 끝나버릴 숙제라면, 양이 너무 많거나 너무 어려운 것이다. 그럴 때는 너무 벅찬 숙제는 아닌지 학교 선생님과 상의해야 한다. 보통 숙제를 하는 데 필요한 시간은 초등학생의 경우 1학년이 10분이고 학년이 올라갈수록 10분씩 늘어야 하며, 중학생은 한 시간, 고등학생은 두 시간에서 두 시간 반 정도가 적당하다.

• 노력, 인내, 자기 관리 능력은 근면성을 기르는 데 필요한 중요한 요소이다. 또한 정직해야 하며, 소통하고 협력하는 능력도 갖추어야 한다. 사회성이 좋은 아이는 인기만 많다고 흔히들 생각하기 때문에 아이의 부모는 사회생활을 줄이고 공부를 좀더 열심히 해야 한다고 재촉한다. 하지만 사회성이 좋은 아이는 보통 협력하고 소통하는 능력도 좋다. 그런 아이는 세상에 나가서 잘할 수 있으니 너무 걱정하지 말자.

• 아이 스스로 노력하면서 좋은 결과를 이끌어내는 활동이 무엇인지 알아차려야 한다. 어떤 일을 하려고 노력할 때 쓴 기술들이 다른 일을 할 때도 쓰일 수 있다는 사실을 아이에게 알려주자. "아까 네 방에 들어갔을 때 보니까, 어려운 수학 문제를 풀려면 음악을 틀더라. 잘 외워지지 않는 스페인어 동사를 외울 때도 그렇게 하면 될 거 같은데"처럼 말해주는 것이다.

◎ **하면 안 되는 일**

• 아이들이 모두 같은 정도로 노력을 할 수 있다고 생각하면 안 된다. 아이의 기질과 의지에 따라 노력을 하는 정도와 지속 시간은 모두 다르다. 근면성을 이루는 요소는 아주 많다. 아이가 쉽게 해낼 수 있는 요소에 집중하자.

• 혼을 내면 아이가 부모에게 화를 낼지도 모른다는 걱정은 하지 말자. 아이에게 굴욕을 느끼게 하거나 가혹하게 굴거나 독단적으로 혼내면 안 된다. 그러나 적절하게 혼을 낼 수 있어야 아이가 자기 관리 능력을 기를 수 있다. 규칙과 규율을 저절로 익히는 아이는 없다. 칭찬과 격려를 받고, 실망하고 혼나면서 아이들은 부모와 사회가 가치 있게 여기는 것이 무엇인지, 그 가치에 어느 정도 의미가 있는지를 배운다. 부모의 사랑이 유대감을 키운다면, 부모의 훈육은 자기 관리

능력을 키운다. 사랑하는 것보다 혼내는 일이 훨씬 어렵다. 하지만 근면성을 길러주려면 반드시 사랑도 하고 혼도 내야 한다.*

• 아이들에게 모든 일에 최선을 다해야 한다고 강요하면 안 된다. 왜 그렇게 됐는지는 알 수 없지만, 흔히 사람들은 이렇게 생각한다. 아이 때는 잘하는 일이 아주 많지만, 사회에 나오면 사람들 대부분은 몇 가지만 아주 잘할 뿐, 다른 일들은 잘 못하게 된다는 것이다. 사실 재능이 있는 사람은 힘이 많이 드는 분야는 직업으로 삼아 노력하고, 그보다 덜 까다로운 분야는 취미로 삼는다. 부모와 아이 모두에게 중요한 일에 초점을 맞추자. 훌륭한 아이들이 아주 사소한 일에 '최선'을 다하지 않는다는 이유로 비난을 받을 때가 많다.

---

* 6장에 실린 내용만으로는 부모의 훈육과 아이의 자기 관리 능력 간에 무슨 관계가 있는지 잘 모르겠다는 사람도 있을 것이다. 이런 식으로 생각해보자. 자기 관리 능력은 지능지수보다 훨씬 정확하게 학생의 성적을 예측할 수 있다. 실제로 두 배 정도 정확하게 예측한다. 2005년 『심리학Psychological Science』 939~944쪽에 실린 덕워크A. Duckwork와 셀리그만M. P. Seligman의 「지능지수보다 청소년의 학업 성취도를 더 잘 평가하는 자기 관리 능력Self-Discipline Outdoes IQ in Predicting Academic Performance of Adolescents」 16장 12절을 읽어보자.

## 7장 행동하는 방법 가르치기

### 자기 관리 능력: '모든 애들이 다 하는걸'이 아니라 '이건 옳지 않은 것 같아'라는 자세

:

• 아래층이 시끄럽다는 건 당신의 네 살 아들과 여섯 살 아들이 다 정한 형제이기를 그만두고 또다시 철천지원수가 되기로 했다는 뜻이다. 네 살 아들은 분명히 형에게 쥐어박힌 머리를 감싸안고 구석에 앉아 죽어라고 울고 있을 것이다. 큰아들은 〈토이 스토리 3〉를 보고 나와서, 당신이 막내아들에게 사준 '말하는 버즈 라이트이어Talking Buzz Lightyear' 인형을 의기양양하게 흔들고 있을 테고. 당신이 아이들에게 "무슨 일 때문에 그래?" 하고 물어보면 막내아들은 계속 훌쩍거리며 울기만 하고, 큰아들은 "내가 가지고 놀 거야"라고만 할 것이다.

• 당신은 열두 살 딸 때문에 깜짝 놀랐다. 아이는 토요일 밤에 친구들과 나가는 대신 옆집 아기를 돌보기로 했다고 한다. 벌써 몇 주째 아이는 토요일 밤마다 친구들과 놀러나갔기 때문에, 당신은 어째서 이번 주에는 나가지 않는지 물었다. 딸은 한참을 주저하다가 토요일 밤늦게 친구들과 놀러다니고 싶지 않다며 알아들을 수 없는 이유를 중얼거렸다. 그리고 자기 방으로 들어가기 전에 툭 내뱉듯이 말했다. "그리고 엄마가 나한테 책임감을 가지고 돈을 벌어보라고 했잖아." 딸은 방문을 세게 닫았다.

• 이제 열여덟 살이 되는 아들에게 집을 맡기고 부부는 1박2일 여행을 다녀오기로 했다. 어린 두 딸은 친구 집에서 자기로 했지만, 아들은 집에 남는다고 했다. 일요일에 돌아오니, 바깥 계단에 앉아 부모를 기다리고 있는 아들이 보였다. 아들은 부모가 차에서 내리기도 전에 미안하다는 말을 했다. 무슨 일인지 물어보자, 밤에 집으로 친구들을 불러 술을 마셨는데, 어쩌다보니 자제가 안 될 정도로 마셨다고 했다. 아들은 점차 난동을 부리는 친구들 때문에 경찰이 올지도 모른다는 생각이 들었다고 했다. 그래서 믿을 만한 이웃 어른에게 부탁해 간신히 친구들을 돌려보냈지만, 이미 전등 하나가 깨져버렸고, 엄마가 아끼는 거실 카펫에 와인을 쏟았다고 했다. 엄마는 정말 화가 났지만, 아들은 스스로에게 더 화가 나 있는 것 같았다. "무슨 일이 생길지 예상했어야 하는데. 정말 미안해, 엄마. 난 진짜 바보야. 망가진 건 내가 변상할게." 아들은 자신의 잘못을 감출 생각이 전혀 없었다.

자기 관리 능력은 평생 동안 풀어가야 하는 숙제이다. 여섯 살 아이는 불만이 생기자 동생을 때렸다. 어린아이는 자기 관리 능력이 부족하다. 그러나 열두 살 아이와 열여덟 살 아이는 언어와 행동과 상식을 사용해 자신의 감정을 표현했고, 아직은 불완전한 자기 관리 능력을 강화하기 위해 외부에 도움을 청했다. 열두 살 소녀는 파자마 파티에 참석한 남자아이들이 집적대는 것을 견딜 수 없었다. 그런 상황에서는 어떻게 해야 하는지 알지 못했기 때문에 그 상황에서 빠져나오기로 했고, 그 과정에서 자기 관리 능력을 기르는 효과적인 방법 하나를 배웠다. 자신의 자기 관리 능력을 과대평가했던 열여덟 살 소년은 곤경에 처했지만, 적절한 도움을 구했고, 자신의 행동이 낳은 결과를 진지하게 성찰해볼 수도 있었다. 아이는 자신을 어느 정도까지 믿어야 하는지, 자신을 도와줄 사람이 누구인지를 알아가고 있다. 이제 조금만 더 경험이 쌓이면 소년은 자신이 통제할 수 없는 상황도 생길 수 있다는 사실을 깨달을 것이다. 세 아이 모두 자기 나이에 맞는 자기 관리 능력 강화 기술을 습득해가고 있다. 당연히 아이들의 선량한 의도는 부족한 경험, 아직 완성되지 않은 자기 관리 능력과 자주 충돌할 것이다.

나는 내 생애의 많은 시간을 한두 가지 문제로 고민하는 10대 아이들과 함께 보냈다. 그중에는 우울증, 불안, 약물중독 같은 심각한 정서 문제로 힘들어하는 아이도 있었고, 그저 말이 많거나 부모의 기대만큼 공부를 못하거나 여러 가지 가정 문제 때문에 힘들어하는 아이도 있었다. 그런데 한 명의 예외도 없이 모든 아이가 겪는 문제가 있었는데, 바로 자신을 관리하는 문제였다. 자해를 하는 아이도, 술을 너무 많이 마시는 아이도, 물건을 훔치는 아이도, 친구의 말에 속수무책 따르는 아이도, 끊임없이 숙제를 하라는 잔소리를 듣는 아이도, 종일 차고에서 나오지 않는 아이도, 죽어라고 잠만 자는 아이도 모두 자기 관리 능력에 문제를 겪고 있는 것이다. 아이들이 살면서 반드시 겪을 수밖에 없지만, 너무나도 심각하게 위협이 되는 문제들을 만날 때 자기 관리 능력을 발휘할 수 있도록 다양한 기술을 구축하고 강화하게 도와주는 것, 그것이 바로 부모가 반드시 해야 할 역할이다. "아니"라고 말하는 능력, 충동을 조절하는 능력, 당장의 즐거움을 추구하지 않는 능력은 아동기와 청소년기에 아이들을 보호해줄 핵심 능력이기 때문에 아무리 강조해도 지나치지 않다.

그런데 한 가지 문제가 있다. 아이들이 자기 관리 능력을 발휘하지 않으면, 부모는 실망하고 걱정하고 화를 낸다. 아이들이 자기 관리 능력을 발휘하지 않았다는 사실에 부모가 흥분하고, 그 상황을 재앙으로 만들어버리기 때문에 아이들은 중요한 기술을 배울 기회를 얻지 못한다. 큰아들이 동생을 때렸다. 정말 양심도 없는 녀석이야. 분명히 난폭한 사람이 될 거야. 어쩌면 반사회적 인물이 될지도 몰라. 딸이 10대 중반인데, 섹스를 하는 아이들과 어울려 다닌다. 곧 자기 친구들처럼 행동할지도 몰라. 임신을 하거나 성병이나 에이즈에 걸리면 어떻게 해? 이런 맙소사! 10대 아들이 친구 집에서 파티를 하기로 했다. 술을 마시면 어떻게 하지? 경찰한테 붙잡히면? 대학에는 갈 수 있을까? 그애 인생은 어떻게 되는 거지? 이런 생각이 들 때 부모는 자신의 상상이 현실이 되지 않도록 아이에게 한계선을 정해주고 싶은 충동을 느낀다. 그렇기 때문에, 대부분 평정을 되찾으면 후회하게 될 비논리적이고 무의미한 결정을 내릴 때가 많다. "또 동생 때릴래? 너도 맞아봐야 알겠어?" "너 혼자 있을 거라고 믿은 내가 바보야. 넌 생각이 없니? 앞으로 1년 동안 외출 금지야." 이런 말을 해버리는 것이다. 이성을 되찾고 막 쏟아붓고 싶었던 충동이 사라지면, 이런 말을 했다는 것을 정말 후회할 것이다. 10대 아이들은 자기 관리 능력을 제대로 발휘할 수 없으며, 그 때문에 힘든 일을 겪을 수밖에 없다. 하지만 부모의 보호를 받으면서 겪는 그런 실패는 결국 충동을 조절할 수 있는 다양한 전략을 배울 기회가 된다. 이 사실을 정확하게 알고 있으면 부모와 아이 모두에게 도움이 된다.

뇌에서 자기 관리 능력을 담당하는 곳은 전전두피질(좀더 자세히 말하면 등쪽전두정중앙피질dorsal fronto-median cortex)인데, 이곳은 20대 중반이 되어야만 완전히 성장한다. 이는 아이의 자기 관리 능력이 완전히 성장하기 전에 아이가 다양할 기술을 연마할 수 있는 시간과 기회가 많다는 뜻이다. '모든 애들이 다 하는걸'이 아니라 '이건 옳지 않은 것 같아'라는 생각을 할 수 있으려면 두 번은 앞으로 가고 한 번은 뒤로 가는 길을 걸어가야 한다. 아이들은 생리작용과 싸우고 있기 때문이다. 그러나 한 가지 분명한 사실이 있다. 아이가 바보 같은 일을 했을 때 부모가 중심을 잡지 못하고 흔들리면 아이에게 필요한 기술을 가르쳐주는 조언자가 될 수 없다. 그러면 아이는 자신의 기준대로 판단하지 못하고 외부 자극에 흔들리는 사람이 될 수도 있다.

그런데 규칙을 준수하는 것과 자기 관리 능력을 혼동할 때가 많다. 물론 자기 관리 능력을 발휘하려면 먼저 규칙을 준수해야 한다. 하지만 규칙을 준수하는 것과 자기 관리 능력은 다른 문제이다. 규칙을 준수하는 것은 말 그대로 다른 사람이 세운 규칙을 따르는 것이다. 그러나 자기 관리 능력은 자신이 규칙을 발전시키고 강화하고 내면화하는 과정이다. 아이가 규칙은 준수하지만 진정한 자기 관리 능력은 배우지 못했다고 하자. 규칙을 만드는 사람이 주변에 없으면—엄마가 전화를 받고 있다거나, 선생님이 교실에서 나갔다거나, 아이가 이제 막 대학교에 입학한 것이 그런 경우이다—그 아이가 따르던 규칙은 더 이상 존재하지도 않고 내면화되지도 않았기 때문에 친구들이 만들어준 규칙으로 쉽게 대체되어버린다. 부모의 역할은 주로 규칙을 정하고 시행하는 데 있지만, 아이들이 그 규칙을 이해하고 따르고 느낄 수 있게 도와주는 것도 부모의 역할이다. 그래야 결국 아이들이 스스로 좋은 규칙을 세우고 따를 수 있게 된다. 부모가 '아니'라고 생각하는 가치관은 결국 아이들도 '아니'라고 생각하는 가치관이 되어야 한다. 어떻게 해야 그렇게 될 수 있을까?

마시멜로 테스트라는 유명한 심리학 실험이 있다. 50년 전에 실시했지만, 자기 관리 능력이 지속적으로 가치를 갖는 이유와 자기 관리 능력을 키우는 전략을 설명할 때 지금도 가장 많이 언급되는 기준 실험이다.[1] 놀랍게도 마시멜로 테스트는 아주 어린 아이들을 대상으로 실험을 했다. 아주 어린 아이들은 전통적으로 자기 관리 능력 평가에 적합하지 않다고 여겨져온 터였다. 연구자는 종과 마시멜로 한 개가 놓인 쟁반이 있는 방으로 네 살 아이를 데리고 들어간다. 연구자는 아이에게 자신은 이제 방에서 나갈 텐데, 마시멜로가 먹고 싶으면 종을 치라고 했다. 종소리를 듣고 연구자가 돌아오면 아이는 쟁반에 놓인 마시멜로를 먹을 수 있다. 하지만 연구자가 알아서 돌아올 때까지 아이가 마시멜로를 먹지 않고 기다리면, 아이는 마시멜로를 두 개 먹을 수 있다. 많은 아이가 연구자가 돌아올 때까지 계속 기다렸다. 심지어 15분이나 기다린 아이도 있었다. 오랫동안 아무것도 먹지 않아 배가 고픈 아이들도 마시멜로를 한 개 더 먹기 위해 연구자를 기다렸다는 사실도 놀랍지만, 25년 뒤에 실시된 후속 연구의 결과는 그보다 훨씬 놀랍다. 25년 전 실험에 참가했던 아이들을 조사해본 결과, 연구원을 기다리지 못하고 마시멜로를 한 개만 먹은 아이들이 그러지 않은 아이들보다 학교와 가정에서 문제 행동을 나타낸 비율이 훨씬 높았던 것이다. 이 아이들은 성적도 낮았고, 대인 관계도 좋지 않았다. 그에 반해, 엄청난 외부 유혹을 거절하고 마시멜로를 두 개 먹은 아이들은 대인 관계도 학업 성취도도 뛰어났다. 성적과 자존감은 훨씬 높았고, 약물을 덜 복용했고, 대인 관계도 만족스러웠다.[2]

자신을 지켜보는 어른이 없는데 어린아이들은 엄청난 유혹을 어떻게 뿌리칠 수 있었을까? 유혹을 물리치기 위해 아이들은 노래를 부르거나, 마시멜로를 보지 않으려고 등을 돌리고 앉아 있기도 했고, 마시멜로를 맛있는 간식이 아니라 솜이나 이불로 만든 공이라고 생각하는 등 자신을 설득하기 위해 노력했다. 아이들의 이런 반응은 여전히 곰 인형과 함께 자고 싶어하는 아이의 행동 및 인지 전략과 비슷해 보인다. 그러나 마시멜로를 먹지 않고 기다린 아이들은 완전히 마음을 비운 상태에서 자기 관리 능력을 발휘한 것이 아니다. 아이들 마음에는 마시멜로를 두 개 먹겠다는 분명한 목표 의식이 있었다.

아이들의 자기 관리 능력을 키워주기 위해서 반드시 기억해야 할 점은 어떤 것을 포기하려면 더 높은 목표에 눈을 맞추어야 한다는 것이다. 나는 정말 디저트를 좋아한다. 하지만 반드시 2킬로그램을 빼겠다고 결심하고 살과의 전쟁에 돌입했을 때는 저녁을 먹은 뒤에 가까스로(그러니까 가끔 그랬다는 말이다) 커피만 마셨다. 아이들이 자기 관리 능력을 발휘하려면 정말 높은 목표가 있어야 한다. "오늘 밤늦게까지 공부하고 싶은 거 알아. 하지만 시험 준비를 이미 충분히 했잖아. 내일 시험을 잘 보려면 이제는 푹 쉬는 게 중요해." "오늘 연습하기 싫은 거 알아. 하지만 월요일에 중요한 시합이 있잖아. 너희 팀 모두 최선을 다해야 좋은 결과가 나올 거야." 이런 말을 해주자. 그런 말을 들으면 아이는 단기간의 해결책이 더 매력적으로 느껴지더라도 사실은 큰 그림을 그리는 것이 이득임을 깨닫는다.

아이가 자기 관리 능력을 키울 수 있는 또다른 방법은 기다리는 법을 가르쳐주는 것이다. 기다리기, 다른 곳으로 주의 돌리기, 초점 바꾸기, 한 활동에서 다른 활동으로 옮겨가기는 부모가 가르치고 모범을 보여야 아이가 배울 수 있는 기술이다. 부모는 칭얼댄다고 바로 달려가지 않음으로써, 갓난아기 때부터 아이에게 기다리는 기술을 가르칠 수 있다. 또한 기다릴 때 얻는 보상과 기다림의 가치를 계속해서 아이들에게 강조하고 일깨워주어야 한다. "지금 당장 용돈을 다 쓸 수도 있겠지. 하지만 그 용돈을 몇 주 모으면 네가 원하는 비디오게임을 살 수 있어" 같은 말을 해주는 것이다.

어린아이들은 욕망을 참는 능력이 아주 부족하다(식료품점 계산대 앞에서 사탕을 사달라고 조르면서 발을 구르고 좌절하는 미취학 아동을 생각해보라). 부모는 아이들이 욕망을 참고, 주의를 다른 데로 돌리고, 충동적으로 행동하지 않고 자제할 때 보상이 훨씬 크다는 사실을 알려주어 당장의 즐거움을 참는 태도를 길러주어야 한다. 이것은 오랫동안 천천히 진행되는 과정이다. 앞으로 갔다가 녹아내렸다가 다시 앞으로 가는 과정의 반복이라 할 수 있다. 마시멜로를 먹지 않는 네 살 아이든 동생에게서 버즈 라이트이어 인형을 빼앗지 않는 여섯 살 아이든 간에 유혹을 물리치는 아이는 열두 살에는 약물의 유혹을, 열네 살에는 성의 유혹을 훨씬 잘 물리칠 수 있다.

◎ 해야 할 일

• 아이에게 훌륭한 자기 관리 능력을 길러주려면 부모가 모범을 보여야 한다. 새치기하고 기다릴 줄 모르고 참을성이 없으면 안 된다. 아이의 자기 관리 능력을 길러주려면 아빠가 적극적으로 교육에 참여해야 한다.

• 아이들은 적당한 고통을 경험할 필요가 있다. 부모는 점차 강도

가 높아지는 일련의 과제에 아이들이 도전할 수 있게 해야 한다. 이때 과제의 강도는 아이들이 완벽하게 다룰 수 있거나 거의 다룰 수 있는 정도가 적당하다. 아이가 어려운 문제로 씨름하는 동안 뒤로 물러나 있어야 하는 것은 부모로서는 아주 견디기 어려운 일이다. 초등학교 3학년인 우리 아이가 학교 숙제를 부엌 식탁에 두고 갔다. 학교에서 돌아온 아이는 엄마가 숙제를 가져다주지 않아서 자신이 빵점을 받았다며 엄청나게 화를 냈다. 하지만 그 일로 학교 선생님에게 전화를 해서 상황을 설명해줄 필요는 없다. 아이들은 '성공적으로 실패'해야 한다. 실패는 대처 기술을 기르는 밑거름이다. 숙제를 놓고 가는 것은 3학년 아이들이 충분히 감당할 수 있는 '실패'이다.

• 아이가 여러 사람의 결정에 무조건 따르지 않고 자신의 의지대로 선택하는 능력이 있다면 칭찬해주어야 한다. 아이가 처음으로 "다른 애들은 모두 부정행위(혹은 술이나 담배)를 하지만, 난 그러면 안 될 거 같아"라고 하는 날에는 정말로 환호하고 축하해주어야 한다. 자신이 가장 좋아하는 인형을 친구가 들고 있어도 참고, 학교 최고의 인기남과 섹스를 하지 않는 등, 자기 관리 능력을 발휘한 아이에게는 당연히 부모가 감탄해도 된다. 하지만 부모는 우쭐하면 안 된다. 그 순간은 철저하게 아이가 즐겨야 한다.

## ◎ 하면 안 되는 일

• 부모가 안내해주지 않는데도 아이가 자기 관리 능력을 배울 수 있다고 기대해서는 안 된다. 아이들은 관점을 바꾸고, 다른 행동을 하고, 주의를 다른 곳으로 돌리는 법을 배워야 한다. "선생님을 기다리는 동안 이 책을 읽어볼까?" "차를 타고 오래 가야 해. 다른 주에서 온 자동차를 누가 먼저 발견하는지, 번호판 보는 내기 할까?" "정말 절망스러울 때는 힘껏 달리면 정말 도움이 돼." 이런 말을 해주자. 부모는 아이의 고통이 감당할 수 없을 정도로 커지기 전에 관리할 수 있기를 바란다. 감당할 수 없는 고통은 아이의 교육에 거의 도움이 되지 않는다.

• 아이가 느끼는 나쁜 감정을 하찮게 여기거나 무시하면 안 된다. 불편한 감정을 조절하면서 건강한 해법을 찾는 능력은 자기 관리 능력 형성에 크게 영향을 미친다. 중요한 시험에 불안해하는 아이는 부정행위를 할 수도 있지만, 그 불안을 해소할 다른 방법이 있다면 그러지 않을 가능성이 훨씬 높아진다. 시험을 앞두고 불안해하는 아이에게 "제발 바보처럼 굴지 마. 그냥 시험일 뿐이야"라고 말하는 것은 아무 도움이 되지 않는다. 아이의 고민을 진지하게 받아들이고, 불안을 해소할 수 있는 방법(시험공부 일정표를 만들거나 보충수업을 신청하는 것 등)을 함께 찾아주자. 부모는 다른 아이들이 부정행위를 하더라도 우리 아이는 자기 관리 능력을 발휘할 수 있도록 도와야 한다.

• 부모는 아이가 10대가 되어도 정서 문제에서는 뒤로 물러나지 말아야 한다. 우리 아이가 능숙하게 자율성을 발휘한다고 해도, 부모는 적극적으로 참여하고 지원해주어야 한다. 어떤 친구를 사귀는지 계속 지켜보면서, 혹시 부당한 압력을 받거나 자학 행동을 하지는 않는지 살펴보아야 한다. 그래야만 아이는 자기 관리 능력을 키우는 전략을 생각하고 발전시킬 심리적 공간을 확보할 수 있다. 자기 관리 능력은 평생에 걸쳐 배워나가는 것으로, 자기 관리 능력을 키우려면 당연히 에너지가 필요하다. 가정은 아이가 배터리를 충전할 수 있는 안전한 보금자리가 되어주어야 한다.

## 자존감: '나는 형편없어'가 아니라 '난 괜찮은 녀석인 거 같아'라는 자세
:

열두 살인 몰리는 타고난 운동선수이다. 다양한 운동을 하는데, 그 중에서도 가장 열심히 하는 것은 수영이다. 몰리는 몇 년째 꾸준히 지역 수영 대회에 참가했는데, 점점 발전하면서 차근차근 순위를 높여가고 있다. 작년에는 같은 학년 아이들 중에서 3위를 했고, 올해는 1위를 하겠다는 각오를 다졌다. 시합을 위해 열심히 연습했지만, 사교 생활도 점점 늘어났기 때문에 다른 때 같으면 연습을 했을 시간에 친구들과 놀러나가는 일이 늘었다. 수영 시합에 나간 몰리는 동일 학년 순위에서 2위를 차지했고, 당연히 실망했다. 몰리의 부모는 몰리를 꼭 끌어안아주고는 실력이 많이 향상되었다고 칭찬해주었다. 그리고 마지막으로 "정말 1등을 하고 싶었다면, 좀더 노력했어야 해"라고 말했다.

이 이야기를 사람들은 별로 좋아하지 않는다. 나의 동료 중에도 이 이야기를 싫어하는 사람이 많다. 마지막에 부모가 몰리에게 한 이야기는 몰리에게 도움도 되지 않을뿐더러 몰리의 자존감을 해칠 수도 있다고 생각하기 때문이다. 하지만 나는 그렇게 생각하지 않는다. 부모가 정직하지 않으면, 아이의 자존감을 높이기 위해 부모가 하는 노력은 모두 허사가 된다. 몰리는 뛰어난 운동선수이고, 자기 나이에 맞는 다른 욕구를 충족하려면 운동 시간을 줄여야 한다는 사실을 알게 되었다. 앞으로 몰리는 최고의 수영 선수가 되고 싶다는 자신의 바람이 사교 생활 때문에 꺾일 수도 있다는 가혹한 사실에 직면할 것이다.

중요한 것은 이것이다. 몰리는 뛰어난 운동선수이고 1등이 되고 싶다. 자존감은 말만 그럴싸하게 하는 것이 아니라 자신이 소망하는 실력을 갖추었을 때 형성된다. 따라서 좀더 잘하고 싶다는 몰리의 바람은 몰리가 현시점에 이룩한 성취를 바탕으로 정확하게 인정을 받고 지원을 받아야 한다. 몰리는 실망했지만, 그렇다고 2등이라는 점수가 나쁜 것은 아니다. 몰리의 부모는 그저 몰리가 목표에 도달하려면 더 열심히 노력해야 한다는 사실을 일깨워주었을 뿐이다. 몰리의 부모는 딸을 꼭 끌어안아줌으로써 자신들은 성적에 상관없이 몰리를 사랑한다는 사실을 알려주었다. 아이의 자존감은 부모가 솔직하지 못하거나 비현실적이고 지나치게 아이에게 투자하는 경우에 손상을 입는다. 가령 안 그래도 죽을 정도로 최선을 다하는 아이에게 더 열심히 하라고 하거나 운동신경이 발달하지 않은 아이에게 '훌륭한 선수'라고 부추기는 경우, 최선을 다한 아이에게 실망했다는 표현을 하는 경우가 그렇다.

자존감은 아이들을 보호하는 중요한 특성이다. 그런데 안타깝게도 자존감은 그것이 어떤 것인지 정확하게 기술되지 못한 상태로 잘못 알려져 있다. 자존감은 난데없이 하늘에서 뚝 떨어진다고 믿는 사람이 많다. 하지만 영리하다고, 재능이 있다고, 특별하다고 아이에게 충분히 자주 말해주면, 아이는 정말 그렇게 된다. 자존감은 주어지는 게 아니라 획득하는 것이다. 아이가 의미 있는 목표를 세우고, 끈기 있게 노력할 수 있도록 격려해주면 아이의 자존감은 건강하게 성장한다. 수영장을 끝에서 끝까지 한 번에 헤엄친다는 목표를 정하는 아이도 있고, 지역 시합에 나가 1등을 한다는 목표를 세우는 아이도 있을 것이다. 부모는 아이들이 현실적이고 도전적이며 안전한 목표를 세울 수 있도록 도와야 한다.

진짜 자존감은 자신을 가치 있게 생각하는 감정으로, 좋은 결과를 아주 많이 낳는다. 나열하기 쉽지 않을 정도다. 자존감이 높은 아이는 좋은 특성이 많은데, 그중에 몇 가지만 나열하자면 친구가 많고, 성적이 좋고, 대처 기술이 뛰어나고, 회복력이 우수하다는 점을 들 수 있다. 자존감(자기 존중감)은 그 이름만으로도 내부에서 자라는 특성임을 알 수 있다. 자존감은 능숙함과 자신감이 만들어낸다. 나는 자존감을 능동적인 대처 기술을 다룬 7장에 집어넣었다. 부모들은 아이들이 자신을 어떻게 생각하는지에는 충분히 관심을 갖지만, 실제로 아이들에게 자존감을 키워주기 위해 무엇을 할 것인지에 대해서는 별다른 관심을 보이지 않기 때문이다. 하지만 부모가 관심을 갖는 방향을 바꾸면, 자존감 형성이라는 결과에 지나치게 집착하지 않으면서 자존감을 키워주는 방법에 주목할 수 있다.

어떤 것을 잘하는 능력인 능숙함은 흔히 '내재적 요구inherent need'라고 표현한다. 능숙함은 다른 환경에 적응하는 능력이며, 어디에 에너지를 쏟을지를 결정하는 근본 요인이다. 아이들은 능숙함을 추구한다. 같은 동작을 계속하고, 같은 말을 반복하고, 같은 이야기를 여러 번 듣고 보면서 걷는 법, 말하는 법, 읽는 법을 배운다. 능숙함은 사람의 유전자에 심어져 있다. 우리 조상들이 능숙하지 않았다면(즉 식량을 채집하는 방법도 모르고, 집 짓는 방법도 모르고, 위험이 닥쳤을 때 도망가는 법도 몰랐다면) 지금 우리가 이 책을 쓰고 읽는 일은 없었을 것이다. 물론 지금의 우리 아이들에게는 호랑이를 감지하는 능력이 필요 없지만, 아이들이 성공적으로 살아가려면 비판적 사고와 협동 능력처럼 시대가 요구하는 중요한 기술들이 필요하다.

능숙해지면 당연히 자신감이 생긴다. 처음 자전거를 타면 아이는 혼자서 균형을 잡을 수 있을 때까지 부모의 든든한 손이 자신의 등을 단단히 잡아주기를 바란다. 아이는 자전거를 타는 데 필요한 아주 복잡한 기술(균형 잡기, 조정하기, 시각적 인식, 몸놀림 익히기)을 익힐 때까지 몇 시간이고, 몇 날이고, 몇 주고 부모에게 자꾸 밖으로 나가자고 조른다. 자신감이 무엇인지 알고 싶은 사람은, 아무도 자전거를 잡아주지 않고 자기 혼자 타고 있다는 사실을 깨달은 아이가 짓는 표정을 떠올려보면 된다.

중요한 것은 부모와 아이가 함께 적당한 목표를 세워야 한다는 것이다. 골목에서 혼자 자전거를 타는 경험은 아이의 자신감을 길러준다. 아이가 충분히 할 수 있는 일이기 때문이다. 자전거 타기는 동기도 필요하고 연습도 열심히 해야 하는 일이지만, 어쨌거나 아이가 충분히 해낼 수 있는 범주에 속한다. 어렵지만 충분히 해낼 수 있는 기술을 익히도록 격려해주면, 아이는 골목을 한 바퀴 돌고, 결국은 동네를 한 바퀴 돈다. 자신감은 어느 날 갑자기 생기는 것이 아니라, 일상에서 경험하는 수백 가지 조그만 성공이 쌓여 만들어진다. 자존감이 높으면 자아감이 강한 아이가 그렇듯이 일시적인 걸림돌에 지장을 받지 않는다. 이는 아이가 자신과 부모의 기대에 미치지 못해도 전혀 낙담하지 않는다는 뜻이 아니다. 아이들은 빨리 회복하고 경험을 통해 배울 것이라는 뜻이다.

아이들의 타고난 관심과 능력과 재능을 존중하면서도 부모로서 아이가 인생을 살아가는 데 꼭 필요하다고 생각하는 분야에 재능을 갖게 하려면 어떻게 해야 할까? 부모는 자신의 아이가 이를 닦는 것에서부터 좋은 친구를 사귀고 안전하게 운전을 하는 것까지, 아주 많은 분야에서 능숙하기를 바란다. 이런 일들 중에는 부모가 지시를 내려야만 동기가 생기는 일도 있다. '자기 전에 이를 닦아라, 곤경에 빠진 친구를 도와라, 규칙을 지켜야만 자동차를 쓸 수 있다' 같은 것이 그런 일이다. 아이들은 부모가 따뜻하게 지원해주고 단호하게 한계를 정해줄 때 부모의 가치관과 지시받은 내용을 자신의 것으로 내면화한다. 물론 능숙해지는 것이 그에 따른 보상이다. 아이들이 그런 일에 능숙해지면, 잔소리를 하는 부모가 없어도 대학생이 된 아이는 잠자기 전에 당연히 이를 닦는다.

하지만 대개의 부모들은 능숙함이라고 하면 좋은 성적을 받고 좋은 학교에 들어가는 것처럼 대부분 학업과 관련된 내용을 떠올린다. 학업 성취도는 아주 중요하며, 높은 성취를 했다는 것은 열심히 노력했다는 증거이니 당연히 축하를 받아야 한다. 하지만 아이들이 잘 살고, 타인을 위해 공헌할 수 있는 재능은 학업 성취 외에도 아주 많다는 사실을 너무나도 자주 잊어버린다.

창의성, 비판적 사고, 협동 능력은 이 세상에서 잘 살기 위해 우리 아이들이 반드시 갖추어야 하는 기술임을 부정하는 사람은 거의 없다. 공부를 잘하는 학생도 이 세 가지 자질을 갖추고 있는 경우가 있지만, 그저 '평균적인' 주립 학교에 다니는 학생들도 우등생만큼이나 이 세 자질을 갖추고 있는 경우가 많다(『포천Fortune』이 선정한 500대 기업을 이끄는 최고 경영자 중에도 평범한 주립 학교를 나온 사람이 많다). 우리가 걱정해야 하는 부분은 바로 이런 것이다. 우리가 가치 있게 생각하는 재능을 몇 가지로 한정한 뒤에 수많은 학생을 전체의 5퍼센트에서 10퍼센트에 해당하는 학생만 들어갈 수 있는 좁은 구멍으로 밀어넣으면 두 가지 나쁜 결과가 생길 수 있다. 첫째, 공부에 재능이 있는 아이들은 쓸데없이 과도한 스트레스를 받을 수 있고, 둘째, 훨씬 많은 나머지 아이들의 재능이 하찮게 취급될 위험이 있다. 그렇게 되면 많은 아이들은 능숙함과 자신감이 있어야만 얻을 수 있는 심리적 보호막을 가질 수 없다.

뛰어난 학생도 아니고, 사람에게 흥미도 없고, 예술에도, 실질적인 문제에도 흥미가 없는 아이는 어떻게 될까? 이런 아이들은 열정을 추구할 수 있도록 격려해주어야 한다. 학교는 중퇴했지만 사업에 크게 성공한 사람도 있고, 성적은 중간이지만 창의성이 뛰어나 멋진 예술가로 자란 아이도 있고, 기계를 만지면서 행복하게 살아가는 기술자도 있다. 우리 아이들이 이 세상에서 활짝 꽃피울 수 있는 재능은 엄청나게 많다. 그런 재능들 모두 제대로 길러주어야 하며, 아이들은 자신의 재능과 적성과 흥미를 중요하게 여겨야 한다. 아이들이 가진 다양한 재능을 인정할 때, 진정한 자존감을 키울 수 있는 아이들이 더 많아진다.


◎ **해야 할 일**


• 아이들이 능숙하게 잘하는 일보다 조금 더 어려운 일을 하도록 격려해주자. 4학년 아이가 읽기를 잘한다면 5학년 아이들이 읽는 책을 읽게 하자. 사전을 찾고 필요한 경우 부모가 설명을 해주어야 한다. 능력을 키우려면 도전해야 한다. 이미 잘하는 일을 끝없이 반복하게 하면 안 된다. 자존감은 아이가 어떤 일에 능숙하게 되었을 때 제대로 작동한다. 주어진 과제를 정해진 시간의 반 만에 완수할 수 있을

때 아이들은 일을 즐기고 행복하게 살 수 있다.

• 부모는 자신들이 아이의 재능을 믿고 있다는 점을, 그리고 제약 조건은 스스로 자신에게 부과한 것이라는 점을 아이에게 알려주어야 한다. 이는 아이들이 무슨 일이든 뛰어나게 잘할 수 있다는 뜻이 아니다. 아이들은 자신이 해낼 수 있다고 믿는 일을 훨씬 잘해낼 수 있다는 뜻이다. 확신은 꾸준히 기술이 쌓여야만 가질 수 있다. 기술은 관심을 가지고 연습을 해야만 익힐 수 있다. 관심은 저절로 생겨나지만, 연습은 부모가 격려해주고 관리해주어야 한다.

• 아이가 목표를 더 작은 여러 목표로 나눌 수 있도록 도와주자. 목표가 비현실적이라면 아이는 너무 빨리 실패하고 너무 빨리 좌절할 수 있다. 딸의 목표가 축구를 배우는 것이라면 기본기를 익힐 수 있도록 도와주자. 축구 입문자용 비디오를 구해서 함께 보자. 아이와 함께 공원에 나가 달리기를 하거나 전력 질주를 해보는 등, 기초적인 신체 활동을 하자. 풀밭에서 공을 차보는 것도 좋다. 아이가 조금씩 능력을 키워나가도록 도와주어야 한다.

◎ **하면 안 되는 일**

• 아이가 즐기는 일에 사사건건 교훈을 주고 교육을 하려들면 안

된다. 아이가 거실에서 피루엣한쪽 발로 서서 빠르게 도는 발레 동작—옮긴이을 한다고 해서 "발레 학원에 등록하자"고 말하면 안 된다. 이제 막 피어나는 아이의 흥미를 놀이의 영역이 아니라 조직적인 현실의 영역으로 옮기는 그런 말은 아이의 흥미를 꺾으려는 의도로 했다면 정말 나무랄 데 없는 전략이다. 아이가 좀더 능숙해지고 싶다는 신호를 보낼 때까지, 부모는 기다려야 한다.

• 아이가 자신의 책임을 남의 탓으로 돌리게 하면 안 된다. 시험을 못 보고 와서 "선생님이 바보처럼 가르치기 때문이야"라고 하거나, 축구부 주전이 되지 못했다고 해서 "감독이 자기 아들을 뛰게 하려고 하니까 그렇지"라고 하거나, 속도위반 딱지를 받고 와서 "경찰들은 맨날 아이들만 못살게 군다고" 같은 말을 할 때 모른 척하면 안 된다. 능숙함과 자신감은 내면의 상태임을 기억해야 한다. 아이가 남의 탓을 하게 내버려두면 결국 아이의 문제를 풀고 해결할 사람은 아이 자신이 아니라 다른 사람이라는 인식을 심어준다. 이런 태도로는 능숙함을 기를 수 없을 뿐 아니라, 능숙해져야만 높아지는 자존감도 생길 수 없다. 정말로 다른 사람 때문에 문제가 어려워졌다고 해도, 부모는 아이를 스스로 책임지는 사람으로 길러야 한다.

• 아이의 자존감을 키워준다는 핑계로 아무 이유 없이 함부로 칭찬을 하면 안 된다. 그런 칭찬은 오히려 해가 된다. 가장 효과가 좋은 칭찬은 특별한 경우에, 노력하고 연습하고 인내했을 때 하는 칭찬이

다. 어려운 피아노 기술을 익히기 위해 아이가 노력하고 있다면 "오늘 피아노 연주 진짜 근사했어"라고 하지 말고 "오늘은 왼손을 많이 연습하는 것 같더라. 정말 잘했어"라고 말해주자. 노력을 인정해주고, 발전하는 모습을 알아줄 때 아이는 자신감을 가지고 도전에 맞선다.

### 자기 효능감: '나한테 중요한 건 아무것도 없어'가 아니라 '나는 다른 결과를 만들 수 있어'라는 자세
:

자기 자신에 대한 믿음을 뜻하는 자기 효능감은 살아가면서 해결해야 하는 과제를 수행하는 데 결정적인 작용을 하며, 성공을 하려면 반드시 갖추어야 하는 요소이다. 심리학자들은 행동에 믿음을 부여하는 행위를 '행위자agency가 된다'라는 용어로 설명한다. '열심히 공부하면 성적이 올라갈 거야.' '하루에 100번씩 자유투를 연습하면, 자유투에 능숙해질 거야.' '푹 자면 맑은 정신으로 내일 수능을 볼 수 있어.' 이런 생각이 바로 자기 효능감과 행위자를 설명하는 좋은 예이다. 자기 효능감이 높은 아이는 자신을 향상시킬 수 있는 방법을 생각하며, 그 생각대로 행동한다. 물론 시행착오는 겪을 테지만, 모든 행동이 좋은 결과를 내지는 않기 때문에 아이들은 결과를 비교해보는 능력을 갖게 된다. '내일은 수학 기말고사 날이다. 어떻게 해야 가장 좋은 결과를 얻을 수 있을까?'라는 문제를 예로 들어보자. 아이들은 다음 중 어떤 문항을 택할까?

a. 열심히 공부하고 일찍 잔다.

b. 에너지 음료를 마시고 밤을 샌다.

c. 친구 답안지를 베낀다.

학교생활을 하는 동안 아이들은 다양한 해결 방법을 시도해본다. 그리고 경험을 통해 첫 번째 방법(a)이 가장 효과적이라는 사실을 알게 된다. 물론 그런 결론에 이를 수 있도록 부모가 이끌어주고 조언해주어야 한다. 부정행위를 하면 어떤 결과가 생기는지 알려주고, 약물을 복용하면 어떻게 되는지 가르쳐주고, 필요할 때는 약물을 금지하고, 수면과 근면의 가치를 다시 알려주어야 한다. 그러나 아이들이 정말로 첫 번째 방법이 가장 좋은 방법임을 깨달으려면 직접 경험을 해야 한다. 자신이 내린 결정이 자신의 삶을 결정한다는 사실을 알면 아이들은 결정을 내리는 일에 무관심해지지 않으며 패배감에 젖지도 않는다. 긍정적이면서도 열정적인 태도로 자신의 인생을 대하게 된다.

자기 효능감을 긍정적으로 많이 경험한 아이는 다른 사람에게 의존하지 않고 자신의 판단을 믿는 사람으로 성장한다. 미래를 예측하고, 성공하는 방법을 정확하게 예측할 때마다 아이는 독립심이 자란다. '다음주엔 아주 중요한 피아노 연주회가 있어. 금요일 밤에 친구들하고 외출하기로 한 건 취소해야겠어. 그때 연습을 더 해야 해'라고 결정할 수 있는 것이다. 자기 관리 능력을 키울 수 있는 이런 기회들은 아주 어렸을 때부터 경험할 수 있으며, 이런 기회들은 상호작용하면서 아이의 능력을 키운다. 아기 침대에 태엽으로 감는 모빌이 아니라 손으로 건드려야 움직이는 모빌을 달아두면 아이의 학습 능력이 더 빨리 발달한다.[3] (그렇다고 절망하지는 말자. 부모들 대부분이 태엽으로 감는 모빌을 다니까. 여기서 말하고 싶은 것은 그저 아이들은 직접 경험을 할 때 가장 잘 배운다는 것이다.) 결국 부모가 해야 하는 것은 아이가 자기 인생에서 주인으로 살아갈 수 있도록 도와줄 기회들을 안전하게 제공하는 것이다. 부모는 아이가 올바른 방향으로 걸어갈 수 있도록 돕되, 아이의 능력이 커질 때마다 조금씩 뒤로 물러나야 한다.

열여섯 살인 댄은 사실상 학교를 그만두었다. 댄은 집에는 가끔 들어왔고, 부모는 댄의 상황을 이해해보려고도 하고 댄을 가르쳐보려고도 했지만, 댄은 번번이 무시했다. 댄의 학교는 경쟁이 아주 심한 곳으로, 평범한 학생인 댄에게는 질식할 것처럼 숨 막히는 곳이었다. 나는 자신이 어떤 가치를 추구해야 하는지 몰라서 댄이 힘들어했다고 생각한다. 성적과 석차만을 중요하게 생각하는 학교 분위기 때문에 아이들은 스스로 발전하고 자신만의 기준을 세우는 데 집중하지 못하고, 친구들과 자신을 비교하는 데 급급하게 된다. 댄이 다니는 학교는 승자가 모든 것을 차지하는 분위기였기 때문에, 성적이 좋은 학생은 승자가 되고 성적이 상위권이 아닌 학생들은 의기소침해졌다. 댄과 같은 아이들은 비슷한 문제를 겪는 아이들과 자주 어울리고, 우연히 하는 선택이 문제가 되는 경우가 많기 때문에 흔히 '나쁜 아이'라고 낙인이 찍힌다.

하지만 사실 댄은 그저 더 나은 선택을 하려는 노력을 포기했을 뿐이다. 왜냐하면 경쟁을 부추기는 학교에서는 한 번 획득한 명성이 쉽게 바뀌지 않기 때문이다.[4] 이미 자신의 인생을 스스로 관리할 수 없다고 믿기 때문에, 결과를 고민하지 않고 되는 대로 행동하는 것이다. "나한테 중요한 건 하나도 없어"라는 말은 자신의 능력을 빼앗긴 아이들이 자주 하는 말이다. 아이들이 박탈당한 능력은 자신이 중요한 일을 선택했다고 느끼는 능력, 자신의 선택이 미래의 자신을 만들어간다고 생각하는 능력, 일상에서 만나는 도전을 확신과 낙관을 가지고 헤쳐나가는 능력이다. 뒤처진 아이들을 그대로 내버려두고 정해진 속도대로 달려가는 경쟁이 심한 학교가 아니라, 서로 협력하고 다양한 재능과 적성을 인정하는 학교에서 배울 수 있었다면 어땠을까? 댄은 성적도 올라가고 학교생활도 더 잘할 수 있었을 것이다. 댄에게는 좀더 노력해서 따라잡아야 할 일이 많지만, 이제는 더이상 중요한 일은 없다고 여기게 되었다. 댄에게 맞는 학교를 선택하면 자기 효능감이 높아질 뿐 아니라 쉽게 친구를 사귈 수 있기 때문에 나쁜 아이들과 어울리는 일도 줄어들 것이다.

부모의 큰 역할 중 하나는 아이의 행동이 불러올 결과를 아이가 명확하게 볼 수 있게 하는 데 있다. 부모는 아이가 '더 나은 선택'을 하도록 도와주어야 한다. 그리고 자신이 선택한 행동이 불러올 결과를 미리 생각할 수 있도록 도와주어야 한다. 가장 친한 친구를 때리면 함께 놀 친구를 잃게 된다. 연습을 하면 운동부에 들어갈 수 있다. 또한번 귀가 시간을 어기면 다음 주말에는 할머니와 함께 소파에 앉아 영화를 보게 될 것이다. 이런 식으로 원인과 결과를 명확하게 짚어주어야 한다. 일단 결과를 분명하게 짚어주었다면, 아이가 자신이 선택한 행동이 어떤 결과를 불러올 것인지를 고민하는 동안 한 발 뒤로 물러나 있어야 한다. 가끔은 아이가 나쁜 선택을 해도 부모가 입을 닫고 (숨조차 참으며) 기다려야 할 때가 있다. 그것이 아이가 인생을 배우는 방법이다. 부모는 아이를 보호해야 하며, 아이가 잘 성장하고 보람을 찾을 만한 일을 할 수 있도록 도와야 한다. 가혹한 교실, 힘든 훈련 과정, 과중한 신체 활동은 아이가 일단 그런 도전에 맞서 이겨내기만 하면 엄청난 자부심을 갖게 해주는 근원 요소들이다. 연구 결과에 따르면 자기 효능감은 아이들의 자생력 발달에 아주 중요하다.[5] 자생력이 있는 아이는 자신을 피해자라고 생각하지 않으며, 자신의 운명은 스스로 개척하겠다고 마음먹는다.

아이들이 스스로 행위자가 되어 행동하는 기회를 많이 갖게 되면, 학업에서도, 개인의 내면에서도, 사회생활에서도 좋은 결과를 많이 낼 수 있다. 그렇다면 어떻게 해야 그런 기회를 많이 만들어줄 수 있을까? 아주 어렸을 때부터 아이들이 세상에 자신을 각인하려는 행동을 할 때마다 부모는 재빠르고도 열정적인 반응을 보였다. 아기가 수저를 입에 넣을 때도, 첫걸음을 뗄 때도, 땅 위에서 균형 잡는 법을 익히고 골목길을 향해 스케이트를 타고 달려나갈 때도, 첫 월급을 탈 때도 부모는 그 순간에 열광적으로 반응한다. 직접 선택한 일이 좋은 결과를 낼 때 아이들은 자신이 행위자라는 자각을 하게 된다. 부모가 많은 일을 할 필요는 없다. 우리 아이들에게는 그저 도전 과제를 해결했다는 기쁨만으로도 충분하다.

나쁜 선택을 했을 때 어떤 결과가 생기는지도 분명히 알아야 한다.

아이는 최신 유행하는 디자이너의 청바지를 꼭 사고 싶다. 엄마는 아이가 엄마의 지갑에서 몰래 20달러를 꺼냈다는 사실을 알았다. 이제 아이는 절대로 원하는 청바지를 가질 수 없다. 행동을 하면 결과가 따른다는 사실을 항상 아이들에게 알려주어야 한다. "네가 정말로 청바지를 갖고 싶어한다는 걸 알아. 하지만 돈을 훔치다니, 그건 안 될 일이야. 집이든 다른 어디에서든 말이야. 정말로 청바지가 갖고 싶었다면 다른 방법을 생각해봤어야 해. 무슨 방법이 있었을지, 내일까지 생각해보고 말해주렴." 이렇게 말하고 하루의 여유를 주자. 하루 동안 아이는 자신의 행동을 되짚어볼 수 있고, 엄마는 마음을 가라앉힐 수 있다. 아이에게 심부름을 시키거나 요리를 하게 해서, 자신의 행동을 보상할 수 있는 기회를 주자. 부모가 아이에게는 잘못을 바로잡을 능력이 있다고 믿어주면, 아이는 실패와 좌절을 좀더 잘 조절할 수 있고, 자신의 선택을 더욱 진지하게 고려해볼 수 있다.


◎ **해야 할 일**


• 아이가 현실적으로 자신의 능력을 평가할 수 있게 도와주자. 자신을 제대로 평가하지 못하는 아이는 실패할 가능성이 크다. 아이가 현실적으로 자신을 판단할 수 있어야 자신의 능력을 과소평가하지 않고, 과하지도 모자라지도 않게 적절히 노력할 수 있다. 중요한 것은 지나치게 비평적이면 안 된다는 것이다. 사실을 정확하게 판단하는

능력이면 충분하다. "네가 고급 수학을 듣고 싶어하는 걸 알아. 하지만 올해 수학 성적이 좋지 않았잖니? 일단 일반 수학을 듣고 열심히 해서 잘하게 되면, 다음 학기에는 다시 평가해달라고 선생님께 부탁하자" 같은 말을 해주어야 한다.

• 아주 어렸을 때부터 가정에 기여할 기회를 주자. 두 살 아이도 걸레를 들고 엄마를 쫓아다니며 청소를 할 수 있다. 열 살 아이라면 잔디를 깎을 수 있다. 열네 살 아이라면 세차를 할 수 있다. 아이가 행위자가 되려면 반드시 주변 환경과 효과적으로 상호작용해야 한다. 이런 단계적인 발전에 과하게 반응을 보일 필요는 없지만 부모가 아이의 능력이 발전하는 것을 보며 기뻐하고 자랑스러워한다는 점은 아이에게 분명하게 알려주어야 한다.

◎ 하면 안 되는 일

• 아이가 앞으로 나아가려고 할 때는 부모가 불안해하는 모습을 보이면 안 된다. 아이가 행위자가 되려고 할 때 부모는 아이를 조금 밀어줄 필요가 있다. 아이가 이미 익숙한 영역을 넘어 조금은 불확실한 영역으로 들어갈 수 있게 해주는 것이다. 부모는 아이에게 혼자 건널목 건너는 방법을 가르쳐주어야 한다. 그러려면 먼저 아이는 부모와 함께 건널목을 수없이 많이 건너야 한다. 그리고 언젠가는 드디어

혼자 건널 기회를 주어야 한다. 아이가 처음으로 혼자 건널목을 건널 때, 부모는 아이가 무사히 건너갈 때까지 가슴을 졸이며 지켜볼 것이다. 부모의 확신이 그렇듯이, 부모의 불안도 아이에게 쉽게 전달된다. 아이를 일부러 위험한 상황에 처하게 하는 부모는 없을 것이다. 그러나 아이가 준비가 되었다면 아이가 건널목을 건너든, 세상으로 뛰쳐나가든 간에 부모는 열정적으로 믿음을 가지고 아이를 놓아주어야 한다. 당연히 쉽지 않은 일이다. 하지만 반드시 그래야 한다.

• 실패할 수 있는 기회를 아이에게서 빼앗으면 안 된다. 실패는 필연적이기도 하고 바람직하기도 하다. 실패를 하면서 아이는 효과적인 방법과 그렇지 않은 방법을 구분한다. 실패를 하면서 아이는 어려운 일을 효과적으로 처리할 수 있는 기술을 연마한다. 토머스 에디슨은 "나는 실패하지 않았다. 그저 효과가 없는 1만 가지 방법을 찾아냈을 뿐이다"라는 말을 즐겨 했다. 메이저리그의 홈런왕 베이브 루스는 1,330번 삼진을 당했다. 루스가 친 홈런보다 두 배나 많은 수였다. 루스는 "한 번 삼진당할 때마다 다음번에는 홈런을 칠 기회에 가까워진 것이다"라고 했다. 나는 우리 아이들이 관심을 가질 만한 이런 글귀를 적어서, 냉장고나 화장실 거울에 붙여둔다. 아이들은 실수를 하고 좌절하고 실패해야 깨달으며, 성공한 사람들도 성공하기 전에 실패를 아주 많이 했다는 사실을 정확하게 알아야 한다. 늘 손쉽게 성공을 한 아이는 단 한 번의 실패로도 완전히 좌절할 수 있다.

• 아이들(특히 청소년)은 학업뿐 아니라 인간관계와 감정 문제에서도 자기 효능감이 반드시 필요하다. 이는 아이가 새롭고도 어려운 감정을 조절하기 위해 애쓰는 동안 부모는 한 발 물러나 있어야 한다는 뜻이다. 하지만 완전히 손을 놓거나 무관심하면 안 된다. 늘 가까이에서 아이를 지원해주면서, 아이와 교감하고, 아이가 우울해지지 않도록 돌보고, 자기 효능감이 자랄 수 있도록 도와야 한다.

6장과 7장에서 살펴본 대처 기술을 익히면 아이 스스로 역경을 이겨낼 수 있고, 어려운 일을 겪어도 회복할 수 있고, 건강한 정신을 가질 수 있다. 또한 좌절을 극복하고 현재의 삶을 긍정하고 미래의 가능성을 믿게 된다. 지금까지의 내용이 아이들의 타고난 기질과 특성에 맞는 대처 기술을 길러주고자 하는 부모들에게 도움이 되었기를 간절히 바란다.

부모의 실행 능력과 대처 기술은 진공 속에서 저절로 솟아오르지 않는다. 이 두 가지는 부모의 가치관 속에서 자라난다. 부모는 우리 아이가 근면하기를 바라고, 학교생활을 잘하기를 바라며, 어려운 시험을 볼 때도 부정행위를 하지 않기를 바란다. 최선을 다해 경기에 임하기를 바라지만, 이기기 위해 불법 약물을 복용하기를 바라지는 않는다. 우리 아이를 건실한 가족이자 친구, 사회에 협력하는 시민으로 기르려는 부모의 노력에는 당연히 부모의 가치관이 반영될 수밖에 없다. 다음 장에서는 가치관(가족의 중요한 가치관은 무엇인지, 어떻게 해야 그런 가치관을 강화할 수 있는지, 바람직하지 않은 타협을 피할 수 있는지)을 살펴보자.

·4부·

실천하기

# 8장 가족의 가치관을
## 확립하고 실천하기

　　부모가 "우리 아이는 성공하지 않았으면 좋겠다"라고 하는 집이라면 분명히 평범한 가정은 아니다. 성공을 보는 기준은 좋은 교육, 돈, 좋은 인간관계, 명예, 의미 있는 직업, 강인한 자아감, 봉사 정신 등으로 모두 다를 수 있지만, 부모는 누구나 우리 아이가 부모의 기준에 맞는 성공을 하기를 바라며, 아이가 성공하는 데 필요한 가치관과 기술을 익힐 수 있도록 자신이 할 수 있는 최선을 다한다. 부모가 정의하는 성공은 여러 요소를 담고 있다. 성공에 대한 부모의 태도와 관심과 능력이 거기에 반영되며, 부모의 결핍과 가치관, 부모가 살고 있는 공동체의 성격과 문화 정신도 성공을 정의하는 데 영향을 미친다.

　　부모의 가치관과 경험은 부모가 아이에게 강조하는 덕목에 여러모로 반영된다. "너희 아빠는 고등학교에 다닐 때 여름마다 공사장에서 일했어. 너도 그랬으면 좋겠다. 그러면 인격도 길러지고 독립심도 생길 거야." "종목은 마음대로 정해도 되는데, 되도록 팀 운동을 하는 게 좋아. 그래야 지도력도 기르고 협동심도 배울 수 있거든." 이런 말을 하게 되는 것이다. 아이의 성공을 위해 부모가 이렇게 개입할 때는 어떤 제안을 어떤 식으로 하는가가 중요하며, 무엇보다도 아이의 기질에 맞게 제시하는 것이 중요하다. 운동에는 소질이 없고 예술에 소질이 있는 아이에게 신체 접촉이 많은 격렬한 운동을 하게 하면 성공할 가능성은 적다. 활동적이고 운동 능력이 있고 대인 관계도 뛰어난 아이라면 격렬한 운동은 아이의 재능을 키울 완벽한 기회가 될 것이다.

안타깝게도 양육 방법을 명확하게 규정한 설명서는 없다. 좋은 부모 밑에서 자랐기 때문에 좋은 양육 방법을 아는 사람도 있지만, 자신이 새로 얻은 직업인 부모 노릇이 무엇인지를 전혀 모르는 사람도 있다. 부모는 아이가 가장 흥미로워하는 것이 무엇인지를 열린 마음으로 살펴야 한다. 그리고 아이가 경로를 벗어날 때마다 제 길로 돌아올 수 있도록 안내해주어야 한다. 배가 뒤집히는 것을 두려워하지 않아야 부모는 효과적으로 아이를 기를 수 있다. 아이들은 믿기지 않을 정도로 관대하다. 그리고 나는 이 한 가지만은 굳게 믿는다. 부모가 아이를 정확하게 알고, 무조건 사랑하고, 필요할 때는 한계를 정해주고, 중요한 가치관을 제대로 익힐 수 있도록 가르치면, 제아무리 거세게 들이치는—들이칠 수밖에 없는—양육의 돌풍도 충분히 견뎌내며 항해해나갈 수 있다는 것이다.

사실 부모라는 직업은 단일 직종이 아니다. 몇 년 동안 새로운 일이 몰아치는 수많은 직업의 집합이다. 당신은 갓난아기의 부모가 되었다가, 아장아장 걷는 아기의 부모가 되었다가, 아동기와 미취학기 아동의 부모가 되었다가, 10대 아이의 부모가 되었다가, 젊은이의 부모가 되었다가, 성인의 부모가 되어야 한다. 이 모든 직업을 부모라는 단일 이름으로 통일해 부르지만, 각 단계마다 부모가 해야 하는 일은 크게 달라진다. 심지어 모든 단계에서 변함없이 유지해야 하는 사랑조차도 각 단계마다 형태와 표현방식을 바꿀 때가 많다. 열네 살 아들을 네 살 아들처럼 안아보자. 분명히 아들은 엄마가 두 팔을 벌리고 자신에게 다가온다는 사실만으로도 공포에 질릴 것이다. 열 살 딸에게는 문제가 되지 않던 귀가 시간도 열세 살 딸에게는 터무니없이 부당한 규칙이 될 수 있다.

아이의 성장을 다룬 책은 수백만 권에 달하지만 부모의 성장을 다룬 책은 사실상 한 권도 없는 것 같다. 하지만 우리 아이들이 변해야 하듯이 부모도 변해야 하다. 아이를 기르는 20년 동안 부모의 관심사와 믿음, 건강, 감정 상태는 수없이 바뀐다. 당연히 부모는 아이의 발달과정에 따른 변화에 적응하기 위해 시간과 에너지를 많이 투자한다. 갓난아기를 잘 보살핀다면 그것은 좋다. 제대로 시작한 것이다. 그러나 시작은 시작일 뿐이라서 앞으로 주기적으로 여러 번 좋았다 나빴다를 반복할 것이다. 앞에서 살펴본 것처럼 실수는 능숙함의 토대이다. 우리 아이가 실수를 견디어야 하고, 심지어 환영하기까지 해야 한다면 부모도 그래야 한다. 성장을 멈춘 부모는 아이의 성장을 제대로 돕기 어렵다. 아이를 부모가 원하는 어른으로 만들려고 애쓰지 말고, 부모 스스로 바람직한 어른이 되어야 한다.

영국의 유명한 소아과 의사이자 정신분석가인 도널드 위니콧Donald Winnicott은 몇 년 동안 엄마와 아이를 관찰한 다음 '충분히 좋은 엄마 good enough mother'[1]라는 개념을 제시했다. '충분히 좋은 엄마'라는 개념은 무관심한 엄마가 좋은 엄마라는 뜻이 아니라 '평범한 사랑을 주는 평범한 엄마'가 아이의 정신 건강에 좋은 토대를 마련한다는 뜻이다. 내 아이를 행복하고 적응을 잘하는 아이로 기르기에 충분하다는 '평범한 사랑'이란 과연 무엇일까? 한번 생각해보자. 위니콧이 언급한 '평범'이라는 단어에는 엄마가 운전기사, 과외 선생님, 운동 감독, 개인 요리사, 홍보 담당자, 좋은 친구가 되어야 한다는 의미는 분명히 들어 있지 않다고 나는 생각한다. 위니콧은 아이의 정신 건강에 가장 크게 영향을 미치는 엄마의 특성은 아이에게 관심을 보이고 반응하는 능력이라고 했다. 따라서 나는 위니콧이 우리 모습을 보면 분명히 끔찍해할 거라고 생각한다. 정신없이 아이들 시중을 드느라 정작 중요한 아이를 자세히 들여다보고 이해할 시간조차 없는 모습을 말이다. 부모라면 누구나 이제 막 태어난 첫 아기의 눈을 자세히 들여다보던 순간이 있었을 것이다. 그때는 차분하게 서두르지 않고, 이제 막 태어난 한 사람을 바르고 정확하게 이해하기 위해 노력했을 것이다.

나의 어린 환자들은 "나를 이해하는 사람이 아무도 없다"고 불만들을 터뜨린다. 이런 불만에는 심오하면서도 불안한 진실이 담겨 있다. 우리는 아이들의 외적인 모습은 잘 안다. 어떻게 입고 어떻게 행동하는지 아는 것이다. 하지만 많은 아이가 자신을 가장 잘 알아야 할 사람, 즉 부모는 자신을 전혀 모른다고 생각한다. 아이들의 가짜 자아는 눈으로 볼 수 있지만, 아주 조금씩 성장하는 진짜 자아는 거의 들여다보기 어렵다. 내가 치료하는 아이들이 주기적으로 밖으로 드러내는 가짜 자아는 확신과 능숙함을 뽐내려고 하지만, 실제로 아이에게 그런 능력이 있는 것 같지는 않다. '모든 것을 다 가진' 것처럼 보이는 아이도 대부분 자신은 비현실적이고 불행하다는 생각을 하며, 지독한 무기력을 경험한다. 『특권의 대가』에서 나는 성공한 것처럼 보이는 아이가 면도칼로 자신의 팔에 '공허함'이라고 새긴 이야기를 했다. 지금도 나는 가짜 자아가 느끼는 감정을 설명할 때면 그 아이가 생각난다. 물론 아이들이 언제나 성공했다고 느낄 수는 없다. 그러나 자신을 깊이 들여다보고 현실적으로, 그리고 기쁜 마음으로 이해하지 못하면 진짜 성공은 있을 수 없다.

아이들이 진짜 자기를 정확하게 느낄 수 있어야만 성공할 수 있다는 사실을 이해한다면, 우리는 아이들에게는 성공이 어떤 모습으로 비칠 것인지를 좀더 넓게 생각할 수 있다. 사람은 자신에게 맞는 대학에 가고, 결혼을 하고, 친구를 사귀어야만 안락한 생활을 영위할 수 있는 것처럼, 아이가 계속 성공을 누리려면 부모도 아이에게 적합한 성공을 생각할 수 있어야 한다. 가장 좋은 시나리오는 이렇다. 부모가 가치관을 명확하게 확립하고, 그 가치관에 따라 살며, 아이에게 부모의 가치관을 많이 익히게 한 뒤에, 그 가치관에 맞는 삶을 살도록 돕는 것이다. 학교나 직장을 선택하는 것과 가치관을 선택하는 것은 전혀 다른 문제이다. 아이는 적성과 흥미와 재능에 따라 다정한 선생님이 될 수도 있고 다정한 벤처 투자가가 될 수도 있다. 부모는 아이를 다정한 사람으로 길러야 한다. 그러나 그 다정함을 발산할, 가장 적합하고 흥미 있고 좋아하는 분야를 찾는 것은 아이의 몫이다. 물론 부모가 아이의 선택에 무감각해서는 안 된다. 그러나 사람을 기르는 일은 물건을 포장하는 일과 전적으로 다르다는 것을 알아야 한다.

성공의 정의를 생각해보기 전에 먼저 우리가 가치 있게 여기는 일을 명확하게 생각할 필요가 있다. 중요하다고 생각하는 가치들을 자세히 살펴보고, 그 가치들이 가족의 삶에 미치는 영향력이 만족스러운지 생각해보자. 만족스럽지 않다면 그 가치들을 어떻게 바꾸어야 할지 고민해 보자. 나는 8장을 읽는 동안 독자들이 중요하다고 생각하던 가치들을 재확인하고, 명확하게 파악하고, 이의를 제기할 수 있는 기회를 얻기를 바란다. 그러나 가치관을 점검하기 전에 마음은 활짝 열어두고 내면의 비판자는 감금할 필요가 있다. 자신이 가치 있게 여기는 것이 무엇인지, 성공을 어떤 식으로 정의하는지, 성공에 대한 정의를 어떻게 실천하고 있는지를 자세히 들여다보아야 하는 이유는 있다. 그래야만 자신에게 비난을 가하거나 자신이 잘못한 점은 없는지를 찾는 데 혈안이 되지 않고, 자신이 현명한 선택을 했는지를 살펴볼 수 있는 여유를 가질 수 있기 때문이다.

우리는 대부분 어려운 문제를 너무 많이 풀어야 하기 때문에 대안을 생각하고, 가치관을 명확하게 결정하고, 결정을 내릴 때 도움이 되는 정보를 찾을 시간과 여유가 없다. 이제 그런 시간을 내야 한다. 자기 자신을, 배우자를, 다른 누군가를 가리키면서 잘못을 지적할 필요는 없다. 지금은 비평을 하는 시간이 아니다. 8장은 순전히 당신 자신을 위한 시간이다. 8장은 당신이 아이를 위해 성공이라고 정의한 생각들을 되돌아보고, 모든 아이는 저마다 다르기 때문에 한 아이에게는 성공이라고 해도 다른 아이에게는 그렇지 않을 수도 있음을 깨닫는 계기가 되었으면 한다. 그런데 이것은 어느 정도 세부적인 문제이다. 아이들은 수학을 잘할 수도 있고, 작문을 잘할 수도 있고, 과학이나 음악을 잘할 수도 있다. 아이가 어떤 관심과 재능이 있는가에 상관없이 부모는 누구나 미래의 수학자, 기자, 재즈를 연주하는 의사인 아이들이 자신의 직업에서 의미를 찾고 훌륭한 가치관을 지닌 사람으로 성장하기를 바란다. 내 아이가 사업가가 되기를 바라는 부모도 있겠지만, 그 사업이 헤로인 판매라거나 매춘이기를 바라는 부모는 없을 것이다.

부모는 결국 아이가 해야 하는 결정을 자기 마음대로 조정하면 안 된다. 직업은, 배우자는, 자신이 속할 공동체는 아이가 직접 결정해야 한다. 그러나 부모는 아이가 잘 살기 위해서 반드시 필요하다고 생각하는 정보를 제공해줄 수 있고, 그 정보는 아이가 선택을 할 때 크게 영향을 미친다. 일단 당신이 생각하는 가장 중요한 가치들을 결정했다면 그 가치관을 양육 방법에 반영할 수 있도록 8장을 읽으면서 '실행 계획서'를 작성해보자. 함께 작성해줄 사람이 있다면 역할을 나누어보자. 실행 계획을 세우려면 철저하게 자기를 점검하고 냉정하게 판단해야 하기 때문이다. 역할을 분담한 사람들이 협력해서 각자가 중요하게 생각하는 가치들의 차이점과 공통점을 찾아보고, 두 사람의 가치관과 전략이 일치하지 않으면 합의점을 찾아야 한다. 반드시 몇 가지 대안도 준비해야 한다. 당신은 복제된 생명체가 아니다. 당신은 그 누구와도 다른 삶을 살고 있다. 하지만 부부들은 대부분 실행 방식은 달라도 핵심적인 가치관에는 공통점이 많다. 상대방의 의견을 무시하지 말고, 배우자에게 배울 수 있도록 노력하자.

### 가장 중요하게 생각하는 가치관은 무엇인가?
:

미국 전역을 돌면서 내가 발견한 아주 흥미롭고 도발적인 사실은 부모와 아이가 생각하는 성공의 정의가 전혀 다르다는 것이다. '어떤 사람으로 자라야 아이는 성공했다고 할 수 있을까?'라는 질문에 부모들은 언제나 독립적인 사람이라거나 진실한 사람, 관대하고 열정적인 사람, 자기 확신이 뚜렷한 사람, 대인 관계가 좋은 사람이라고 대답했다. 무엇보다도 태도가 중요하다고 생각하는 것이다. 그러나 아이들에게 같은 질문을 하면 당연하다는 얼굴로 '돈을 많이 버는 사람'이라고 말한다. 나는 나에게 질문을 받은 부모들이 '우리 아이들에게 성공이란 마음이 건강하고 책임감이 있고 사회에 공헌하는 사람이 되는 것'이라고 대답했을 때, 그 마음만은 분명히 진실했다고 믿는다. 하지만 우리 아이들은 부모에게서 전혀 다른 내용을 전달받았다. 돈을 많이 버는 것은 당연히 나쁘지 않다. 그러나 성공을 돈을 많이 버는 것으로 정의하면 아이는 낙담한 어른, 무기력한 어른이 될 가능성이 크다. 돈이 있으면 많은 것을 살 수 있지만, 진정한 자아를 느끼거나 의미를 찾을 수 있는 목표는 돈으로 살 수 없다.

물론 부모가 우리 아이들에게 영향을 미치는 유일한 존재는 아니다. 우리 문화도 노골적으로 또는 은밀하게 돈이 중요하다고 강조한다. 텔레비전에서는 사치스러운 사람들이 수백만 달러를 흥청망청 써대고 화려한 차를 타고 질주하는 모습이 연신 흘러나온다. 미국 사람들의 저축률은 악명이 높을 정도로 낮다. 대부분 저금하기보다는 소비를 선택한다. 더구나 최근에 미국이 겪고 있는 재정 문제는 부자보다는 가난한 사람에게 훨씬 심각한 영향을 미치고 있다. 사정이 이러니 우리 아이들은 돈을 성공과 안전을 보장하는 지표라고 생각할 수밖에 없다.

문화도 아이들의 믿음에 분명히 영향을 미치지만, 핵심적인 가치관은 부모의 영향을 절대적으로 많이 받는다. 그렇다면 부모가 생각하는 성공의 정의가 아이들에게 제대로 전달되지 않는 이유가 무엇일까? 혹시 우리가 보내는 메시지가 뒤죽박죽인 것은 아닐까? 아이들에게 책임감 있게 행동하라고 말하지만, 아이의 평점에 영향을 미칠 시험을 볼 때면 책임감을 버려도 된다는 신호를 보내고 있는 것은 아닐까?("내일 시험인데 설거지는 하지 마. 가서 공부 해야지?" 같은 말을 하고 있지는 않은가?) 무리하게 일정을 짜서 과외 선생님을 고용하고, 아이가 부정행위를 하거나 충분히 잠을 자지 않아도 모른 척함으로써 자신의 가치관을 스스로 배반하고 있지는 않은가? 우리 아이들에게 다른 선택을 할 수 있다고 말하면서도 사실은 좋은 성적을 받아야 좋은 대학에 갈 수 있고, 좋은 학교를 졸업해야만 월급이 남다른 직장에 취직할 수 있다는 암시를 은연중에 하고 있지는 않은가?

내가 성공의 정의를 물어본 부모들 가운데 '돈'을 언급한 사람은 단한 명도 없었다. 그나마 돈에 가장 가까운 대답을 한 부모는 자신들이 '실직'했다고 말한 두 명뿐이었다. 나는 돈이 중요하다고 인정한(그것도 수백 명이 넘는 청중 앞에서 솔직하게 인정했다) 두 사람은 정말 용감하다고 생각한다. 내가 너희 부모님들은 돈을 버는 것을 성공이라고 생각하지 않는다는 말을 해주면 아이들은 터무니없다는 듯이 웃었다. 아이들은 내가 감언이설로 자신들을 속인다고 생각했다. 분명히 아이가 경제적으로 성공했을 때 찬사를 보낼 부모는 나 혼자만이 아닐 것이다. 우리 큰아들이 우리 부부를 데리고 처음 외식을 하러가서 자기신용카드로 계산을 했을 때 얼마나 기뻤는지 모른다. 아이가 경제적으로 독립하는 것도 당연히 성공이다. 그런데도 금전적인 성공에 가치를 둔다는 말을 쉽게 하지 못하는 것은 우리가 이중적이라는 증거이다. 돈이 있으면 잘 살게 될 가능성이 커진다. 그러나 돈은 적당히있으면 아주 행복하지만, 돈이 아주 많다고 해서 반드시 아주 많이 행복한 것은 아니라는 사실을 분명히 알고 있어야 한다.

부모가 중요하게 생각하는 가치를 아이에게 반드시 전해주고 싶다면, 부모의 가치관에 맞는 양육 방법을 택해야 한다. 부모는 몸과 마음이 건강한 삶을 중요하게 여긴다고 하지만, 중학생인 자녀가 밤에아홉 시간도 자지 않는다면, 자신이 정말로 그런 삶을 소중하게 생각하는지, 아이를 양육하는 방식에 문제가 있지는 않은지 다시 생각해보아야 한다. 가치관을 말하는 것과 실제로 가치관대로 사는 것은 전혀 다른 문제일 때가 많다. 중요한 것은 부모가 자녀에게 전달하고 싶은 가치관을 분명히 정하고, 그 가치관에 맞는 행동을 해야 한다는 것이다.

나는 아동 교육서에 실려 있는 연습 문제를 단 한 번도 좋아해본 적이 없다. 그래서 보통은 풀지 않고 그냥 건너뛰었다. 그러나 스탠퍼드 대학교에서 개발한 '성공에 도전하다Challenge Success'라는 교육 프로그램은 수천 명이 넘는 부모들에게 도움이 되었다는 말을 들었다. * 이제 당신이 풀 차례다. 먼저 종이와 연필을 준비하자. 이 과정은 한 나절이 걸릴 수도 있고 한 달이 걸릴 수도 있다. 자신의 어린 시절을 회상해보고, 어떤 가치관들이 지금의 자신을 형성하는 데 도움을 주었는지 떠올려보자. 우리 가족이 거의 하루도 빠지지 않고 온 가족이 함께 저녁을 먹는 이유는 가족이 함께 밥을 먹어야 아이들의 성적도 좋고 정서적으로 안정이 된다는 연구 결과 때문이 아니다. 우리 엄마(아이들의 할머니)가 일주일에 단 하루 직장에 가지 않아도 되었던 목요일 밤에는 부모님, 형제들과 둘러앉아 구운 소고기와 감자, 아티초크를 먹었다. 그때 얼마나 행복했고, 얼마나 포근했는지를 기억하기 때문에 나는 가족과 함께 저녁을 먹는 것이다. 지금도 어렸을 적 목요일 저녁만 떠올리면 저절로 웃음이 나온다.

---

* 이 강좌는 상당 부분 스탠퍼드 대학교의 조교수인 데니즈 포프와 짐 로브델Jim Lobdell이 개발했다. 연습 문제를 책에 실을 수 있게 해준 두 사람에게 이 자리를 빌려 감사의 인사를 전한다

## 핵심 가치관 결정하기

당신에게 중요한 가치관은 무엇인가? 사람들은 대부분 핵심 가치관이 중요하다는 사실을 본능적으로 알고 있지만, 핵심 가치관을 명확하게 규정하기는 어렵다. 진정한 성공은 좋은 가치관을 담고 있다는 생각에 동의한다면 자신에게 중요한 가치관이 무엇인지를 선명하고 명확하게 규정하는 일이 아주 중요하다는 것을 인정할 것이다. 아래 목록은 부모들이 성공과 관계가 있다고 믿는 항목들이다. 마지막에 비어 있는 공간에는 자신이 중요하다고 생각하는 항목을 적어넣어도 된다. 목록을 읽으면서 각 항목이 자신에게 얼마나 중요한지 생각해보자. 아주 중요하면 1을 적고, 비교적 중요하면 2를, 그다지 중요하지 않으면 3을 적자.


핵심 가치관

| | |
|---|---|
| 인기 _____ | 반성하는 자세 _____ |
| 발전하는 사람 _____ | 관대함 _____ |
| 성실함 _____ | 책임감 _____ |
| 문제 해결 능력 _____ | 공감 능력 _____ |
| 근면함 _____ | 매력 _____ |
| 경쟁력 _____ | 사회에 기여함 _____ |
| 좋은 인간관계 _____ | 열중할 수 있는 관심사를 갖기 ____ |

| | |
|---|---|
| 좋은 성적 _____ | 여유 _____ |
| 일류 대학 _____ | 돈을 많이 벌기 _____ |
| 운동선수 되기 _____ | 운동부에 들어가기 _____ |
| 가족 만들기 _____ | 명확하고 능숙하게 소통하기 _____ |
| 창의성 _____ | 자발적으로 행동하기 _____ |
| 독립심 _____ | 적응력 _____ |
| 강인한 자기감 _____ | 명망 있는 직업 갖기 _____ |
| 다른 사람에게 영향력 행사하기 _____ | 협동심 _____ |
| 종교 _____ | 정직 _____ |
| 개성 _____ | 적극성 _____ |
| 열정 _____ | 호기심 _____ |
| 사회의식 _____ | 확신 _____ |
| 자기 관리 능력 _____ | 공동체의 기둥 되기 _____ |
| 건강한 몸 _____ | 긍정적인 태도 _____ |
| 건강한 마음 _____ | 경제적 독립 _____ |
| 타인을 기쁘게 하는 사람 _____ | 유머 감각 _____ |
| 최선을 다하는 사람 _____ | 회복력 _____ |

이 연습 문제를 풀 때는 일단 비평은 하지 말자. 이 연습 문제는 정치적 정당성에 관한 문제도 아니고 이타적 특성만 고르는 문제도 아니다. 내면의 비판자가 '나를 진짜진짜 좋은 부모처럼 보이게 하는 항목은 모두 고르고, 돈이나 일류 대학 같은 항목은 절대 고르지 마. 안 그러면 속물처럼 보일 거야'라고 말할지도 모른다. 하지만 아이의 인생에 중요하다고 생각하는 덕목은 앞으로도 언제든지 더할 수 있다. 지금은 그저 이 순간에 당신이 중요하게 생각하는 항목을 골라야 한

다. 새로운 항목을 추가하거나 뺄 시간은 앞으로 충분하며, 가치관의 체계도 얼마든지 바꿀 수 있다.

각 항목별 점수를 자세히 들여다보면 외적 요소와 내적 요소가 고루 높은 점수를 받았음을 확인할 수 있을 것이다. 관대함이나 열정 같은 내적 요소는 아이가 선하고 적응을 잘하는 사람이 될 수 있도록 돕는다. 적극성과 좋은 성적 같은 외적 요소는 적극적으로 사회에 참여하고 목표를 이루는 사람이 될 수 있게 해줄 것이다.

이제 하루 동안 여유를 가지고 연습 문제 결과를 생각해보자.


## 가족의 가치관 선언

:

이제 하루가 지났을 테고, 당신은 다시 이 책을 잡았다. 다시 한번 각 항목에 적은 점수를 자세히 들여다보자. 1이나 2라고 적은 항목 중에서 가장 중요하다고 생각하는 항목을 네다섯 개 골라내자. 그렇다고 다른 항목을 폐기 처분하라는 것은 아니다. 몇 가지를 골라내는 이유는 복잡한 생각(내가 가장 중요하게 여기는 가치관은 무엇이며, 우리 아이가 진짜 성공하기 위해 반드시 갖추어야 할 가치관은 무엇인가 하는 것)을 제대로 관리하고 풀어나가기 위해서이다. 골라낸 항목을 이용해 문장을 만들어보자.

예를 들어

. 열중할 수 있는 관심사를 갖기

. 자기 관리 능력

. 공감 능력

. 책임감

을 골랐다면 이런 식으로 써보는 거다.

내가 가장 중요하다고 생각하는 가치관은 공감 능력, 자기 관리 능력, 열중할 수 있는 관심사를 갖기, 책임감이다. 우리 아이가 집을 나가 독립할 때 이런 가치를 익혀야만 성공할 수 있다고 믿는다.

이 문장을 적어 가족이 매일 볼 수 있는 곳에 붙여두자. 냉장고, 부엌 칠판, 거실, 어디든지 좋다. 가끔씩 가족과 함께 읽으면서 의견을 나누자.

이 연습 문제를 유용하게 활용할 수 있는 방법이 두 가지 더 있다.

• 가족이 함께 연습 문제를 푸는 것이다. 아이가 여덟 살 정도라면 충분히 함께 풀 수 있다. 아이들은 어른이 미처 생각하지 못한 '놀기'나 '친구 만나기' 같은 항목을 추가하기도 한다. 아이가 쓰는 언어는 어른과 다르기 때문에 부모가 적절한 표현으로 바꾸어 적어야 한다('남의 물건 안 가져오기'는 '자기 관리 능력'으로, '건강하게 지내기'는 '건강한 몸'으로 바꾸는 거다). 가족 구성원이 모두 함께 협력해서 연습 문제를

풀면 가족 전체가 중요하게 생각하는 가치관과 가족 구성원 각자가 중요하게 생각하는 가치관을 동시에 알 수 있다.

• 일단 다섯 항목을 골랐으면, 그 항목을 다시 세 개로 추리고, 마지막으로 한 개만 뽑아보자. 물론 어리석게 느껴질 수 있다. 단 한 개의 가치관만 가지고 살아갈 수 있는 사람은 없으니까. 하지만 그렇게 함으로써 당신은 아이에게 반드시 알려주고 싶은 가장 본질적인 가치관을 찾을 수 있다.

## 부모의 지도 원칙
:

지금쯤 당신은 핵심 가치관을 뽑고, 그 가치관을 고민해보고, 가치관을 이용해 문장을 만들었을 것이다. 이제는 그 가치관을 가지고 좀 더 범위가 넓은 '아이를 지도하는 원칙'을 세워보자. 당신이 고른 가치관은 당신에게 정확히 어떤 의미인가? 지도 원칙을 정확하게 세우면 결정하고 합의하고 도전해야 하는 순간에 훨씬 쉽게 해결 방법을 떠올릴 수 있다. 지도 원칙은 한 번 정하면 절대 변하지 않는 절대 원칙이 아니다. 또한 아이에 맞게 다른 원칙을 세워야 한다. 하지만 지도 원칙을 세우면 가치관을 양육 방식에 명확하게 적용할 수 있을 뿐아니라 피곤하고 화가 났을 때도 나쁜 결정을 내리지 않을 수 있다. 지도 원칙을 이용해서, 문제 해결을 위한 대안을 추려내고, 좋은 부모가 되는 방법을 찾아 끊임없이 헤매는 시간을 줄이고, 가치관을 가족의 삶에 명확하게 반영하자.

앞에서 선택한 가치관 가운데 '열중할 수 있는 관심사를 갖기'와 '자기 관리 능력'을 가장 중요한 가치관으로 꼽았다면 다음과 같은 지도 원칙을 세울 수 있다.

나는 '열중할 수 있는 관심사를 갖기'가 내 아이가 성공하는 데 도움이 된다고 믿는다. 그렇기 때문에 나는

- 우리 아이가 다양한 경험을 할 수 있게 해줄 것이다.
- 우리 아이의 관심 분야는 스스로 정할 수 있게 해줄 것이다.
- 충분히 노력한 뒤에 아이가 흥미를 잃고 활동을 그만두려고 할 때 막지 않을 것이다.
- 내가 정말로 관심을 갖는 일을 만들 것이다. 그래서 관심사를 가진다는 것은 즐거운 일이라는 걸 내 아이에게 알려줄 것이다.

나는 '자기 관리 능력'은 우리 아이가 성공하는 데 도움이 된다고 믿는다. 그렇기 때문에 나는

- 아이들이 스스로 할 수 있는 일을 대신 해주지 않을 것이다.
- 자유 시간을 즐기려면 자기 일에 책임을 져야 한다는 사실을 알려줄 것이다.

• 어쩔 수 없이 경험해야 하는 좌절을 다루는 전략을 함께 세울 것이다.

• 책임 있게 행동했을 때는 특권을 줄 것이다.

## 가족 실행 계획
:

지금까지 우리는 우리의 선한 천사에게 의지해왔다. 아이들은 어려운 도전을 하는 순간에도 자신을 관리해야 하고, 공감 능력을 가져야 하고, 책임감을 가져야 한다고 말하는 우리 머릿속 천사에게 말이다. 지금까지 우리는 생각하는 것 외에는, 열심히 생각하는 것 외에는 아무것도 할 필요가 없었다. 하지만 이제는 우리의 가치관과 지도 원칙을 실제 행동으로 바꿀 때가 되었다. 마지막으로 풀 연습 문제는 바로 가족 실행 계획을 짜는 것이다. 가족 실행 계획은 부모가 찾아낸 가치관을 아이들에게 내면화할 수 있는 특별한 방법을 정하는 데 도움이 된다. 아이를 기르다가 모순에 빠지면, 가던 길을 다시 돌아가 중심을 잡을 수 있는 실용적인 도구가 바로 실행 계획이다.

관점이 바뀌고, 가정에서의 삶이 점점 빠른 속도로 흘러가고, 믿었던 일들에 신경을 곤두세울 일이 많아져 불안하게 느껴진다면 열과 성을 다해 실행 계획을 짜보자. 정말로 진지하게 충분히 시간을 들여 짜야 한다. 매일같이 엄청난 시간을 들여 숙제를 점검하고 성적을 살펴보고 입학할 수 있는 대학을 고민하는 사람이 아주 많다. 하지만 정작 우리 아이들의 성공에 가장 중요한 개인적 자질과 가치관을 길러 주기 위해서는 조금도 시간을 내지 않는다. 이제는 관점을 바꿀 때가 됐다.

지금부터 '열중할 수 있는 관심사를 갖기'라는 가치관을 강화할 수 있는 방법을 몇 가지 살펴보자.

나는 '열중할 수 있는 관심사를 갖기'는 내 아이가 성공하는 데 도움이 된다고 믿는다. 그렇기 때문에 나는

<u>우리 아이가 다양한 경험을 할 수 있게 해줄 것이다.</u>
- 한 달에 한 번은—꼭 그럴 필요는 없지만 가능하면—전에 가본 적이 없는 곳으로 놀러간다.

- 일주일에 두 번, 아이가 관심이 있는 활동을 모든 가족이 함께 한다. 스마트 폰을 하거나 텔레비전을 보는 것은 안 되지만, 텔레비전 방송 대본을 쓰는 법을 함께 배우는 것은 좋다. 가족 구성원이 관심이 있는 활동을 모든 가족이 해보는 거다. 그리고 열중할 수 있는 관심사를 갖는 것은 아이일 때도 어른일 때도 크나큰 즐거움이 된다는 것을 직접 행동으로 알려줄 것이다.

<u>우리 아이의 관심 분야는 스스로 정할 수 있게 해줄 것이다.</u>
- 일주일에 한 번, 10분에서 20분 정도는 아이들이 자신이 좋아하

는 일을 가족들에게 가르칠 수 있도록 할 것이다. 한 번에 한 아이씩 선생님이 되는 특권을 누리는 것이다.

• 일주일에 한 번, 30분에서 1시간 정도는 우리 아이들과 도서관에 가거나, 자료를 검색할 수 있도록 컴퓨터를 활용할 것이다.

충분히 노력했지만 아이가 흥미를 잃고 활동을 그만두려고 할 때 막지 않을 것이다.

• 특수한 경우가 아니라면, 두 달에서 세 달 정도 활동을 했는데도 아이가 즐거워하지 않을 경우, 그 활동을 그만둘 수 있게 할 것이다 (격렬한 운동이라면 그 기간을 더 줄여야 하고, 피아노 강습이라면 기간을 좀더 늘려야 한다).

• 아이의 일정이 지나치게 **빡빡한** 경우가 아니라면, 흥미를 잃은 활동을 그만둘 때는 다른 활동으로 대체하게 할 것이다. 독서나 기타 연주 같은 가벼운 활동도 괜찮다. 일정이 너무 **빡빡**하다면 쉴 수 있는 시간이 생긴 것이니, 함께 기뻐할 것이다.

내가 정말로 관심을 갖는 일을 만들 것이다. 그래서 관심사를 가진다는 것은 즐거운 일이라는 걸 내 아이에게 알려줄 것이다.

• 내가 하고 싶었지만 지금까지 미루어두었던 일을 할 것이다. 저녁을 먹으면서 내가 나를 위한 활동을 해야 하는 이유를 모두에

게 설명하자.

• 한 달에 두 번은 친구를 만나기 위해 외출할 것이다. 내가 인간 관계를 소중하게 생각하며, 아무리 할 일이 많아도 나에게는 우정도 소중하다는 사실을 아이들에게 알려주자.

다음 예는 건강한 가족은 문제를 전혀 다르게 본다는 사실을 알려준다. 어떤 집에서는 아이가 운동에 소질이 없을 경우 즉시 운동을 그만두게 한다(소질이 없는데도 운동을 하는 아이는 축구장에만 들어가면 걱정 때문에 심란해질 테니까). 다른 집에서는 완벽하게 합리적인 선택을 한다면서, 아이가 축구팀에서 활동할 수 있도록 전체 가족의 일정을 조정한 뒤에 아이에게 한 시즌 내내 축구를 하게 한다. 첫 번째 집은 아이의 기질에 초점을 맞추었고, 두 번째 집은 팀 활동에 초점을 맞추었다. 그 가치관이 중요한 것이 될 수 있도록 부모가 꾸준히 가치관을 표현하는 것도 중요하고, 그 가치관이 의미 있는 것이 될 수 있도록 충분히 융통성 있게 가치관을 표현하는 것도 중요하다. 그래야만 모든 일에 변명을 늘어놓으면서 늘 중도에서 그만두는 아이나, 부모가 자신의 안전은 등한시한 채 끝까지 하도록 강요만 한다고 생각하면서도 그만두지 못하는 아이가 생기지 않는다.

8장을 읽으면서 가치관에 맞는 양육 방법을 찾아 진짜 성공하는 아이로 기르는 법을 알게 되었기를 바란다. 단기간에 할 수 있는 일은 아니지만, 오랫동안 노력하면 충분히 보상받을 수 있다. 아이들은 부모가 어디쯤에 서 있는지 안다. 부모는 아이가 어려운 결정을 해야 할 때 제대로 이끌어주는 안내자가 되어야 한다. 1년에 한 번은 지금까지 해온 일을 되돌아보자. 가치관에 변화가 없다고 해도, 양육 방식은 아이의 나이에 맞게 바꾸어야 한다. 내 아이가 세상에 나가 부모가 소중하게 여기는 가치관과 일치하는 삶을 사는 것, 그것이야말로 부모로서 누릴 수 있는 최상의 기쁨이다.

# 9장
## 내가 원하는 부모 되기

심리학자들은 모두 환자를 치료할 때 의사와 환자가 사실이란 사실은 다 들여다보게 되는 지점이 있다는 것을 안다. 찾아 낼 수 있는 돌은 모두 뒤집어보고 분석하면서(심지어 과잉 분석하면서) 관련 정보를 남김없이 살펴보는 종착점이 존재하는 것이다. 언제나 서로를 마주보고 앉아 있으면, 그런 자세로 함께 있었던 기간이 다섯 달이 되었든 5년이 되었든 간에 그 순간은 온다. 전적으로 명백한 사 실은 바로 이것이다. 의사는 할 일을 다 했고, 문제가 무엇인지는 분 명하게 밝혀졌으며, 이제 남은 것은 환자가 지금까지 쌓은 지식대로 행동할 수 있는가 없는가뿐이다. 알코올의존증에 걸린 회사 중역은 술을 끊을 수 있을까? 우울증에 걸린 엄마는 폭력적인 관계에서 벗어 날 수 있을까? 화가 난 10대 아이는 손목을 칼로 긋거나 음식을 토하 는 대신 말로 자기 감정을 표현할 수 있을까? 모든 치료와 분석이 끝나고 이제는 환자들이 변할 차례가 되었을 때, 환자들에게는 변하겠다는 의지가 있을까, 또 실제로 변할 수 있을까?

30년 동안 심리학자로 살면서 내가 배운 것이 하나 있다. 변하는 것은 말하는 것보다 훨씬 어렵다는 것이다. 그러나 변할 수 있는 가능성은 항상 존재한다. 이제는 변해야 할 시기가 되었다. 도가 지나친 우리 문화로부터 우리 아이들을 지키기 위해 양육 습관을 고치고 우리 아이들과 교육제도와 우리의 의지를 바꿀 때가 되었다. 부모들이 내 아이가 진정으로 이루기를 바라는 진짜 성공은 제도는 살찌우는데 아이들은 굶주리는 교육제도로는 이루어질 리가 없다. 이 책을 읽는 동안 당신은 현행 교육제도가 아이들의 삶에 어떤 영향을 미치고 있는지 살펴보았다. 교육계, 심리학계, 비즈니스 분야의 전문가들이 하는 말을 들었고, 그들이 내린 분석 결과를 자세히 살펴보고, 그 내용이 당신 가정과 아이들 학교와 지역공동체에 얼마나 잘 맞는지 확인해보라는 요구를 들었다. 무엇보다도 여러 아이들의 이야기를 들었다. 그 아이들의 목소리는 당신이 당신 아이의 이야기를 더욱 잘 들을 수 있도록 도와줄 것이다. 이 책에서 당신은 현행 교육제도에서도 잘 지내는 아이들을 만나기도 했지만, 그보다 훨씬 많은 아이가 상처받고 있다는 사실을 알았을 것이다. 아이들이 겪는 문제가 무엇인지, 그 아이들이 해답을 찾고자 노력할 때 부모가 어떤 역할을 해야 하고 어떤 도움을 주어야 하는지도 살펴보았다. 이제는 아이의 대처 기술 목록이 부모의 대처 기술 목록과 같을 수밖에 없다는 사실도 이해했을 것이다.

물론 독자의 위치와 환자의 위치는 절대 같을 수 없다는 사실을 잘 안다. 치료사와 환자는 변화를 불러오는 관계를 맺을 수 있지만, 작가와 독자는 그런 관계를 맺을 수 없다. 나는 당신이 경험하는 특별한 이야기를 알지 못하며, 당신을 가장 괴롭히는 일이 무엇인지 알지 못한다. 당신이나 당신의 가족을 만나본 적도 없고, 당신의 눈을 들여다본 적도 없고, 당신의 입장이 되어본 적도 없다. 내가 할 수 있는 최선은 그저 내 지식과 경험을 모두 모아 보편적인 방법을 제안하는 것이다. 모든 가족은 저마다 다르지만, 변하기 위해 힘든 일을 헤쳐나가는 동안 겪는 일은 모두 비슷할 테니까 말이다. 나는 또한 변하기 위해 노력하는 사람은 누구나 두 발 앞으로 나아가면 한 발 뒤로 물러서는 법칙을 따라야 한다는 것을 안다. 따라서 반드시 변해야 한다는 확신이 있더라도(아이는 밤에 충분히 자야 한다고 주장하더라도, 학교 선생님과 숙제 정책을 논의하더라도, 숙제에 필요한 시간을 정하더라도, 놀이를 권장하더라도, 가족과 함께 보내는 시간의 소중함을 알려준다 하더라도, 부모의 재능과 적성이 곧 아이의 재능과 적성은 아니라는 걸 분명히 인식한다 하더라도, 아이의 중요성과 가치관을 중요하게 생각한다 하더라도, 아이의 성적에 줄곧 신경을 곤두세우지 않는다 하더라도) 불확실한 순간이나 뒤로 돌아가야 하는 순간도 있게 마련이다. 교육이나 비즈니스와 관련하여 연구를 하는 사람들은 이를 '실행 하락implementation dip'이라고 부르고, 심리학자들은 '퇴행regression'이라고 부른다. 중요한 것은 아무리 의도가 좋아도 좌절할 수밖에 없을 때가 있다는 것이다. 그런 좌절은 아주 평범한 일이라는 사실을 받아들일 각오가 되어 있어야 한다. 기회가 있으면 난관도 있다는 사실을 분명히 아는 사람만이 꿋꿋하게 열심히 상황을 바꾸어나갈 수 있다.

변화의 과정은 우리에게 여러 가지를 요구한다. 우선, 불확실하고 무기력하게 느껴지는 상황이 올 수 있음을 충분히 예상하고 있으라고 한다. 우리는 스스로 어떤 면이 강하고 어떤 면이 약한지 파악하고 그것을 목록으로 작성해두어야 한다. 그래야 어떤 마음이 진행을 더디게 하고, 어떤 마음이 앞으로 나아갈 수 있게 하는지 잘 알 수 있다. 사람은 누구나 감정적으로 약한 부분이 있다. 어떤 사람들은 아주 걱정을 잘해서, 아니면 기분 장애를 느끼거나 엄청난 불안감에 시달려서, 신경이 예민하고 쉽게 슬퍼한다. 또 어떤 사람들은 자신의 판단을 믿지 못해서, 자신의 본능을 따르거나 동료나 사회의 압력을 거부했다가 아이들 발목을 잡는 것은 아닌지 두려워한다. 부모의 조그만 실수 때문이든, 사라지지 않는 고통 장애 때문이든 간에, '아기 방의 유령(자신의 과거)'과 아직 화해하지 못한 사람도 있다. 사람으로 산다는 것은 주변 상황에 아주 취약하다는 뜻이기도 하지만, 반응하는 방식을 바꾸어 다른 선택을 할 능력도 있다는 뜻이다. 9장에서는 우리가 바쁘게 부모 역할을 해나가는 동안 우리를 놀라게 하거나 방해하는, 힘들지만 늘 있게 마련인 장애물들을 살펴보자. 또한 아이를 기르면서 만나는 정서적, 사회적, 문화적으로 상충하는 요구들 앞에서 우리의 가치관과 진정성을 지키는 방법도 살펴보자.

먼저 내가 겪었던 육아의 어려움을 소개할 텐데, 그렇게 하는 이유는 두 가지이다. 첫째는 아이를 기를 때는 누구나 어려움을 겪는다는 사실을 알려주기 위해서이다. 전문가라고 해서 다른 사람보다 실수를 적게 하지는 않는다. 전문가에게도 각자의 가정에서 각자의 아이들과 만들어가는 가족의 역사가 있다. 최근에 한 정신과 의사가 나에게 말한 것처럼 "우리라고 더 잘하지는 않는다. 그저 실수를 했을 때 죄의식을 훨씬 많이 느낄 뿐이다." 물론 전문가는 아이의 발달과정을 훨씬 더 잘 이해한다. 그러나 그것은 머리로 생각할 때 그런 것이고, 실제로 문제는 거의 대부분 마음에서 비롯된다. 둘째는 당신에게 많이 물어보고 싶기 때문이다. 의식 깊은 곳으로 파고들어가, 당신이 최선의 부모가 되지 못하게 방해하는 방어 장치를, 상처를, 취약함을, 한계를 찾아보자. 사람은 자신의 성공과 실패를 솔직하게 개방할 준비가 되어 있어야만 다른 사람에게 배울 수 있다. 이제부터 내가 들려줄 이야기는 성공과 실패에 관한 작은 사례이다.

우리 아빠는 내가 열여덟 살 때 심장마비로 갑자기 돌아가셨다. 그때 아빠의 나이는 마흔일곱 살이었다. 뉴욕 시 경찰이었고, 나는 아빠를 정말 사랑했다. 엄마, 아빠 모두 내가 버펄로 대학에 간다고 했을 때 그다지 좋아하지 않으셨다. 학교가 집에서 너무 멀다고 생각하신 것이다. 내가 대학에 입학하고 몇 달 되지 않아 아빠가 돌아가셨다. 나는 장례식이 끝날 때까지도 집에 도착할 수 없었기 때문에 아빠에게 작별 인사도 하지 못했다. 이 비극은 여러 가지로 나의 인생에 영향을 미쳤다. 나는 사랑하는 사람들과 떨어지면 불안해졌고, 아빠처럼 사람을 돕는 직업을 택했다. 앞으로 어떤 일을 할지보다 지금 이 순간이 중요하다고 생각하는 나의 가치관도 분명히 이때 형성되었다.

내가 부모들에게 미래를 지나치게 걱정하지 말고, 아이와 함께 있는 지금 이 시간에 집중하라고 촉구하는 데 많은 시간과 노력을 들이는 양육 전문가가 된 것도 아빠의 죽음과 무관하지 않다. 이 점에서 나는 바람직한 부모라고 생각한다. 가족이 함께하는 시간은 다시 올 수 없는 소중한 시간이라고 생각하는 부모라는 말이다. 우리 가족은 가족 행사에 많은 시간을 할애하며, 서로의 특별한 재능과 적성을 격려해준다. 세 아들이 어렸을 때는 엄마인 내가 가족이 무엇을 할지, 어디로 갈지를 주로 결정했다. 해마다 급류 래프팅을 했고, 연극을 하거나 라크로스 시합을 하기 위해 아이들을 차에 태우고 이동했다. 아이들도 대부분 좋아했고, 나는 기뻤고, 가족이 떨어질지도 모른다는 내 불안을 잠재울 수 있었다.

하지만 우리 아이들은 자라면서 가족이라는 울타리를 벗어난 활동에 점점 더 흥미를 갖게 되었다. 대부분은 미국 원주민 가이드 프로그램Indian guide, 보이스카우트, 스포츠처럼 마을에서 하는 활동이었기 때문에 내 마음은 아주 평온했다. 큰아들은 아홉 살이 되자 밤에 자고 오는 캠프에 보내달라고 했다. 집에서 20분쯤 떨어진 곳에 평판이 좋은 캠프장이 있었기 때문에 아들을 그곳에 보낼 수 있었다. 우리 아이들은 모두 그곳에 가고 싶어했기 때문에, 나는 당연히 아이들이 집 가까이 있고 싶어한다고, 집에서 멀리 떨어지면 불안해한다고 믿었다. 그러나 둘째 아들 마이클이 미국 반대쪽 끝에 있는 유명한 공연 예술 캠프인 스테이지도어 매너Stagedoor Manor에 가고 싶다고 했을 때, 나는 나의 분리 불안이 어느 정도인지 깨달았다. 내 열한 살 아들은 자신처

럼 연극에 열광하는 친구들이 잔뜩 모이는 곳으로 가게 된다는 사실
에 말로는 표현할 수 없을 정도로 기뻐했다. 하지만 나에게는 걱정해
야 할 온갖 이유가 있었다. 내 아들은 비행기가 추락해서 죽을 수도
있고, 물에 빠져서 죽을 수도 있고, 숲속에서 잔혹한 동물에게 물려서
죽을 수도 있었다. 원래 온갖 걱정을 달고 사는 나였지만, 그때 느낀
불안은 내가 생각해도 도가 지나쳤다. 나는 너무나도 고통스러웠고,
내 불안이 아들의 열정을 죽일 수도 있다는 사실을 깨달았다. 분명히
무언가가 바뀌어야 했다.

결국 아빠가 돌아가시고 30년이 흐른 뒤에야 나는 치료를 받기로
했다. 수십 년 동안 나를 괴롭히던 문제를 비로소 똑바로 쳐다보기로
했다. 내가 집을 떠나자마자 아빠가 돌아가신 건 불행한 일이지만 단
지 우연히 그렇게 된 것이다. 집을 떠나 오롯이 한 사람으로 살아간다
고 해서 다른 사람이 죽지는 않는다. 항상 옆에 붙어 있다고 해서 우
리 아이들이 안전한 것은 아니다. 아이들을 멀리 떠나보내지 않으려
는 내 마음은 사실 아이들이 이 세상을 살아가기 위해서 반드시 갖추
어야 하는 독립심과 자신감 같은 기술을 익힐 수 없게 막는 장애물이
다. 무엇보다도 가장 고통스러운 깨달음은 아무리 내가 우리 아이들
의 운명을 내 생각대로 이끌고 가려고 해도, 인생은 무작위적이고 예
측할 수 없는 방향으로 가기 마련이라는 것이다. 눈에 보이지는 않지
만 나의 양육 방식에 분명히 영향을 미쳤을 이런 상처를 인정하는 일
은 정신적으로는 아주 어려웠지만 그 가치는 충분했다. 그 사실을 인
정하자 우리 아빠가 나에게 남긴 유산이 공포가 아니라, 열정적이고

적극적인 삶이라는 사실을 알 수 있었다.

최고의 부모가 되지 못한 이런 어렵고도 솔직한 사례들은 분명히 많이 들어봤을 것이다. 저마다 다른 가족 이야기가 있겠지만, 좋은 부모가 되지 못한 사례들 속에는 내 이야기에 들어 있는 요소들이 분명히 있다. 세 아이를 키우는 전문직 여성이었기 때문에 나는 내 문제를 해결하기는커녕 들여다볼 시간도 없었다(더 정확하게 말하면 시간을 내지 않았다). 우리 아이들이 좀더 컸다면 사정이 달라졌겠지만, 어쨌거나 우리 아이들은 모두 어렸고, 언제나 엄마인 나의 의견에 따랐다. 거의 변하지 않는 방식으로 오랫동안 살면, 그 삶의 방식이 평범하지 않다는 사실을 쉽게 깨닫지 못한다. 무언가 잘못되었다고 깨닫고 변해야 한다는 결심을 하려면 아주 큰 충격(나처럼 극도로 불안해지거나, 배우자와의 관계가 크게 나빠지거나, 아이에게 나쁜 증상이 나타나는 것 등)에 휩싸이고 엄청나게 흔들려야 한다. 우리를 방해하는 일들을 목록으로 작성하면, 그 일들을 없앨 방법을 알게 된다. 결국 자신을 왜곡하거나 그런 일에 현혹되거나 이유 없이 불안해하지 않고 행동할 수 있게 되고, 우리에게는 우리뿐 아니라 우리 아이들, 우리 가족, 우리 사회에 직접 도움이 되는 변화를 이끌 힘이 있다는 것까지 알게 된다. 지금부터는 아주 많은 사람을 괴롭히는 심리적 장애물들을 살펴보자.

## 부정: '문제라니, 무슨 문제?'
:

나는 아이들이 엄청난 스트레스를 받고 있지만, 대처 기술은 많지 않다는 내용으로 강연을 할 때마다 이런 질문을 한다. "이것이 그다지 문제라고 생각하지 않는 분은 손들어보세요." 그러면 늘 10퍼센트 정도 되는 부모가 손을 든다. 어째서 그들의 가정이나 공동체는 그런 문제를 겪지 않는지 물어보면 늘 같은 말을 한다. "우리 아이는 괜찮아요. 학교를 좋아하거든요. 학교에서 내주는 숙제도 얼마 없고, 잠도 푹 자요. 박사님이 말씀하신 스트레스 증상은 한 번도 본 적이 없어요."

나에게는 그 부모들이 틀렸다고 생각할 이유가 하나도 없다. 실제로 지금은 숙제 정책을 다시 검토하고, 고교 심화 과정을 제한하고, 등교 시간과 시험 일정을 재평가하는 학교가 늘어나고 있다. 그러나 이런 학교는 아주 일부이고, 교육제도가 변하는 속도는 아주 느리다. 더욱 중요한 것은 아주 경쟁이 심한 환경에서 아주 잘 지내는 아이도 있다는 것이다. 그리고 거센 흐름에 맞설 수 있고, 과도한 스트레스로 아이가 힘들어하지 않게 합리적 한계를 설정할 것을 강력히 주장할 수 있는 부모도 있다는 것이다. 아이가 어릴 때는 아이도 부모도 각자의 능력을 발휘하기가 더 쉽다. 그런데 정말 흥미로운 것은 현행 교육제도에 아무 문제가 없다고 느끼는 부모는 사실 대문 밖 세상은 보지 않고 있다는 것이다. 그리고 우리 아이들은 학교에 들어가자마자, 많은 날들을 대문 밖에서 지내야 한다.

나는 부모들이 자신의 가정뿐 아니라 아이가 살아가야 할 커다란 세상까지도 고려해볼 수 있도록 큰 틀에서 물음을 던진다. 학교, 광고, 친구, 문화처럼 우리 아이에게 영향을 미칠 수 있는 요소를 모두 고려하지 않으면 결국 그 부모는 내 상담실로 와서 나와 마주 앉아야 할 수도 있다. 아이가 성적에 너무 집착한다거나, 일류 대학에 가야 한다는 강박관념에 사로잡혀 있다는 사실에 깜짝 놀란 상태로 말이다. 그런 부모들은 "한 번도 성적이 좋아야 한다고 강요한 적이 없어요. 단 한 번도요. 그런데도 얘는 왜 역사에서 A를 받지 않으면 세상이 끝난 것처럼 구는 걸까요?"라고 말한다.

우리 아이들은 각자의 집에서 살아갈 뿐 아니라 교육은 1등이 되는 경주라는 틀을 세운 거대한 문화의 구성원으로 살아간다. 그런 교육은 좋은 질문이 아닌 정답을 강조한다. 그리고 부모로 하여금 끊임없이 온갖 걱정을 다하게 만든다. 아이들을 위해 과외 선생님을 고용해야 할지, 운동 선생님을 찾아야 할지…… 학교 주간 신문에 실릴 수 있는 명단은 성적 우수자 명단뿐인 중학교도 많다. 고등학교는 대부분 학생들에게 학급 석차를 매긴다. 대중매체와 대중문화는 돈과 명예와 일찍 이룬 성취에 열광한다. 한 주립 교육 프로젝트는 기저귀 찬 아기가 직업을 구분해 표시한 역삼각형 표를 향해 기어가는 광고를 실었다. 광고 문구는 '최고의 직업을 위한 경쟁은 당신이 생각하는 것보다 훨씬 빨리 시작된다'였다.[1] 아이의 성장 발달에 아주 나쁜 영향을 미치는 몇 가지는 어떻게든 막아낼 수 있다고 해도, 아이를 침대에 쇠사슬로 꽁꽁 묶어놓지 않는 한, 아이에게 영향을 미치는 모든 것을, 주입되고 심지어 강제되기도 하는 외부 세계의 가치관을 완전히 막을 수는 없다.

중요한 것은 부모가 아이들을 오랫동안 독점할 수는 없다는 것이다. 사회와 학교에서 발생하는 문제에 노출된 적이 없는 아이는 집에서는 거의 경험할 수 없는 일이 생기면 제대로 반응하지 못한다. '밖에서' 벌어지는 일이 우리 아이에게 영향을 미치지 않는다는 생각은 '부정'의 한 형태이다. 당신이 당신의 가정을 미친 바다 한가운데에 떠 있는 멀쩡한 섬이라고 생각하더라도, 사실 가족 구성원 모두는 구명조끼가 없는 상태이다. 엄청난 압력과 크게 상충하는 메시지를 뚫고 성공적으로 길을 찾으려면 기지나 자기 관리 능력처럼 아이를 안전하게 보호해줄 구명조끼가 필요하다. 내 상담실에 망연자실한 상태로 앉아서는 아이가 수능을 못 봐서 상심하고 자해를 한다고 걱정을 하거나, 아이가 고교 심화 과정에 통과하기 위해 암페타민과 에너지 음료를 섞어 마신다고 걱정하는 부모는 우리 아이들이 외부의 영향력에 아주 취약하다는 사실을 미처 신경쓰지 않은 것이다.

어째서 부모들은 그런 사실을 부정할까? 부모는 대부분 아이의 안전에 엄청나게 신경을 쓴다. 사실은 지나치게 신경을 쓸 때가 많다. 이제 잠시 시간을 내어 자신의 양육 방식을 생각해보자. 전혀 의심을 하지 않고 내버려두는 부분은 없는지, 쉽게 무시해버리는 문제는 없는지, 아이와 대화할 필요가 있는 부분은 없는지 고민해보자. 다음은 내가 상담실에서, 일상에서, 사회에서 접한 '부정'의 예이다.

• 학교에서 열 살 아들이 여러 건의 폭력 행위에 가담했다는 전화가 왔다. 부모는 학교 상담 선생님을 만나야 했다. 아들이 친구들을 괴롭혔다는 상담 선생님의 말을 엄마는 그저 흘려들었지만, 아빠는 상담 때문에 하루 일정을 망쳤다며 잔뜩 짜증이 났다. 상담실을 나서면서 아빠는 고개를 내저으며 "사내애들이 다 그렇지"라고 투덜거렸다. 엄마는 집에 할 일이 잔뜩 있고, 아이의 문제가 아주 시급하다는 생각은 들지 않았기 때문에 일단 그 문제는 덮어두기로 했다. 아들은 좋은 아이였고, 형제들에 비해 특히 난폭한 것도 아니니까 말이다.

• 집에서 보관하고 있는 술이 조금씩, 하지만 분명히 줄어들고 있었다. 엄마는 열두 살 아들에게 혹시 술을 마셨는지 물었다. 아들은 자신은 술을 마시지 않았다며, 분명히 '증발'했을 거라고 말했다. 엄마도 아들이 술을 마셨다는 생각은 하지 않았다. 술을 마시기에는 아들이 너무 어렸으니까. 더구나 병뚜껑도 느슨하게 닫혀 있었기 때문에 술은 충분히 '증발'할 수 있을 것 같았다. 엄마는 술병을 꽉 조여 닫고 그 문제는 잊기로 했다.

• 엄마는 열다섯 살 딸의 방에 세탁물을 들고 갔다. 딸의 책상에는 생일 축하 카드가 놓여 있었다. 열어보면 안 된다는 생각이 잠시 들었지만 결국 호기심(그리고 약간의 걱정)을 이길 수 없었다. 카드는 딸의 가장 친한 친구가 보낸 것으로, 인터넷을 뒤져보아야만 그 뜻을 정확히 알 수 있을 것 같은 성적인 표현으로 가득차 있었다. 엄마가 자기

방을 뒤졌다는 사실을 알면 딸이 길길이 날뛸 것이 분명했다. 더구나 이미 성 문제는 아이와 충분히 이야기를 나누고, 성생활을 하게 되면 엄마에게 알려주겠다는 약속까지 받은 뒤였다. 엄마는 딸에게 말하지 않기로 했다. 엄마가 은밀한 사생활을 들여다보았다는 사실을 알게 되면 아이가 영영 입을 다물지도 몰랐기 때문이다.

• 열일곱 살 딸에게 속도위반 딱지가 날아왔다. 아직 열여덟 살이 되지 않았기 때문에 속도를 위반하면 1년 동안 차를 몰 수 없게 된다. 딸은 귀가 시간을 어기면 엄마가 걱정을 할 테니까 빨리 달릴 수밖에 없었다고 했다. 하지만 아이가 속도를 위반한 것은 이번이 처음이 아니다. 그래도 아이의 몇몇 친구가 그런 것처럼 음주 운전을 하지는 않았다. 아이는 운전면허가 취소되면 친구들과 전혀 어울릴 수 없다며 펄쩍펄쩍 뛰었기 때문에 엄마는 정신이 사나워 견딜 수가 없었다. 더구나 아이가 운전을 못하면 매일 아침 학교까지 데려다주어야 하니, 엄마 일이 늘어난다. 엄마는 친구에게서 "경찰은 너무 바빠서 법정에 나올 시간이 없으니 아이를 구제하는 건 식은 죽 먹기"라고 장담하는 변호사를 소개받았다. 다친 사람도 없는데 면허를 취소하다니, 그건 너무 가혹하다. 엄마는 속도위반 딱지를 처리하기 위해 그 변호사를 선임하기로 했다.

다른 사람에게는 상당히 명확하게 보이는 증거를 애써 외면할 때 우리는 '부정'이라는 도구를 사용한다. '부정'하기로 결정할 때는 눈에 보이는 것 이상의 무엇이 있을 때가 많다. 예를 들어 아이가 폭력을 썼다는 사실을 부정하는 엄마는 남편이 폭력을 행사한다거나, 친정아버지가 폭력적이었다는 사실이 밝혀질까봐 두려워하는지도 모른다. 아들이 술을 마신다는 사실을 외면하는 부모는 자신이 술을 많이 마시는 부모이거나, 아들에게 술을 마시면 안 되는 이유를 지나치게 많이 강조하고 교육한 부모이거나, 아들을 결국 유전적인 결함에서 보호할 수 없다는 사실을 참을 수 없는 부모일 수도 있다. 일상에서 벌어지는 일이 절대 풀지 못할 것 같거나 견딜 수 없을 만큼 걱정이 되면 그저 외면해버리기 때문에 걱정조차 하지 않게 되는 것이다.

부모가 관여하지 않기로 결정한 문제는 어째서 그런 결정을 내렸는지 분명한 이유가 있어야 한다. 10대 아이의 티셔츠에 묻어 있는 마리화나 잎을 무시하는 것과, 아이의 침실에 진짜 마약이 있는 것을 무시하는 것은 전적으로 차원이 다르다. 규칙은 엄격하고 처벌은 가혹한 냉정한 부모 밑에서 자란 사람은 아이들이 여러 가지 일을 할 수 있도록 허용해주는 가정을 만들기 위해 노력한다. 그러나 부모가 자신이 아이의 일을 외면하는 이유를 정확히 파악해야만, 자신이 과거의 상처를 치유하기 위해 노력하고 있는지, 아이들에게 건강하고 바람직한 환경을 만들어주기 위해 노력하고 있는지를 제대로 평가할 수 있다. 우리 아이들을 제대로 보고, 자신이 살고 있는 세계를 명확하게 보는 능력이 있어야만 우리 아이들을 과도한 경쟁, 역효과를 낳는 교육과 심리학적 유행, 비현실적 기대로부터 제대로 보호할 수 있다.

아이를 제대로 기르는 부모가 되기 위해 바뀌고 싶다면 문제를 인식하는 능력을 제일 먼저 길러야 한다. 주의해야 할 것이 무엇인지, 대면하기 어려운 것이 무엇인지 그려나갈 때는 과거가 미치는 힘을 경계해야 한다. 이 점을 명심하고 있으면, 너무나 미묘하기 때문에 자칫 놓치기 쉬운 우리 아이들의 정서 문제를 초기에 정확하게 감지할 수 있다.

## 투사: '그래, 그 사람들에겐 문제겠지, 하지만 난 아니야'
:

미국 전역에 있는 학교나 학부모 단체에서 나를 부르는 이유는 부정행위, 과도한 숙제 같은 특정한 문제를 해결할 방법을 알려달라거나, 압력솥처럼 과열된 경쟁 상황을 우리 아이들이 제대로 헤쳐나갈 수 있는 방법을 알려달라는 것이다. 학교 관계자들은 교과목 편성, 폭력 같은 학생들의 행동 관련 문제를 개선하는 방법이나, 전반적인 학교 분위기를 평가해달라고 부탁할 때도 있다. 내가 만나는 사람들은 테네시 주의 아이들일 수도 있고, 하와이의 학교 관계자들일 때도 있고, 뉴욕의 부모들일 때도 있다. 새로운 사람들을 만날 때는 그 자리에서 해결해야 할 문제가 무엇인지 절대 미리 예측할 수 없지만, 청중이 누구를 비난할지는 잘 안다. 학부모를 만난 자리라면 학교 선생님과 학교 당국에 대한 비난이 쏟아져나올 것이다. 아이들에게 숙제가 너무 많다거나 해야 할 일이 너무 많다는 불만을 터뜨릴 것이다. 반대로 학교 선생님이나 학교 관계자 들을 만나면 학부모에 대한 비난이 쏟아져나온다. 학교 일에 지나치게 많이 간섭한다거나, 너무 불안해하고 경쟁심이 심하다는 것이다. 학교 관계자와 부모가 모두 모인 자리라면 입시 정책에 관한 불만이 쏟아져나온다. 대학 정책이 합리적이어야 학교와 학부모 모두 잘할 수 있다고 주장한다. 그렇다면 아이들은 어떨까? 아이들은 대부분 아무도 비난하지 않는다. 아이들은 수면 위로 고개를 내밀고 숨을 쉬기도 벅차기 때문에 다른 사람을 비난할 여유가 없다. 아이들은 그저 자신들이 위기를 잘 헤쳐나갈 수 있도록 도와주기만을 바란다.

문제가 생기면 흔히 문제의 원인을 내부에서 찾기보다는 외부에서 찾으려고 하는 것이 사람의 마음이다. "우리 아이 학교에서 숙제를 내주는 걸 보면 정말 미친 게 맞아요"라고 말은 하지만, 자신이 그런 '미친' 제도를 용인하거나 심지어 부추기기까지 하는 이유는 고민하지 않는다. 부모들은 학교 숙제에 투자해야 하는 시간이나 과도한 고교 심화 학습 과정, 대학 입학 제도 같은 주제를 이야기할 때 '미친'이라는 수식어를 정말 많이 사용한다. 동네 슈퍼마켓에서 판매하는 사과에 화학약품을 뿌리면, 중년에 접어든 엄마들이 뛰쳐나와 피켓을 들고 우리 아이들에게 위험한 음식을 먹일 수 없다며 시위를 할 것이다. 그러나 그보다 훨씬 독성이 강하다는 연구 결과가 많이 나와 있는 교육제도 때문에 그런 시위를 하는 모습은 한 번도 보지 못했다. 부모들이 현행 교육제도에 반기를 들지 않는 이유는 우리가 아이의 삶에 무관심한 나쁜 사람들이기 때문이 아니다. 괜히 다른 생각을 했다가는 내 아이에게 더 큰 피해가 갈지도 모른다고 확신하기 때문이다. 그 때문에 교육에 관한 문제는 '외부의 문제', 즉 자신이 어쩔 수 없는 문제라고 규정해버린다. 하지만 그렇지 않다.

투사는 무의식적인 방어기제이다. 투사를 함으로써 불편한 생각과 느낌, 충동을 회피하는 것이다. '내가 이런 생각(혹은 느낌이나 충동)이 들 리가 없어. 그런 생각을 하는 건 바로 너야'라고 생각해버리는 것이다. 부정을 저지른 남편은 아내가 바람을 핀다고 의심하고, 우울증 때문에 쇼핑 중독이 된 엄마는 딸이 '너무 사치스럽다'며 딸을 데리고 나를 찾아오고, 매사에 자신이 없는 남편은 틀린 길로 접어든 건 아내 때문이라고 비난하면서 남자는 원래 길을 잘 찾는다고 항변한다. 이런 예들이 모두 투사이다. 투사는 파괴적인 것부터 사소한 것까지 그 범위가 아주 넓지만, 모두 불안을 해소하고 스스로 만든 이미지를 보존하는 기능을 한다. 투사는 불안을 해소하고 스트레스를 줄이기 위해 택한 무의식적인 방법이기 때문에, 우리가 택한 방법을 탐색할 때 불쾌한 느낌을 받기 위해선 되도록 부드러운 방법으로 접근해야 한다.

그렇다면 부모의 투사는 어떻게 아이들을 괴롭히는 스트레스가 되는가? 내가 만나본 아이들 수백 명 가운데 일부 이야기를 소개하면 이렇다. "우리 엄마는 내가 미시간 대학에 못 가면 미칠 거라고 생각해요. 사실 난 아무렇지도 않은데 말이에요. 오히려 난 위스콘신 대학에 가고 싶어요. 도대체 엄마는 왜 그런지 모르겠어요." "우리 아빠는 내가 수학을 좀더 잘하지 않으면 뒤처질 거래요. 하지만 수학은 내가 잘할 수 있는 과목이 아니에요. 왜 우리 아빠는 내가 잘하는 국어나 기사 쓰기를 대수롭지 않게 생각하는 거죠?" "우리 엄마, 아빠는 내가 고급 역사가 아니라 일반 역사를 신청했다고, 성공하는 걸 무서워한대요. 엄마, 아빠는 그게 얼마나 힘든 건지 몰라서 그래요. 아직 2학년인데 고급 역사는 무리라고요. 어떻게 해야 내가 게으른 게 아니라 조금 여유를 가지려고 한다는 걸 알게 할 수 있죠?"

이런 이야기들을 들을 때 가장 먼저 드는 생각은 아이가 실제로 느끼는 감정과 부모가 생각하는 아이의 감정이 다르다는 것이다. 먼저 첫 번째 아이의 이야기를 좀더 자세히 살펴보자.

엄마는 어째서 아이가 '미칠 거'라고 생각하는 걸까? 아이는 자신이 미시간 대학에 가고 싶다는 말을 한 적이 없기 때문에, 엄마가 그런 생각을 한다는 사실에 어리둥절하다. 아이가 부모의 말에 정말로 크게 당황한다면, 부모는 자신이 그런 생각을 하게 된 원인을 파악해야 한다. 이 경우에 엄마는 아주 순응적인 사람이었고, 엄마의 형제들모두 미시간 대학에 다녔기 때문에 아들이 미시간 대학이 아닌 다른곳에 간다는 것은 상상도 할 수 없었다. '누가 뭐라고 하든 자기 맘대로 하는' 아이인 엄마 아들은 가족의 전통을 이어야 한다는 주장도 별로 마음에 들지 않지만, 그보다는 엄마가 실망하고 있다는 사실과 엄마가 자신이 원하는 대학을 전혀 모른다는 사실에 화가 난다(아이 입장에서 보면 '엄마는 나에 대해 아는 것이 전혀 없다'고 할 수 있는 것이다). 엄마가 자신이 '투사'를 하고 있다는 사실을 이해하면, 본인의 주장을 조금 굽히고 아이가 보내는 신호에 주의를 기울일 수 있다.

투사에는 언제나 몇 가지 왜곡이 들어 있다. 아이가 그런 행동을 하는 원인을 제대로 추정하는 경우는 거의 없다. 아이의 문제를 부모의 문제와 동일한 것으로 가정하면 안 된다. '내가 고등학교에 다닐 때는 운동부 주장이 되는 것이 가장 중요했다. 우리 아들도 당연히 다른 애가 주장이 되면 엄청난 충격을 받을 것이다.' 물론 그럴 수도 있다. 하지만 아이에게는 운동부 주장이 되는 것이 별일이 아닐 수도 있다. 부모가 자기 생각에 갇혀 있으면, 아이의 진짜 마음을 이해하기 어렵다.

투사와 왜곡을 피하는 가장 좋은 방법은 충분히 시간을 들여 자신의 마음을 들여다보고, 자신이 아이에게 하는 행동의 근본 원인을 고민해보는 것이다. "우리는 라크로스 결승전에 진출해야 해" "우리 숙제는 끝냈니?" "우린 툴레인 대학교에 가기 위해 노력해야 해"라는 식으로 부모와 아이의 경계가 무너졌기 때문에, 아이의 욕구와 부모의 욕구를 구별하지 못하는 것이다. 하지만 아이와 부모의 욕구가 일치하는 경우는 거의 없다. 중년의 성인과 10대 아이들의 욕구는 전혀 다를 수밖에 없다. 아이들이 보내는 신호를 오해하지 않으려면 정신을 바짝 차려야 한다. 보통 아이들은 아주 행복할 때만 신호를 보낸다. "엄마는 이해 못해." "노력해 엄마." "지금 무슨 말을 하는 거야?" 부모가 진실이라고 생각하는 것과 아이가 진실이라고 생각하는 것이 일치하지 않는다는 사실을 깨닫는 순간, 더 깊이 생각해볼 수 있는 기회가 생긴다.

나의 환자 중에는 어렸을 때 성적으로 학대를 당한 사람이 있다. 그 사람은 열여섯 살인 딸이 밤에 집에 혼자 있으면 무서워한다고 생각한다. 그래서 혹시라도 밤에 외출할 일이 생기면 매시간 집에 전화를 걸어 딸이 무사한지 확인했다. 어느 날 엄마의 과거를 모르는 그 딸이 나와 함께 있는 동안 분통을 터뜨렸다. "도대체 나한테 무슨 일이 생긴다고 이러는 거야? 내가 진짜 미치겠는 건 엄마가 계속 전화를 해대는 거라고." 엄마는 어렸을 때 자신이 당한 일 때문에 생긴 상처를 아이에게 투사하고, 자신의 입장에서 딸의 마음 상태를 마음대로 판단한 것이다. 엄마는 공포에 질린 어린 소녀의 감정이 자신의 감정임을 인정해야 한다. 딸과 자신은 전혀 다른 인생 경험을 가진 별개의 인격임을 깨달아야 하고, 자신의 과거를 딸에게 얼마나 알려줄지를 결정한 뒤에, 결국 자신의 행동을 바꾸어야 한다.

오랜 시간 동안 많은 도움을 받고 노력한 끝에 엄마는 자신의 불안을 조절하는 기술을 배웠고, 그뒤로는 딸의 상태를 계속 확인해야 한다는 강박관념에서 벗어날 수 있었다. 자신이 아이에게 자신의 입장을 투사하고 있다는 사실을 깨달은 사람들은 대부분 기꺼이 자신의 행동을 고치려고 노력한다. 아이의 마음에 일부러 상처를 주려는 부모는 없기 때문이다.

투사라고 모두 나쁜 것은 아니다. 우리 아이는 똑똑하거나 운동을 잘하거나 음악에 소질이 있거나 외모가 뛰어날 수도 있고, 혹은 그렇지 않을 수도 있다. 그러나 부모는 아이에게서 장점을 본다. 왜냐하면 아이를 보면 부모가 사랑했던 자신의 부모, 조부모, 친구를 떠올리기 때문이다. "넌 꼭 우리 할머니 같아. 이 세상에서 제일 친절한 분이셨는데." 하지만 당신이 성자 같은 할머니를 꼭 닮았다면, 한 개 남은 쿠키를 먹지도 못할 것이고 이번에는 내가 영화를 고를 차례라고 고

집을 부릴 수도 없을 것이다. 좋든 나쁘든, 사소하든 중요하든 간에 모든 투사에서 나타나는 문제점은 실제 우리 아이와 우리가 바라는 아이의 모습을 혼동한다는 것이다. 부모는 아이를 정확하게 볼 수 있어야 한다. 아이에게 무의식적으로 상처를 주는 투사를 하지 않으려면, 정기적으로 자신을 성찰하는 것이 가장 좋은 방법이다.

## 또래의 압력: 이것은 비단 십대만의 문제가 아니다
:

한 번은 10대에 관한 책으로 가득찬 사무실에 앉아 있었다. 그런 책을 들춰보면 어김없이 '또래의 압력'을 다룬 부분이 있다. 또래의 압력은 오랫동안 아주 중요한 문제로 취급되었는데, 10대 시절만큼은 아니라고 해도 사실 또래의 압력은 전 생애에 걸쳐 영향을 받을 수밖에 없는 문제이다. 흔히 사람은 사회적 동물이라고 한다. 사람은 언제나 주변 사람과 문화의 영향을 받는다. 10대 아이들이 비슷한 옷을 입고 비슷한 음악을 듣고 비슷한 언어를 사용하는 현상을 에릭 에릭슨Erik Erikson은 '다름의 동일성a uniformity of differing'이라고 했는데, 다름의 동일성은 포드 익스플로러, 혼다 어코드, BMW 3가 주로 지나다니는 마을 도로에서도 확인할 수 있다. 사는 곳에 따라, 카풀을 하면서 만나는 사람이 할인매장에서 구입한 청바지와 부츠 차림일 수도 있고, 고급 브랜드의 제품을 입고 나올 수도 있다. 우리 동네는 마치 루이뷔통의 스피디speedy 지갑을 대량 구매한 곳처럼 보인다.

공동체는 저마다 독특한 규범이 있다. 옷 입는 방법부터 먹는 음식, 정치적 견해, 아이를 양육하는 방식에 이르기까지, 공동체 구성원이 따르기를 기대하는 규범은 언제나 공동체가 속한 장소와 상호작용한다. 무의식적으로 이루어지는 부정이나 투사와 달리, 또래의 압력은 대부분 의식적으로 작용한다. "우리 딸은 피아노 치는 걸 좋아하고, 재능도 있어요. 제 친구들 말이 그앤 음악 캠프에 보내야 한대요. 근데 제가 어렸을 때를 생각해보면 그냥 일반 캠프에 갔어도 즐거웠거든요. 요즘 아이들은 꼭 전문적인 곳에 가야 하는 건가요?" "우리 아들 학교 상담 선생님은 평균이 B인 아이들은 가치가 없대요. 우리 아들이 성적을 올리려면 과외를 해야 한다고 했어요. 하지만 우리 아들은 아주 멋진 애예요. 성실하기도 하고, 아주 괜찮은 B급 학생이에요. 정말로 좀더 공부를 시켜야 할까요?" 중산층 이상인 사회에서는 실제로 이런 규범이 존재한다. 이민 1세대 공동체 중에는 이보다 더 엄격한 규범이 존재하는 곳도 있다. "내가 이 나라에 이민 와서 죽어라고 일한 건 너를 대학에 보내 의사로 만들기 위해서야"라거나 "음악가가 될 생각이었다면 그 나라에 있어도 됐어. 이 나라에 온 건 널 공학자로 만들기 위해서야" 같은 규범을 세우는 것이다. 반대로 빈민가에 사는 아이들에게는 엄격한 규범이 없는 경우가 많다. "괜히 이상한 생각을 아이 머리에 집어넣지 마. 여기서 대학에 갈 수 있는 사람이 누가 있다고 그래?"라고 생각하는 것이다.

중요한 것은 사는 장소에 상관없이 우리는, 그리고 우리 아이들은 대부분 공동체가 권장하는 가치관과 금지하는 가치관을 잘 알고 있다는 것이다. 우리 지역구에 있는 고등학교에서는 건축자재, 건설공사, 컴퓨터 드로잉 같은 수업을 진행은 하지만, 이런 과목들을 캘리포니아 대학 학점 인정 과목으로 만들기 위한 서류 작업은 하지 않는다. 따라서 이런 과목을 잘하는, 실기에 능한 아이들은 자신의 장점을 학점에 반영할 수 없다. 결국 이런 과목을 잘하는 남자 아이들은 자신의 재능과 야망은 공동체의 가치관에 조금도 들어맞지 않는다는 뼈아픈 사실을 절실하게 깨닫게 된다. 이것은 10대 아이들이 또래의 압력에 얼마나 취약한지를 보여주는 한 가지 예일 뿐이다.

필요한 정보를 얻고 따뜻하게 지도해주고 의지가 되어주던 가족을 벗어나 다른 사람에게 의존하는 것은 10대 아이들에게는 새로운 경험이다. 10대 아이들에게 또래 집단은 어린 시절을 벗어나 어른이 되기 전에 머물러야 하는 중간 기착지이다. 또래 친구들에게 의지할 수 있어야만 10대 아이들은 여러 정체성을 시험해보고 다른 선택을 해보고, 자신을 가족과 분리하고 구분할 수 있게 된다. 그렇다면 어째서 또래의 압력이 부모의 양육에 중요한 역할을 한다고 하는 것일까? 부모는 정체성이 거의 대부분 완성되었고, 아이들보다 훨씬 경험이 풍부하고, 자신의 선택에 대한 확신도 아이들보다는 굳건하다. 그런데도 여전히 다른 사람의 견해에 크게 신경을 쓰는 사람들이 많다. 내 아이가 그저 여름 캠프에서 즐거운 시간을 보냈으면 하는 바람이, 아이의 현재 성적에 완벽하게 만족하는 자신의 결정이 주변 사람의 가치관과는 다르지 않을까 하며 고민을 하는 것이다. 부모가 다른 사람의 비평에 가장 민감하게 반응하는 부분은 양육 방식이다. 어쨌거나 많은 부모가 최고의 부모가 되기 위해 열과 성을 쏟고 있다. 부모는 아이의 행동을 이해하고, 관찰하며, 토론하고, 기록하는 동안 결국 안타깝게도 아이의 성공을 자신의 성공과 동일시한다.

바로 이 때문에 문제가 생긴다. 앨릭스라는 영리한 젊은이는 자동차에 매혹되었다. 어렸을 때 앨릭스는 아빠가 몇백 달러를 주고 사온 고물차를 아빠와 함께 차고에서 몇 시간 동안 고치곤 했다. 할아버지가 함께할 때도 있었다. 같은 마을에 살던 할아버지 역시 자동차를 무척 사랑했고, 앨릭스의 아빠가 어렸을 때 그 열정을 아들과 함께 나누었다. 자동차에 관한 지식은 남자 3대를 가족의 전통이라는 이름으로 한데 묶어주었다. 앨릭스가 어렸을 때, 아빠와 할아버지는 이웃집 자동차에 배터리가 나가거나 수리해야 할 일이 생기면 직접 그 집에 가서 차를 고쳐주었다. 앨릭스의 아빠는 자신의 아들에게 차를 수리하는 재주가 있다는 사실을 무척 자랑스러워했다. 시간은 엄청나게 빨리 흘러 어느덧 앨릭스는 고등학교 2학년이 되었다. 성적이 아주 좋은 학생이었지만 자동차에 대한 열정은 조금도 식지 않았다. 이제 곧 대학 입학원서를 써야 할 때가 다가왔지만 앨릭스는 별다른 계획이 없는 것처럼 보였다. 앨릭스는 애매모호하게 자신은 '손으로 하는 일을 하고 싶다'고 했고, 부모는 그 말을 진지하게 받아들이지 않았다. 의사인 앨릭스의 아빠는 앨릭스가 자동차 정비공으로 만족한다는 사실에 경악을 금치 못했다. 아빠는 자신이 앨릭스에게 무슨 잘못을 한 건지 알고 싶다고 했다.

사실 앨릭스의 아빠는 전적으로 옳은 일을 했다. 아들과 아주 친밀하게 지냈고, 여느 아빠들보다 훨씬 많은 시간을 아들과 보냈다. 아빠와 아들은 강한 유대감이 형성되어 있었고, 관심사가 같았고, 아들은 성적도 좋고 친절한 정말 근사한 아이로 자랐다. 하지만 아빠는 사방에서 자신을 비난하고 있다고 느꼈다. 아내는 아들에게 '높은 기준'을 세워주지 않았다며 남편을 비난했다. 아빠의 친구들은 아들을 데리고 병원을 돌면서 의사가 되도록 이끌어줄 수도 있었을 시간에 차고에만 틀어박혀 있는 잘못을 범했다고 비난했다. 학교 상담 선생님은 앨릭스가 빨리 정신을 차리게 해서 성적에 맞는 일류 대학에 들어갈 수 있도록 설득해야 한다고 했다. 아빠는 자신이 아들의 잠재력을 무시했기 때문에 아들이 실패했다고 느꼈다. 앨릭스는 점점 더 말이 없어졌다. 많은 사람이 자신에 대해 왈가왈부한다는 사실이 불편하기도 하고 화도 났다.

이제부터 몇 가지 사실을 제대로 짚어보자. 무엇보다도 앨릭스는 아직 어느 학교에 갈지를 결정하지 않았다. 하지만 자신의 진학 문제를 둘러싸고 벌어진 엄청난 소동을 지켜본 뒤라 이제는 무엇이든지 결정하기가 쉽지 않아졌다. 앨릭스는 자신과 아빠가 얼마나 많은 잘못을 했는지는 엄청나게 많이 들었지만, 앨릭스의 열정과 재능을 인정해주는 말은 단 한마디도 듣지 못했다. 앨릭스는 정비공이 될 수도 있고 기술자가 될 수도 있다. 무엇이 될지는 앨릭스 자신도 모를 테고, 다른 사람이 앨릭스의 미래가 결정된 것처럼 추정하는 것도 옳지 않다. 자신의 삶을 명확하게 규정할 수 있는 10대 아이는 거의 없다. 앨릭스가 자신에게 꼭 맞는 대학을 찾으려면 먼저 앨릭스 자신이 어떤 사람인지 파악해야 한다. 앨릭스는 손재주가 좋고 기계를 좋아하며, 시각/공간 인지 능력이 뛰어나고(의사인 앨릭스의 아빠도 시각/공간 인지 능력이 뛰어난 것은 우연이 아니다), 호기심이 많았다. 앨릭스는 자신의 길을 찾을 것이다. 앨릭스의 부모는 또래의 압력을 과감하게 무시해야 한다. 아들이 자신을 부족하다고 느끼게 하고, 결국 자신들도 제 역할을 못하고 있다고 느끼게 하니 말이다.

다양한 분야에서 뛰어난 능력을 발휘하는 아이의 부모에게 가해지는 압력은 정말 무시무시하다. 식료품 계산대에 모인 사람들이 하는 이야기를 듣고 있으면 마치 평행 우주에 들어간 것 같은 기분이 든다. 모든 아이들이 기분 나쁠 정도로 영리하고 초자연적일 정도로 재능이 있는 것 같다. 무엇보다도 이상한 점은 그 사람들이 이야기하는 아이들 중에는 내가 아는 아이가 많다는 것이다. 우리 아들의 친구이거나 내 상담실에서 본 아이거나 이웃에 사는 아이들인 것이다. 그 아이들은 대부분 영리하고, 몇 명은 정말 영리하다. 분명히 재능과 적성이 있고, 열정도 어느 정도 있다. 심각하게 문제가 있는 아이도 있다. 카네기 홀에서 공연할 아이도 한두 명은 있지만, 대부분은 기숙사 방에서 기타를 연주하는 것으로 만족해야 할 것이다. 대부분은 빅 리그보다는 작은 지역 리그에 출전하는 사람이 될 테고, 최고의 소질을 가진 몇몇 아이만이 진짜 연극배우가 될 것이다. 아이들을 무시하기 때문에 이런 말을 하는 게 아니다. 나는 이것을 30년 이상 아이들과 함께 지내며 일했던 내 경험이 축적되어 생긴 지혜라고 생각한다. 이것은 그저 진짜 인생에 관한 이야기이다. 하지만 부모는 누구나 자기 아이는 남과 달라서 더 특별하고, 더 똑똑하며, 더 재능이 풍부하다고 믿는 것 같다. 사실 이 믿음에는 이 뛰어난 아이를 둔 부모인 자신이 다른 사람들보다 더 특별하고 똑똑하고 재능이 풍부하다는 믿음도 깔려 있다.

시인 칼릴 지브란Khalil Gibran은 "너의 아이는 너의 아이가 아니다"라고 했다.[2] 부모의 양육이 아이를 성장하게 하는 유일한 원동력이라고 생각할 때, 부모는 스스로를 속이게 된다. 자라면서 아이는 저마다의 흥미와 능력, 적성과 기질을 갖는다. 아이들은 과외 선생님이 한 명이든 두 명이든, 수학 캠프에 갔든 컴퓨터 캠프에 갔든, 운동을 일주일에 두 번 했든 매일 했든 간에, 거의 대부분 가장 자기다운 어른으로 성장하게 되어 있다. 물론 부모가 아이들에게 제공하는 기회가 아무 소용이 없다는 뜻은 아니다. 내가 정말로 하고 싶은 말은 부모는 자신들이 아이에게 어떤 기회를 제공하고 있는지, 그런 기회를 제공하는 자신의 동기는 무엇인지, 그 기회가 아이의 본질에 얼마나 적합한지를 고려해보아야 한다는 것이다. 아이가 충분히 노력하고 있는지, 부모가 충분히 노력하고 있는지, 부모의 역할은 제대로 하고 있는지에 관해 온갖 의문을 불러일으키는 또래의 압력을 물리치고, 진지하게 혼자서 고민해보라는 뜻이다.

또래의 압력에 맞서려면 용기가 필요하다. 10대 때도 그렇지만 중년이 되어서도 마찬가지이다. 또래의 압력이 무시무시할 수밖에 없는 이유는 집단에 속해 있으면 안도하고, 집단과 반대 입장을 취하면 소외감을 느끼기 때문이다. 사람들은 대부분 자신이 배제될 수 있다는 사실에 두려워하고, 그 때문에 끊임없이 자기반성을 하면서 아이의 문제에서도 나쁜 결정을 내릴 때가 많다. 학교에 가려고만 하면 두통과 복통이 생기는 아이에게 고교 심화 과정을 하나 더 신청하라고 주장하는 것은 강박관념 때문일 수도 있다. '재능 있는' 아이를 길러낸 엄마라는 지위에 집착하고 있는 것이다. 이런 태도는 옳지 않다. 아이가 눈부신 성취를 했을 때 부모는 당연히 그 사실을 자랑스러워할 권리가 있다. 아이가 자신의 재능을 익히기까지 부모는 당연히 많은 시간과 돈을 들여 아이를 뒷받침해주었을 테니까. 그러나 중요한 것은, 그것은 어디까지나 아이들의 성취라는 것이다. 부모가 자기만의 관심거리를 가지고 스스로 성취해나가는 일이 중요한 이유이다. 그래야 아이의 성공에 거머리처럼 달라붙지 않을 수 있다.

성적과 스포츠 분야에서의 성공만을 진짜 성공이라고 생각하는 공동체에서 살고 있다면, 생각의 폭을 넓히도록 노력해야 한다. 우리 아이가 학교에서 잘 지내고, 우등상을 받아오거나 우승 트로피를 가져온다면, 당연히 자랑스러울 것이다. 그러나 아이들은 저마다 뛰어난 분야가 있다. 그것을 찾아주는 것, 그것이 바로 부모가 해야 할 중요한 역할이다. 직장에서는 정직, 인성, 협동, 사회 환경을 정확하게 인식하고 새로운 방식으로 생각하는 능력, 유추 능력을 중요하게 생각한다. 또래의 압력은 그런 능력은 소프트 스킬soft skill일 뿐, 일류 대학 졸업장이 없으면 결국 그런 직장에 들어갈 수조차 없다고 할 테지만, 현실은 아이가 아무리 좋은 대학에 가더라도 창의성, 협동심, 진실성, 소통 능력이 없으면 아무 소용이 없다고 한다. 그런 능력이 없다는 것은 21세기가 원하는 인재가 되지 못했다는 뜻이기 때문이다.

마지막으로 이야기하고 싶은 것은 부모는 또래의 압력을 이겨내야 한다는 사실을 아이들에게 거듭해서 말해주어야 한다는 것이다. 부모라면 누구나 내 아이가 자기 삶을 해칠 수 있는 진짜 위험한 행동을 하지 않기를 바랄 것이다. 음주 운전을 하지 않기를 바랄 것이고, 준비가 되기 전까지는 섹스를 하지 않기를 바랄 것이며, 마약을 하지 않기를 바랄 것이다. 부모는 또한 자신에게도 끊임없이 질문해야 한다. 과도한 숙제, 협동이 아닌 경쟁, 수면 부족, 입학원서에 적는 과목만 배타적으로 가르치는 정책을 용인하는 교육제도에도 의문을 가져야 한다. 아이에게 가치관을 보여주는 데 그치지 말고, 가치관대로 행동하는 모습을 보여주어야 한다. 당신이 아이에게 마약과 섹스를 하지 않는 아이도 아주 많다고 말해주는 것처럼, 나도 당신에게 당신처럼 제도를 걱정하고, 불만이 있지만 좌절하고 있는 부모들이 많다는 것을 알려주어야겠다. 그런 사람들을 찾아내고, 나만의 또래의 압력을 가해보자.


## 가족의 유산?: '이런 세상에, 지금 내가 우리 엄마처럼 말하고 있잖아!'
:

예전에는 부모의 양육 방식은 아이에게 전해져, 아이도 부모가 되면 대부분 같은 방식으로 자기 아이를 기른다고 생각했다. '애착 이론

Attachment theory'에 관한 수많은 연구 결과에 따르면 엄마에 대한 애착이 강한 사람의 아이는 다른 사람과 엄마에 대한 애착이 강하다. 아이는 따뜻하게 안정적으로 부모의 사랑을 받고, 부모가 감정을 제대로 조절하는 능력이 있을 때 강한 애착을 느낀다. 부모에게 강한 애착을 느낄 때 아이는 과감하게 바깥세상을 탐험할 수 있다는 확신이 생기고, 힘든 시기에 기댈 수 있는 든든한 기반이 있다는 믿음을 갖게 된다. 부모에 대한 애착이 강한 아이는 스스로를 긍정적으로 여기고, 자신이 사랑받고 있다고 느낀다.

능력이 부족한 부모는 아이와의 애착 관계를 제대로 형성하지 못한다. 부모가 늘 불안해하고 필요할 때 옆에 있어주지 않고 감정을 제대로 조절하지 못하고 불안정하면 아이에게 든든한 기반이 되어주지 못한다. 그렇게 되면 아이는 건강한 대인 관계를 형성하는 능력을 갖지 못하고, 사랑받는다는 느낌도 받지 못한다. 부모와의 애착 관계를 제대로 형성하지 못한 아이는 당연히 다른 사람과도 잘 지내지 못하고, 자기 자신에 대해서도 좋은 평가를 내리지 못한다. 이런 분류 체계는 양육 방식을 생각해볼 수 있는 정확하고도 쉬운 방법이다. 이는 누구나 자신의 부모와 비슷한 부모가 될 가능성이 크다는 뜻이다. "세상에, 내가 우리 엄마랑 똑같이 말하다니!"라고 외치는 경험은 누구나 할 수 있는 것이다.

애착 이론은 심리학자들이 사람이 바깥세상에서 관계를 맺는 방법과 내부 세계에서 자신을 느끼는 방식을 이해하고자 할 때 비중 있게 활용해온 중요한 분석 방법이다. 그러나 이제는 애착 이론을 정적인 분류 체계라고 보는 사람은 아무도 없다. 그보다는 아주 역동적인 체계로 이해한다. 아주 이른 시기에 부모와 맺은 관계는 아이가 결국 어떤 어른으로 성장하는가에 결정적인 영향을 미치며, 아이의 인성에 깊은 흔적을 남긴다. 그러나 부모 외에도 무수히 많은 요소가 아이의 인생에 끼어든다. 불안정한 아이도 좋은 일을 경험하면 안정적인 어른이 된다. 오랫동안 받지 못했다고 해도 새롭게 보살핌과 신뢰와 지원을 받으면 영리하고 재능 있고 신뢰할 수 있는 어른으로 성장한다. 안정적인 아이도 나쁜 일을 겪으면 불안정한 어른이 된다. 아주 안정적인 아이였다고 해도 목숨을 위협하는 병에 걸렸거나 갑자기 부모가 돌아가셨거나 집안 형편이 나빠지는 등 예상치 못한 불행을 겪으면, 아이의 인생은 크게 바뀌면서 지금까지와는 전혀 다른 사람으로 변할 수 있다. 부모의 양육 방식은 당연히 아이에게 엄청난 영향을 미치지만, 아이를 형성하는 요소는 부모의 양육 외에도 수없이 많다. 물론 쉽게 인정하기는 어려운 사실이다. 이는 곧 아이들은 우리가 어찌할 수 없는 위험에 노출되어 있다는 뜻이니까. 하지만 이는 완벽하게 결정된 것은 없기 때문에 우리가 어렸을 때 어떤 경험을 했건 간에 바람직한 방향으로 양육 방식을 바꿀 수도 있다는 뜻이기도 하다.

아이들을 따뜻하게 사랑하고 지원해주며, 단호하게 훈육도 할 줄 아는 근사한 엄마인 내 친구는 세상이 바라는 바람직한 양육 유전자를 모두 가진 것처럼 보인다. 친구도 친구의 남편도 최고 일류 대학을 졸업했지만, 한 번도 아이에게 공부를 해야 한다고 강요하거나, 학교 일에 간섭하는 법이 없었다. 물론 내 친구가 아이들에게 제시한 기준은 아주 높았다. 그러나 친구의 두 아이는 특성이 아주 달랐기 때문에, 친구는 각 아이의 기질과 관심과 능력에 맞는 적절한 기준을 제시했다. 자신이 사는 지역에 많이 있는 저명한 학교 대신에, 압력이 적고, '전인적 아이'로 성장하는 데 확실히 주력하는 학교에 아이들을 보냈다. 친구의 아이들은 훌륭하게 성장했다. 아이의 관심과 엄마의 관심이 다를 때가 많았지만, 친구는 당황은 할지언정 열정은 잃지 않았다. 오랫동안 나는 그 친구를 내 역할 모델로 삼았고, 결정하기 힘든 양육 문제가 생길 때마다 그 친구를 찾아가 상의했다. 나는 그 친구의 엄마도 당연히 최고의 엄마였을 것이라고 생각했다. 아이들을 키우는 동안 끈끈한 우정을 쌓은 우리는 주로 아이들, 남편, 우리의 직업 이야기를 했다.

어느덧 아이들은 자랐고, 우리 두 사람 모두에게 좀더 자유로운 시간이 생겼다. 그때부터 우리는 아이가 없었던 시절의 이야기도 함께 나눌 수 있었다. 하루는 점심시간에 커피를 마시는데 친구가 말했다. "우리 엄마는 한 번도 내가 가치 있는 사람이라고 느끼게 해준 적도 없고, 내가 독립된 한 사람이라는 사실을 인정해준 적도 없고, 엄마와는 다른 소망과 꿈을 가질 수 있는 사람이라고 생각해준 적도 없어. 열심히 노력해서 무언가를 해내도 나를 자랑스러워한 적이 한 번도 없어. 엄마에게 가장 중요한 건 자기 친구들에게 인정을 받는 거 같았어. 그건 엄마의 역할 모델이었던 할머니가 극도로 조건을 따지고 지시만 하는 근엄한 엄마였기 때문인 거 같아." 친구의 말은 입이 떡 벌어질 정도로 놀라운 고백이었다. 내가 아는 최고의 엄마가 역시 최고

인 엄마의 딸이 아니라, 자기 감정도 제대로 조절하지 못한 할머니를 그대로 닮은 엉터리 엄마의 딸이라니? 친구의 이야기는 내가 늘 생각해오던 '가족의 유산'이라는 개념을 여지없이 깨뜨려버렸다. "하지만 자긴 정말 세심한 엄마잖아. 어떻게 자기 엄마랑 전혀 다른 사람이 될 수 있었어?" 나는 친구의 특성을 천천히 생각해본 뒤에 물었다. 내 말에 친구는 "다른 사람이 되어야 한다는 결심을 의식적으로 하지 않으면 과거라는 감옥에 쉽게 갇히고 말아"라고 했다. 내 친구는 위축되는 사람이 아니었다. 사려 깊고 성찰적인 내 친구는 엄마와의 관계를 자기 아이들과는 되풀이하지 않겠다고 결심했다.

따뜻함, 격려, 안정, 정서적 교감이 양육의 '마법 탄환'이라면, 내 친구처럼 그런 것들과는 전혀 무관한 환경에서 자란 사람들은 어떻게 해야 할까? 어쩌면 당신의 부모는 허구한 날 싸움만 했을 수도 있고, 엄마는 우울증이고 아빠는 알코올의존증이었을 수도 있다. 그런 경우에도 일반적으로 건강한 부모 밑에서 자라야만 배울 수 있는 양육 기술을 배울 수 있을까? 그 대답은 당연히 배울 수 있으니 안심하라는 것이다. 사람은 절대 완제품이 아니다. 엄청난 이해력과 변할 수 있는 능력을 가진 존재이다. 자신은 사랑을 받지 못하고 자랐어도, 아이에게는 따뜻하고 안정적인 사랑과 지원을 해줄 수 있으며, 감정을 조절하는 법도 배울 수 있다. 절대로 쉬운 일은 아니지만, 성공하는 부모는 저절로 되는 것이 아니다.

누구에게나 감정 조절이 수월하게 되는 날이 있고, 완벽하게 엉망이라고 느끼는 날이 있다. 우리는 부모이기 이전에 사람이다. 부모에게는 완벽해야 한다는 의무가 없으며, 완벽함은 부모가 추구해야 할 미덕도 아니다. 완벽함은 결국 실망으로 끝나는 경우가 많으며, 너무나도 자주 사람을 우울하게 만든다. 그러나 부모는 되도록 가장 좋은 부모이기를 바라며, 과거의 경험이 부모의 선택과 양육 방식에 절대적인 영향을 미치는 것을 원치 않는다. 따라서 부모는 자신을 키운 양육 방식에 어떤 좋은 점과 나쁜 점이 있는지 파악해야 한다. 부모의 장단점을 오랫동안 고민하고 평가하는 것을 부모를 배반하는 행위라고 생각하지 말자. 나는 우리 엄마를 냉정하게 평가하기까지 오랜 시간이 걸렸다. 엄마는 마흔두 살에 남편을 잃었다. 그런 분을 어떻게 비난할 수 있겠는가? 하지만 결국 나는 엄마가 나를 어떻게 길렀는지를 생각해보는 동안, 우리 엄마가 가장 원한 일을 내가 하고 있음을 깨달았다. 내 자신이 엄마보다 더 능력이 있는 엄마가 된 것이다.

부모들은 우리 아이가 나보다 '더' 잘 살기를 바란다고 끊임없이 말한다. 잘 산다는 의미는 돈을 잘 벌거나 명예를 얻는 것일 때도 있다. 그러나 대부분은 단순히 아이가 돈을 잘 벌거나 출세하기를 바라지 않는다. 부모가 진심으로 원하는 것은 아이가 발전하는 것이다. 그래서 더 나은 사람, 더 나은 시민, 더 나은 부모가 되기를 바라는 것이다. 그러니 이제 부모님이 당신을 축복하고 있다고 생각하고, 부모님의 양육 방식을 객관적으로 평가하고, 당신의 양육 방식을 객관적으로 평가해보자. 그리고 당신의 생각을 적어보자. 자녀의 양육에 가장 나쁜 영향을 미칠 수 있는 특성을 한두 가지 적어보자. 불안? 우울증? 나쁜 부부 사이? 너무 인색한 것? 너무 쉽게 흥분하는 것? 다른 사람의 감정을 읽을 수 없는 것? 생각을 눈에 보이는 형태로 적음으로써, 부정을 극복하고, 투사에 맞서고, 무엇을 바꾸어야 할지를 판단할 수 있다.

## 변화의 삼위일체: 자아 성찰, 공감 능력, 융통성

:

이미 당신은 어려운 문제와 씨름할 때 당신을 방해한다고 생각하는 요소를 적었을 것이다. 이제 당신이 가장 어렵다고 생각하는 크고 작은 양육 문제를 적어보자. 아이가 직접 결정을 내리게 하기("줄무늬랑 물방울무늬 옷을 같이 입으면 안 돼"), 중학생인 아이를 좀더 친절한 아이로 만들기(혹시라도 친구에게 인기가 없을까봐 걱정이 되니까), 아들이 자기 방 안에서 무엇을 하고 있을지 몰라 걱정이 된다고 해도 아이가 문을 닫고 들어가 있으면 간섭하지 않기, 아이에게 공부를 열심히 하라고 말하기(지금 성적으로는 아이가 자기 장래를 마음대로 선택하지 못하게 될 수도 있을 테니까). 이 목록은 일단 제쳐두자. 나중에 다시 살펴볼 것이다.

부모는 자신의 인생을 이해하는 과제를 일생 동안 계속 풀어야 한다. 사람은 결코 완성되는 법이 없다. 인생은 끊임없이 바뀌기 때문이다. 세 살 아이가 뿌루퉁한 얼굴로 "엄마 미워" 하는 소리는 참을 수 있어도 10년 뒤에 열세 살이 된 아이가 엄마 얼굴을 똑바로 쳐다보면서 같은 말을 하면 참지 못할 수도 있다. 부모가 되기 위해서는 끊임없이 발전하고 성장해야 한다. 아이의 변화에 적응하고 아이와 함께 성장하려면 반드시 세 가지 덕목을 갖추어야 한다. 첫째는 내 자신의 역사와 진정한 나를 이해하는 과정인 자아 성찰이다. 둘째는 다른 사람의 마음을 이해하는 공감 능력이다. 셋째는 육아라는 게임 판에서 다양한 기술을 구사할 수 있게 해주는 융통성이다. 책에는 자아 성찰과 공감 능력과 융통성을 다른 기술인 것처럼 나누어서 설명했지만, 사실 이 세 기술은 일렬로 늘어선 목록이라기보다는 서로 긴밀하게 얽혀 있는 그물과 같다. 한 기술이 제대로 효과를 발휘하려면 다른 두 기술이 잘 발달해야 한다.

## 자아 성찰

이 책에서 언급한 덕목 가운데 가장 중요한 것을 고른다면, 바로 자아 성찰이다. 심리학자로서 나는 사람들이 내면으로 시선을 돌릴 수 있도록 돕는 훈련을 받았다. 자신의 사고나 행동을 만들어내는 환경과 감정을 파악할 수 있게 도와주는 것이다. 델포이의 아폴론 신전에는 '네 자신을 알라'라는 경구가 새겨져 있다. 자아 성찰이 사람의 성장에 긍정적이면서도 중요한 역할을 하는 이유가 있다. 자아를 성찰하지 않으면 자유롭게 '선택'할 수 없다. 스스로 깊이 생각한 뒤에 결정을 내리지 못하고, 불분명하고 심지어 알지도 못하는 힘에 끌려 다니게 된다. 자신의 경험을 완전히 소화하고 이해해야만 부모로서,

배우자로서, 친구로서, 한 개인으로서 자유롭게 선택할 수 있다. 스스로를 반성하는 자아 성찰은 자폐적인 '자기 망상navel-gazing'이 아니다. 자아 성찰은 자신의 역사와 경험과 감정을 한데 모아 가공 처리한 뒤에, 분명하고 조리 정연한 한 사람의 인생 이야기로 통합하는 어려운 작업이다. 우리 아이들이 스스로를 이해하게 하려면 부모가 먼저 자신을 이해해야 한다.

이제 앞에서 적은 목록으로 돌아가보자. 어떻게 해야 깊이 있고 의미 있는 인생 이야기를 만들 수 있을까? 당신을 힘들게 하는 양육 문제와, 지금까지 그다지 성공적이지 않던 해결 방법에 빛을 비추어줄 인생 이야기를 어떻게 만들어야 할까? 먼저 자신이 적은 목록을 오랫동안 생각해보는 시간을 갖자. 사실 부모는 대부분 상당히 많은 시간을 들여 아이들 양육 문제를 고민한다. 때로는 배우자나 친구를 붙잡고 상대가 완전히 지칠 때까지 아이들 문제를 떠들기도 한다. 친구나 배우자에게 아이들 문제를 이야기하는 것은 도움이 상당히 많이 되지만, 다른 사람들에게만 의지하지 말고 내면으로 시선을 돌려 자신의 기억과 감정을 제대로 살펴볼 필요가 있다. 일기를 쓰는 것도 크게 도움이 된다. 일기를 쓰면 자신의 마음을 솔직하게 표현할 수 있고, 자신이 쓴 일기를 읽으면서 객관적으로 자신을 돌아볼 수도 있다. 예를 들어, 이런 식으로 일기를 쓴다고 하자. '내가 아이의 학교 성적을 너무 걱정하고 아이를 너무 재촉한다는 걸 알아. 하지만 다른 아이들보다 공부를 못하면 모든 기회를 놓칠지도 모르는데 어떻게 해? 내 친구 아이들은 모두 일류 대학에 가는데, 우리 아이만 듣도 보도 못한 대학에 가면 어떻게 해?' 이것은 좋은 시작이다. 이런 일기를 씀으로써 부모는 어떻게 하는 것이 아이의 학교생활에 제대로 참여하는 것인가라는 어려운 양육 문제를 생각할 기회를 얻는다. 그리고 좋은 부모가 될 수 없게 막는 요소들을 확인할 수 있다(이 일기에서는 부모가 불안해하고 있으며, 또래의 압력에 취약하다는 사실을 알 수 있다). 이제 부모가 할 일은 왜 자신에게 그런 문제가 일어날 수밖에 없었는지, 왜 그런 문제에 신경쓸 수밖에 없게 되었는지, 그 이유를 과거의 경험에서 찾아보는 것이다. 혹시 부모님이 자신의 능력보다 훨씬 높거나 낮은 기대를 하지는 않았는지? 교육열이 아주 높았거나 아주 무관심하지는 않았는지? 자녀가 성공하거나 실패했을 때, 자녀의 기분을 신경쓰는 분이었는지, 아니면 다른 사람의 평가를 신경쓰는 분이었는지? 또한 성공하면 자랑스러워하고, 실패하면 부끄러워해야 한다고 가르치지는 않았는지? 모든 가정은 저마다 다르고, 독자들마다 불안해하거나 우울한 이유, 취약한 부분이 모두 다르기 때문에 모든 사례를 다 나열할 수는 없다. 그러나 명상을 하고, 일기를 쓰고, 가족사진을 보고, 그저 자기 자신과 대화를 해보는 것만으로도 어려운 문제를 푸는 데 도움이 되며, 내 자신을 좀더 폭넓게 이해하고 부모로서 더욱 명확하고 나은 선택을 할 수 있게 된다.

우리 모두는 과거로부터 자유로울 수 없다. 하지만 아이와의 관계나 양육 방식 선택에서는 원치 않는 간섭으로부터 자유로울 수 있다. 부모가 되는 것은 근사한 관계를 맺을 수 있는 기회를 한 번 더 얻는 것이다. 우리는 또다시 부모와 자식 관계가 되었다. 그리고 이번에는 우리가 카드를 쥐고 있다. 우리는 우리의 부모에게서 배운 것을 최대한 활용하고, 우리에게 맞지 않거나 상처가 되었던 것은 과감하게 바꾸어야 한다. 지금 선택권은 우리에게 있다.


## 공감 능력

어쩌면 특이하다고 생각할지 모르지만, 아주 오랫동안 나는 사람들은 사랑받는 것과 이해받는 것 중에 선택하라면 대부분 이해받는 것을 선택할 것이라고 생각했다. 물론 사람들은 대부분 두 가지 모두를 원한다. 그러나 사랑받지 못하면 상처를 받지만, 이해받지 못하면 참을 수 없다. 사람은 자신의 내면 깊숙한 곳에 있는 자기를 보아주기를, 알아주기를, 이해해주기를, 받아들여주기를 간절히 바란다. 우리는 '사랑하는 관계'를 맺을 수는 있지만, 상대가 나를 이해하지 못하거나, 더 나쁜 경우 오해를 하면, 크나큰 외로움에 빠지고, 결국 그 관계는 끝나고 만다. 물론 상대를 제대로 이해하지 못하는 사랑은 사랑이 아니라고 말할지도 모르겠다. 그러나 부정, 투사, 가족의 역사를 살펴보면서 확인했듯이, 자신이 사랑하는 사람을 정확하게 어떠한 오해도 없이 이해하기는 절대로 쉽지 않다.

지금까지 내가 본 부모들은 모두 좋은 의도를 가지고 아이들을 깊이 사랑하는 부모들이었다. 어떤 부모든지 내 아이가 자랐을 때 어떤 사람이 되었으면 하는지 물으면, 한 명도 예외 없이 '행복한 사람'이라고 대답한다. 부모들은 대부분 자신이 공감 능력이 뛰어난 부모이며, 아이와 공감하는 능력이 아이의 성장에 크게 영향을 준다고 믿는다. 하지만 내가 만나본 아이들은 대부분 부모가 자신을 이해하지 못한다고 느낀다. 부모로서 직면하는 많은 문제를 성공적으로 해결하느냐 못하느냐는 부모가 아이의 마음을 제대로 이해하고 적절하게 대응할 수 있는가에 달려 있다.

사람은 사회적 동물이기 때문에 본능적으로 유대를 맺고자 하는 욕구가 있다. 신경정신병학자 대니얼 시겔Daniel Siegel은 이 욕구를 '느낌 느끼기feel felt'라고 부르고, 우리 뇌가 유대감을 형성하는 과정을 추적하고 있다.[3] 유대감은 상당 부분 비언어적으로 형성된다. 갓난아기를 보면서 웃는다고 생각해보자. 엄마가 아기를 보고 웃으면 아기도 엄마를 보고 방긋 웃는다. '공명resonance'이라고 하는 이런 상호 반응은 전 생애에 걸쳐 사람과 교감할 때 중요한 역할을 한다. 애인의 눈을 들여다보고, 엄마의 손을 잡고, 아이를 꼭 안을 때 어떤 기분이 드는지 생각해보면 무슨 뜻인지 잘 알 것이다.

오늘날 부모는 아이들과 많은 대화를 나눈다. 의견을 교환하고 논쟁하고 토론하고 끝없이 설명한다. 우리 세대의 부모님들이 우리와 나누었던 대화의 양을 생각해보면 분명히 변화된 모습이긴 하다. 아이와 대화를 하는 데는 장점도 있지만 분명히 한계도 있다. 그리고 부모와 말하고 있다고 해서 아이가 부모에게 이해받고 있다거나 공감하고 있다고 느끼는 것은 아니다. 일반적으로 아이는 부모가 말하고 있다고 느낄 뿐, 부모와 대화한다고 느끼지 않는다. 그리고 아이들의 평가가 옳을 때가 많다. 아이들에게 장황하게 말을 늘어놓는다고 해서 유대감이 형성되지는 않는다. 유대감은 아이의 감정과 관점을 정확하게 이해해야만 형성된다. 바로 여기가 부모가 방향감각을 잃는 지점이다. 부모는 흔히 공감 능력을 동조, 토론, 우정과 혼동한다.

부모와 아이가 공감하고 유대감을 형성하는 것, 그것이야말로 아이의 성장에 가장 중요한 보호 요인이다. 부모가 아이에게 공감하고 유대감이 형성되어 있으면, 아이는 정신 건강부터 성적에 이르기까지, 모든 면에서 제대로 성장할 수 있다. 공감 능력은 탁월한 묘책이기 때문에 여기서 우리는 시간을 들여 충분히 이해하고 넘어가야 한다. 공감 능력이란 다른 사람의 내면의 경험을 정확하게 이해하는 능력이다. 상대방의 경험에 동의하는가 동의하지 않는가는 전혀 상관이 없다. 동조와 달리 공감은 상대방의 마음이 어떨지 추론하지 않는다. 아이에게 공감한다는 것은 아이의 감정을 함께 경험한다는 뜻이다. 아이에게 좋은 경험이라면, 부모는 아이의 열정을 함께할 수 있고, 아이의 즐거움을 증폭할 수 있다. 아이에게 불안정하거나 스트레스를 주는 경험이라면, 부모는 아이를 다독여주고 달래줄 수 있다.

다른 사람의 내면으로 들어가는 것은 분명히 쉽지 않다. 그러나 아이들이 그 대상일 경우에는 부모에게 유리한 점도 있다. 부모는 아이가 태어났을 때부터 아이를 보았다. 머리카락을 빙글빙글 돌리면 피곤하다는 뜻이고, 입술을 부르르 떨면 화가 났다는 뜻이고, 발을 동동 구르면 불안하다는 뜻이라는 등 아이의 표정과 태도를 보고 아이의 감정을 비교적 쉽게 알 수 있다. 하지만 그것은 또한 함정이기도 하다. 아이는 변한다. 부모 역시 마찬가지이다. 미끄럼틀에서 내려가는 것은 세 살 아이에게는 두려울 수 있다. 이때 부모가 아이에게 해줄 일은 안심시켜주는 것이다. 하지만 여섯 달 뒤에는 같은 미끄럼틀에서 신나게 내려올 수 있다. 그때 부모가 아이에게 해줄 일은 아이의 성취를 함께 기뻐하는 것이다. 아이가 보내는 비언어 신호에 제대로 반응할 수 있어야 한다. 그래야 두려워하는 아이에게 굉장한 일을 했다고 칭찬하는 실수를 범하지도, 자신이 해낸 일에 잔뜩 의기양양해진 아이에게 무서워할 것 없다고 위로해주는 잘못을 범하지도 않는다.

공감 능력이 뛰어난 부모 밑에서 자란 사람은 자신도 공감 능력이 뛰어난 부모가 될 가능성이 크다. 충분히 공감을 받으며 컸고, 다른 사람에게 공감하는 법도 배웠기 때문이다. 그러나 노력하면 공감 능력도 발전한다. 자아 성찰이 어떤 의미에서는 과거의 상처를 명확하게 하고 치료하는 과정인 것과 마찬가지이다. 그러려면 먼저 우리를 기쁘게 하는 일, 실망시키는 일을 알아야 한다. 이것은 아이를 기쁘게 하는 일, 실망시키는 일과 일치할 수도 있고 그렇지 않을 수도 있다. 부모라면 우리 아이가 타인을 존중하는 사람, 친절한 사람, 봉사의 기본 가치를 공유하는 사람으로 자라기를 바라는 것이 당연하지만, 좋고 싫음이나 기호, 재능까지 부모와 완벽하게 일치하기를 바라서는 안 된다. 부모의 역할은 아이를 낳고 이끄는 것이지, 자신을 복제하는 것이 아니다. 아이가 자신의 복제품이 되기를 바라는 부모는 아무도 없을 것이다. 삶이 선사하는 아주 근사한 기적 하나가 바로 모든 사람이 저마다 아주 독특하다는 것 아닌가.

우리 아들 셋은 모두 우리 지역에 있는 공립 고등학교에 다녔다. 우리 가정이 속한 공동체는 학업에 대한 기대가 아주 높고, 성공에 대한 정의가 아주 좁다. 경쟁심이 강하고, 극도로 성실하고, 우등생인 큰아들이라면 그런 환경에서도 잘할 수 있다. 실제로 우리 아이는 A를 받지 못한 날이면 자신에 대한 실망감에 어쩔 줄 몰라했다. 그때 내가 할 일은 아이가 실망했다는 사실을 충분히 공감하고, 그저 조용히 등을 토닥여주면서, 혹시라도 나에게 하고 싶은 말이 있으면 언제라도 해도 된다는 사실을 알려주는 것이다. 큰아들은 내가 딱히 걱정해야 할 불안 증상(두통이나 복통 따위)은 보이지 않았다. 내 자신이 우등생이었기 때문에 큰아들이 얼마나 실망했을지는 쉽게 알 수 있었다.

둘째 아들은 성적에 크게 신경을 쓰지 않았다. 대체적으로 점수는 높았지만, 숫자에 신경을 쓰지 않았기 때문에 대학 입학원서를 작성할 때까지 자기 점수를 제대로 알지 못했다. 정말 창의적인 아이였고, 언제나 다른 방식으로 생각했다. 시험지를 받는 즉시 구겨서 쓰레기통에 던져버릴 때가 많았기 때문에, 선생님이 분하게 생각할 정도였다. 하지만 둘째 아들은 선생님을 무시하기 때문에 그런 행동을 한 것이 아니다. 그 아이는 늘 성적은 좋았다. 단지 성적에 흥미가 없을 뿐이었다. 나는 둘째 아이의 태도에 공감하기 힘들었다. 성적과 점수에 신경쓰지 않는다는 것이 나에게는 아주 낯설었기 때문이다. 어느 날 둘째 아들은 시험지를 또다시 쓰레기통에 던져넣었다가 학교에 남아야 했고, 그 때문에 집에 돌아왔을 때는 잔뜩 화가 난 상태였다. 그때 나는 큰아들과는 전혀 다른 방식으로 둘째 아들에게 공감해주어야 했다. 아이에게 내가 아이의 눈으로 세상을 볼 수 있게 도와달라고 하자 아들은 그렇게 했고, 나는 드디어 아들에게 공감할 수 있었다. '세상에는 성적 말고도 재미있는 게 아주 많아. 다른 아이들은 놓치지만 내 눈에는 보이는 흥미로운 일이 아주 많단 말이야. 그런 일에 비하면 성적은 정말 따분하다고.' 그것이 아이의 생각이었다. 공감 능력은 정말 근사하다. 아이뿐 아니라 부모에게도 도움이 되기 때문이다. 아이의 눈으로 보면 현행 교육제도를 보는 내 시각에도 분명히 변화가 생긴다.

그리고 마지막으로 막내아들은 완벽하게 평범한 아이였다(학교 성적이 중간이라는 뜻이다). 뛰어난 것을 당연한 일로 받아들이는 우리 지역사회에서 이 말은 학교에서 뛰어난 아이가 되기가 정말 어렵다는 뜻이었다. 막내아들이 관심이 있고 잘하기도 하는 만들기나 조경은 고등학교에서 인정하는 재주가 아니었다. 다행히 막내아들은 자신이 학교 공부에만 집중하면, 몇 년을 힘들게 보내야 한다는 사실을 아주 일찍 깨달았다. 그래서 아들은 지역 대학에서 자신이 흥미를 느낄 만한 과정을 찾아서 몇 가지를 수강했고, 그 선택은 성공적이었다. 이것이 바로 C급 학생을 B급으로, A급으로 바꾸는 비결이다. 과외 선생님을 붙여주는 대신, 아이가 흥미를 느낄 수 있고 잘할 수 있는 분야를 찾아주는 것이다(물론 과외 자체를 폄하할 생각은 없다. 그저 '남용'하는 게 아닌가 생각하는 거다. 과외가 도움이 되는 아이도 있겠지만, 대부분은 관리

해주지 않으면 혼자서는 공부를 할 수 없는 아이가 된다). 박사 학위를 받았고, 늘 우등생으로 살던 나 같은 사람이 나와는 전혀 다른 길을 택한 아이에게 공감할 수 있을까? 물론이다. 나는 아이의 모든 장점(우리 막내아들은 내가 아는 그 어떤 아이보다 정말 친절했다)을 보기로 결정했다. 그리고 계속 성적이 나쁘게 나와 아이가 좌절할 때는 아이가 처한 어려움에 공감할 수 있었고, 아이가 용기를 잃지 않게 해줄 수 있었다. 처음에 두어 차례 실패를 겪긴 했는데(내가 내 입장에서 아이를 완전히 오해한 것이다), 그뒤로 나는 다시는 성적 때문에 아이를 괴롭히지 않기로 했다. 아이는 능력껏 했고, 행복해하고 있었다. 그 정도면 충분했다. 아니 그저 충분한 정도가 아니었다. 정말 근사했다.

　나는 아이들이 자신이 받을 압력을, 다닐 학교를, 잠잘 시간을, 숙제의 양을, 과외활동의 종류를 직접 결정할 수 있어야 한다고 주장해왔는데, 지금까지 말한 것이 바로 그 이유이다. 이제 우리 세 아들은 거의 다 자랐다. 큰아들은 예상대로 일류 대학에 갔고, 둘째 아들은 예술가를 많이 배출한 학교에 갔고, 막내아들은 기술 분야에 강한 학교로 갔다. 세 아이 모두 학교에 만족한다. 아이들이 열정을 가지고 긍정적인 자세로 자신에게 맞는 대학을 선택할 수 있도록 도와주려면, 아이의 눈 뒤쪽으로 기어 올라가야 한다. 아이들이 어떤 관점으로 세상을 보고 있는지 알아내야 한다는 말이다. 이는 열린 마음으로 아이들을 이해해야만 가능한 일이다. 아이들이 하는 말을 듣는 법을 배워야 한다. 무릎반사 같은 반응으로는 아이들이 하는 말을 제대로 들을 수 없고, 아이들이 보는 것을 명확하게 볼 수 없다. 부모는 자신의 관점을 갖지 말라거나 선호하는 것을 만들지 말라는 뜻이 아니다. 부모의 관점과 경험을 아이들에게 나누어주는 데서 그칠 게 아니라, 아이들이 자신의 삶을 만들어가는 동안 그 아이들을 느끼는 능력을 갖자는 뜻이다.

공감 능력은 우리에게 가장 중요한 관계를 단단하게 붙여주는 접착제이다. 외계인 ET가 엘리엇의 이마를 가리키면서 "나는 항상 여기 있을 거야"라고 했을 때, ET가 말하고자 한 것은 공감 능력이다. 공감 능력이 형성하는 유대감은 아무리 멀리 떨어져 있어도 강력하게 작용한다. 공감 능력은 우리가 살아 있는 한 우리 안에서 아이들이 생생하게 살아 있게 한다. 그리고 아이가 자신의 삶을 좇아 전혀 낯선 곳으로 들어가도 아이의 마음속에 우리가 생생하게 살아 있게 한다.


## 융통성

융통성은 마음을 형성하는 틀이다. 융통성은 수많은 가능성 가운데서 가장 좋은 것을 선택하게 하는 능력이다. 부모에게 융통성이 있어야 한다는 것은 호락호락한 사람이 되라는 뜻이 아니다. 의사 결정을 할 때 당신은 아이들에게 필요한 틀과 내용과 맥락의 중요성 사이에서 아슬아슬한 줄타기를 할 수밖에 없다. 그러나 융통성이 없으면 성공하는 부모가 될 수 없으며, 공감하고 자아 성찰을 하는 부모는 더더욱 될 수 없다. 융통성이 없으면 나쁜 결정을 하게 된다. 생각 없이, 공감하지 않은 채, 자동적으로 반응하게 되기 때문이다. 우리 아이의 문제를 그런 식으로 결정하고 싶은 부모는 없을 것이다. 아니, 아이 문제뿐 아니라 어떤 일이든지 그런 식으로 결정을 내리고 싶은 사람은 없을 것이다.

메릴린은 막내아들인 라이언이 두 누나가 다니는 사립 초등학교에 입학했으면 한다. 평판이 좋고 공부를 잘 가르치는 학교였고, 라이언의 누나들은 충분히 잘 지냈기 때문이다. 그러나 활동적인 라이언은 학교에 들어가는 순간 학교가 싫어졌다. 복도는 정말 조용했고, 창문으로 들여다본 교실에서는 모든 학생이 책상 앞에 앉아 조용히 공부하고 있었다. 지금까지 라이언이 다닌 초등학교는 그렇지 않았다. 아이들은 언제나 뛰어다니며 활발하게 움직였고, 교실은 친구들이 떠드는 소리로 정신이 없었다. 교장실로 들어가자 사립학교 여자 교장 선생님은 라이언에게 조용히 의자에 앉아 있으라고 했다. 라이언이 책상에 있는 물건을 만지자 정색을 하며 라이언을 나무랐다. 집으로 돌아온 라이언은 울음을 터뜨렸다. "절대 거기 안 다닐 거야. 거긴 정말 싫어. 절대로 날 거기에 보내면 안 돼, 엄마." 라이언의 말을 들은 메릴린은 버럭 화를 내며 말했다. "넌 아직 꼬마야. 너한테 뭐가 좋은지 모르잖아. 내가 보내기로 결정한 곳에 가야 해." 정말 무서운 반응 아닌가? 하지만 메릴린은 악마 엄마가 아니다. 비록 메릴린은 라이언에게 공감하지 못했지만, 우리는 메릴린에게 공감해보자. 메릴린은 왜 그런 반응을 보였을까?

무엇보다도 라이언과 면담을 끝낸 교장 선생님은 누나들은 무척 뛰어난 학생이지만 라이언은 아직 열심히 공부할 준비가 되지 않았다고 메릴린에게 말했을 것이다. 그런 말을 들은 메릴린은 분명히 창피했을 테고, 자신이 무능력한 엄마처럼 느껴졌을 것이다. 내성적인 메릴린은 조용한 두 딸과 함께 사는 삶이 행복했다. 하지만 메릴린의 남편은 아들을 갖고 싶다며 셋째를 낳아야 한다고 고집을 부렸다. 결국 라이언이 태어났을 때 남편은 정말 기뻐했지만, 메릴린의 심정은 조금 달랐다. 안 그래도 남편과 함께하는 시간이 적은데, 그 시간을 라이언이 빼앗아갔다. 처음부터 메릴린은 아들에게, 아들의 끊임없는 활동성에 당황했다. 라이언은 갓난아기 때는 배앓이 때문에, 다섯 살도 되기 전에는 운동장에서 굴러떨어져서 응급실로 뛰어가야 했다. 그리고 자기 방에서 혼자 있을 때도 끊임없이 중얼거리면서 노래를 부르는 아이였다. 메릴린에게 라이언은 꼭 외계인 같았다. 메릴린은 라이언이 ADHD를 앓고 있을 거라고 생각했다. 소아과 의사가 라이언은 정상이라고, 그저 활발할 뿐이라고 말했지만 도무지 믿을 수가 없었다. 소아과 의사는 라이언이 수건을 질질 끌고 다니면서 "나는 슈퍼맨이다!" 하고 외치는 모습을 한 번도 본 적이 없으니 그런 말을 하는 거라고 생각했다.

메릴린은 라이언이 태어난 그날부터 라이언에게 문제가 있다고 느꼈고, 사립 초등학교 교장 선생님은 그 믿음을 굳건하게 해주었다. 메릴린을 보면 자아 성찰, 공감 능력, 융통성이 단독으로 존재하는 특성이 아니라 그물처럼 얽혀 있는 특성이라고 하는 이유를 알 수 있다. 메릴린에게 자아를 성찰하는 능력이 있었다면 자신이 라이언에게 분노하고 있으며, 라이언에게 너무 자주 화를 내기 때문에 부끄러워하고 있다는 사실을 깨달았을 것이다. 그러면 라이언에게 좀더 강한 유대감을 느꼈을 것이고, 사립 초등학교는 너무 엄격하고 자신을 전혀 반기지 않는다고 생각하는 아들의 생각에 공감할 수도 있었을 것이다. 메릴린이 라이언의 눈으로 사립 초등학교를 볼 수 있었다면, 사립 초등학교는 두 딸에게는 좋은 곳이었지만 아들에게는 그렇지 않다는 융통성을 발휘할 수 있었을 것이다. 그리고 아들을 부족하게 여기기는커녕 자신에게 맞지 않는 학교를 구별할 수 있는 아들의 능력을 자랑스러워했을 것이다.

융통성은 노력하면 발달하는 기술일까? 이미 생각이 경직된 사람들도 있지 않을까? 더구나 아이들에게는 일관된 규칙이 있어야 하지 않을까? 이 세 질문에 대한 답은 모두 '그렇다'이다. 하지만 융통성은 자유롭게 선택하는 연습을 할 기회를 제공한다. 늘 같은 식으로 반응하면 상황에 끌려가게 된다. 스스로 이끌어갈 수 없는 것이다.


아이를 기르다보면 현 상태를 유지할 것인지, 새로운 정보로 무장하고 다른 길로 갈 것인지를 결정해야 하는 순간이 온다. 오늘날 우리 아이들은 자신의 욕구를 알아주지도 않으면서 해를 가하기까지 하는 세상에서 살아가고 있다. 이 사실에 이의를 제기할 사람은 거의 없을 것이다. 성공을 규정하는 현재의 편협한 사고가 학업 성취도가 높은 소수의 학생들의 자원을 고갈시키고, 학문 외에 다른 잠재력을 가진 다수의 학생들은 폄하한다는 사실을 여실히 드러낸 연구 결과가 쏟아져나오고 있다. 이러한 상황에서 행동하지 않고, 제도와 부모 자신을 바꾸려고 노력하지 않는 것은 분명히 용납할 수 없는 일이다.

이제 우리는 위태로운 정점에 도달했다. 우리는 계속해서 겁쟁이로 살아갈 수도 있고, 과감하게 앞으로 나서서 아이들이 마땅히 누려야 할 어린 시절을 돌려줄 수도 있다. 학교는 즐겁게 배우는 장소가 되어야 하며, 부모는 공감하는 사람이 되어야 하고, 물질주의가 만연하는 사회에서 아이들을 보호할 방법을 마련해야 한다. 부모는 누구나 자기 아이를 걱정한다. 아이들이 뒤처질까봐, 경쟁할 수 있는 도구를 마련하지 못할까봐, 기회를 잃을까봐 걱정한다. 그러나 아이를 잘 살게 하는 것과 성공하는 것 중에 하나를 선택할 필요는 없다. 아이를 잘 살게 하는 바로 그 요소들이 아이를 성공하게 하는 요소들이기 때문이다. 자신이 가진 재능과 적성을 사랑하고 소중하게 여기는 아이, 자신을 잘 알고 다른 사람의 욕구를 잘 아는 아이, 근면하고, 순간의 즐거움을 참을 수 있는 아이, 적절한 순간에 자기에게 보상을 줄 수 있는 아이, 인생에서 재미와 의미를 찾을 수 있는 아이, 그런 열정적인 아이들이 행복을 누리고 성공한다. 그런 아이들이야말로 정말로 행복하고 진정으로 성공하는 것이다.

치열한 싸움을 하려면, 무제한으로 자원을 쏟아붓는 시장의 힘과 경쟁하려면, 많은 사람이 택하지 않는 험난한 길을 가려면, 용기를 내고 스스로를 단련해야 한다. 하지만 우리가 절대로 무시하면 안 되는 현실이 있다. 유아와 청소년의 정신 건강을 측정하는 모든 수치는 갈수록 상황이 나빠지고 있다는 것을 보여준다. 어른들이 아이들을 가혹하게 몰아붙이면서 부담을 더 많이 주기로 결정한 뒤부터 일어난 일이다. 성공에 관한 현대인의 정의는 실패한 것이다.

물론 우리 모두의 미래는 불확실하다. 우리가 상상하지 못했던 기술과, 이전에는 없던 직업이 계속 생기고 있다. 불확실성은 참기 힘들다. 간신히 부분적으로만 상상할 수 있는 막연한 미래에 아이들이 잘해낼 수 있을지를 생각하면 불안하기만 하다. 그러나 아이들은 과거에도 그랬고, 현재에도 그렇고, 또한 미래에도 그렇겠지만, 충분히 보살핌을 받아야 한다. 조건 없는 사랑을 받아야 하며, 활동적이고 호기심 많은 어린 시절을 보내야 하며, 도전할 수 있도록 격려를 받아야 하며, 필요할 때는 벌도 받고, 이 세상에 기여할 독특한 재주와 관심과 능력을 소중하게 인정받아야 한다. 아이를 건강하게 성장하도록 도와주는 이런 기본 자질을 함양하면 어떠한 과외 선생님보다, 학원보다, 저명한 대학보다 훨씬 많은 일을 아이들에게 해줄 수 있다. 그리고 우리 아이들은 만족스럽고 의미 있는, 진짜 성공하는 삶을 살아갈 준비를 할 수 있게 된다.

한 손이 책을 쓰면 여러 손이 이끈다. 도와주고 이끌어주고 지도해준 동료, 연구원, 가족, 친구, 부모님, 우리 아이들에게 진심으로 감사의 말을 전한다. 현대인의 성공관은 앞으로 아이들이 살아가야 할 점점 더 복잡해지는 세상을 탐험하는 데 도움이 되기는커녕 아이들을 망치고 있는데, 이 점을 정당하게 걱정하는 여러 사람의 도움이 없었다면 이 책은 탄생하기 힘들었을 것이다.

스탠퍼드 대학교에 근무하는 내 동료들은 특히 애써주었다. 2008년, 내가 데니즈 포프, 짐 로브넬과 함께 스탠퍼드 교육대학에서 '성공에 도전하다'라는 프로젝트를 개발했을 때만 해도 우리가 불과 몇 년 안에 미국 전역에 사는 수천 명의 부모를 만나게 되리라고는 생각하지 못했다. 100군데가 넘는 학교와 강도 높게 협력해 연구를 진행하면서 우리는 성공을 좁게 정의했을 때 우리 아이들이 어떤 대가를 치러야 하는지, 부모, 교육자, 사회, 아이들이 성공을 더 넓고 건강하게 정의하면 어떤 변화가 생기는지를 직접 목격했다. 짐과 데니즈는 이 책을 집필하는 동안 엄청난 도움을 주었는데, 특히 7장을 쓸 때 큰 도움을 받았다. 의도는 좋지만 어떻게 시작할지 몰라 우왕좌왕하던 우리 '공상적 박애주의자'들이 엄청난 변화를 불러온 효과적이고도 효율적인 프로젝트를 진행할 수 있었던 것은 지칠 줄 모르는 우리의 감독관 모린 브라운Maureen Brown이 물심양면으로 도와주었기 때문이다. 프로그램 매니저 에이미 알라마르Amy Alamar와 부모 교육 매니저 지나 모리스Gina Morris는 이 프로젝트에 깊이와 넓이와 활력을 불어넣어주었다.

그 외에도 수많은 사람이 이 책에 필요한 정보, 연구 자료, 경험, 지혜를 나누어주었다. 그중에서도 로런스 스타인버그Laurence Steinberg, 로버트 스턴버그, 웬디 그롤니크Wendy Grolnick, 피터 샐러비, 잭 마이어 Jack Mayer, 케네스 긴즈버그, 캐럴 드웩, 하워드 가드너, 로이 바우마이 스터Roy Baumeister, 앨버트 밴듀라Albert Bandura, 그리고 정말 관대한 데이 비드 엘킨드에게 특히 감사의 말을 전한다.

정말 좋은 친구인 보니 카루소Bonnie Caruso와 앤 부쇼Ann Buscho는 언제나 아낌없는 지원과 사랑을 주었다. 그토록 나를 사랑해주고 늘 지지해주는 친구들은 없다는 거 잘 안다. 아주 산만하고 필요한 순간에 사라지기나 하는 나를 늘 참아주는 메를라 젤러바흐Merla Zellerbach, 필리스 켐프너Phyllis Kempner, 데이비드 스타인David Stein, 미셸 워크스Michelle Wachs, 수전 프리들랜드Susan Friedland에게도 고마움을 전한다. 내 좋은 친구 다그마 돌비Dagmar Dolby는 무심한 나에게 늘 사려 깊은 의견 수렴자 역할을 기꺼이 해주었다. 내 삶에 들어와주어서 정말 고마운 리사 스톤 프리츠커Lisa Stone Pritzker, 그대는 내가 아는 그 누구보다 친절한 사람이다. 친구가 될 수 있어서 정말 영광으로 생각한다.

하퍼콜린스의 담당 편집자인 게일 윈스턴Gail Winston에게 경의와 감사를 듬뿍 보낸다. 이런 책은 꼭 써야 한다는 윈스턴의 확신과 끝없는 격려가 없었다면 이 책은 빛을 보지 못했을 것이라는 말은 과장도 아니고 거짓 겸손도 아니다. 저자를 이렇게 열심히 지원하는 유능한 편집자는 또 없을 것이다. 나의 스타 에이전트 에릭 시모노프Eric Simonoff, 그가 초보자였을 때 내가 그를 낚아챌 수 있었던 것은 크나큰 행운이었다. 우리가 알고 지낸 지 정말 오래됐지만, 지금도 여전히 그대가 나의 에이전트이자 좋은 친구가 되어주었다는 사실이 믿기지 않는다.

이 책의 제작부터 디자인까지 모든 것을 맡아 진행한 하퍼콜린스 분들에게 감사의 말을 전한다. 강연회 에이전트인 케이틀린 매카스키Caitlin McCaskey 덕분에 언제나 제시간에 좋은 사람들을 만날 수 있었다. 꼭 필요한 내용을 실을 수 있도록 도와준 마야 지브Maya Ziv는 언제나 성실하고 근면하게 나를 도와주었다. 뛰어난 교정 교열 실력을 보유한 톰 피토니아크Tom Pitoniak는 문법에서부터 프로코피예프, 베이브 루스, 홈런'왕'이라고 부르는 것이 마땅한 행크 에런에 이르기까지 박학다식함을 뽐내며 몇 시간이나 나를 웃게 해주었다.

내 삶에 도움을 주신 분들에게도 감사의 인사를 전하고 싶다. 제일 먼저 마르가리타 산체스Margarita Sanchez에게 감사의 인사를 전한다. 그는 나와 남편, 우리 엄마, 내 아이를 비롯해 도움이 필요한 사람은 누구든 기꺼이 도와주었다. 그 친절함과 끝없는 긍정으로 그는 선천적으로 비관적인 나에게 매일 상쾌한 강장제가 되어주었다. 컴퓨터 앞에 앉아만 있는 내 몸을 적당한 형태로 유지시켜준 톰 허치먼Tom Hutchman, 오디와 그리스 요구르트, 초콜릿을 끝없이 공급해주어 나를 행복하게 해준 셰릴 벨리츠키Cheryl Belitsky, 남성도 여성만큼이나 힘차게 투쟁하고 있다는 사실을 알려준 제프 스나이프스Jeff Snipes에게도 감사의 말을 전한다. 세상에서 가장 상식이 풍부한 컴퓨터 기사 스콧 우드Scott Wood에게는 수백, 아니 수십억 번 반복해서(과장이 아니다) 고맙다는 말을 하고 싶다! 그는 다루기 힘든 내 컴퓨터를 꼭두새벽에도 고쳐주면서, 배꼽이 빠질 정도로 웃겨주기까지 했다.

마지막으로 내 삶의 중심인 우리 남편 리 슈워츠Lee Schwartz, 세 아들 로런Loren, 마이클Michael, 제러미Jeremy에게 정말로 고맙다고 말하고 싶다. 내 인생의 편집자인 리는 언제나 내가 명확하고 간결하게 쓸 수 있도록 도와주었다. 말이 나왔으니 하는 말인데, 그건 정말 쉬운 일이 아니다. 독자들은 이 책에서 우리 아이들을 여러 번 만났을 것이다. 관대하게 웃으면서 자기 이야기를 해도 좋다고 허락해주고, 내가 쓴 글을 보고 사실을 정정해준 우리 아이들에게 정말로 고맙다는 말을 전하고 싶다. 아이들은 활짝 열린 마음으로 기꺼이 엄마의 글을 받아들여 주었고, 전적으로 글 쓰는 일에만 매달리는 엄마를 이해해주었고, 친구들을 만나 여러 가지 생각과 일화를 모으고 토론을 할 수 있도록 허락해주었다. 너희는 정말 사랑스러워서, 너희를 있는 그대로 사랑하는 건 아주 쉬운 일이란다.

## 들어가는 글

1. S. Reardon, A. Atteberry, N. Arshan, and M. Kurlaender, "Effects of the California High School Exit Exam on Student Persistence, Achievement and Graduation," paper presented at the American Educational Research Association in San Diego, April 2009, James Irvine Foundation, California High School Exit Exam Study Coverage Report.
2. "Kids and Stress, How Do They Handle It?" KidsHealth KidsPoll, October 12, 2005. Poll questions retrieved June 19, 2009, from the National Association of Health Education Centers database.
3. "The NIMH Blueprint for Change Report," Research on Child and Adolescent Mental Health, National Institute of Mental Health, *Journal of the American Academy of Child and Adolescent Psychiatry* 41, no. 7 (July 2002): 760–66 (U.S. Department of Health and Human Services, 1999.)
4. Ibid.
5. W. S. Grolnick and K. Seal, *Pressured Parents, Stressed-Out Kids* (Prometheus Books, 2008).
6. J. P. Hunter, and M. Csikszentmihayi, "The Positive Psychology of Interested Adolescents," *Journal of Youth and Adolescence* 32, no. 1 (2003): 27–35.
7. S. P. Suggate, "School Entry Age and Reading Achievement in the 2006 Programme for International Student Assessment (PISA)," *International Journal of Educational Research* 48 (2009), 151–61.

## 1장

1. J. Mosley and E. Thompson, "Fathering Behavior and Child Outcomes: The Role of Race and Poverty," in *Fatherhood: Contemporary Theory, Research and Social Policy*, edited by W. Marsiglio (Thousand Oaks, CA: Sage, 1995), 148–65.

2. "IBM Capitalizing on Complexity," Insights from the Global Chief Executive Summary, 2009.

3. Stacy B. Dale and Alan B. Krueger, "Estimating the Payoff to Attending a More Selective College: An Application of Selection on Observables and Unobservables," *Quarterly Journal of Economics* 117, No. 4 (2002): 1491–1527.


## 2장

1. L. B. Ames and C. C. Haber, *Your Eight-Year-Old: Lively and Outgoing* (New York: Dell, 1990), 2.

2. L. B. Ames, F. L. Ilg, and S. M. Baker, *Your Ten-to Fourteen-Year-Old* (New York: Delacorte, 1988), 23.

3. Ibid., 157.

4. "The Home Media Use of Children Age 6 to 12 in the United States: 1997–2003," www.popcenter.umd.edu/people/hofferth_sandra/; Sandra L. Hofferth and Jack Sandberg, "Changes in American Children's Time, 1981–1997," in *Children at the Millennium: Where Have We Come From, Where are We Going?* Advances in Life Course Research, vol. 6, edited by S. L. Hofferth and T. J. Owens (Oxford: Elsevier, 2001), 193–229.

5. S. Carpenter, "Sleep Deprivation May Be Undermining Teen Health," *APA Monitor* 32, No. 9 (October 2001).

6. National Archive of Criminal Justice Data, www.icpsr.umich.edu/icpsrweb/NACJD/; retrieved 9/12/10.

7. J. Twenge and W. K. Campbell, *The Narcissism Epidemic: Living in the Age of Entitlement* (New York: Free Press, 2010).

8. *A Nation at Risk: The Imperative for Educational Reform*, April 1983.

9. 2009 United States Census, www.census.gov; retrieved 2/11/10.

10. G. Tononi and C. Cirelli, "Sleep Function and Synaptic Homeostasis," *Sleep Medicine Review* 10, no. 1 (February 2006): 49–62.


## 3장

1. B. R. Burleson, J. D. Delia, and J. L. Applegate, "Effects of Maternal Communication and Children's Social–Cognitive and Communication Skills on

Children's Acceptance by the Peer Group," *Family Relations* 41 (1992): 264–72.

2. R. R. Sears, E. E. Maccoby, and H. Levin, *Patterns of Childrearing* (Evanston, IL: Row Peterson, 1957).

3. R. Larson, "Toward a Psychology of Positive Youth Development," *American Psychologist* 55, no. 1 (2000): 170–83.

4. C. Dweck, *Mindset: The New Psychology of Success* (New York: Ballantine, 2006).

5. R. J. Herrnstein & C. Murray, *The Bell Curve* (New York: Free Press, 1993).

6. F. J. Sternberg, "The Theory of Successful Intelligence," *Review of General Psychology* 3 (1999): 292–316.

7. K. Bradshaw, D. L. Martin, and R. Gill, "Assessing Rates and Characteristics of Bullying Through an Internet–Based Survey System," Johns Hopkins Bloomberg School of Public Health and the Johns Hopkins Center for the Prevention of Youth Violence, 2006.

8. L. A. Sroufe, B. Egeland, E. A. Carlson, and W. A. Collins, *The Development of the Person* (New York: Guilford Press, 2005).

9. L. J. Walker and K. H. Hennig, "Parenting Style and the Development of Moral Reasoning," *Journal of Moral Education* 28 (1999): 359–74.

10. D. L. Rosenhan, "The Natural Socialization of Altruistic Autonomy," in *Altruism and Helping Behavior*, edited by J. Macaulay and L. Berkowitz (New York: Academic Press, 1970), 251–68.

11. Office of the United Nations High Commissioner for Human Rights, Convention on the Rights of the Child, General Assembly Resolution 44/25 of 20 (November 1989), available at www.unhchr.ch/html/menu3/b/k2crc.htm.

12. D. Johnson, "Many Schools Putting an End to Child's Play," *New York Times,* April 7, 1998, A16.

13. A. Pellegrini and C. Glickman, "The Educational Role of Recess," *Principal* 68, no. 5 (1989): 23–24.

## 4장

1. L. Steinberg and J. Silk, "Parenting Adolescents," in *Handbook of Parenting*, vol. 1, edited by M. Bornstein (Mahwah, NJ: Lawrence Erlbaum, 2002).

2. L. Steinberg and A. S. Morris, "Adolescent Development," *Annual Review of Psychology* 52 (2001): 83–110.

3. R. Larson and M. H. Richards, *Divergent Realities: The Emotional Lives of Mothers,*

*Fathers, and Adolescents* (New York: Basic Books, 1994).

4. B. Goldstein, *Introduction to Human Sexuality* (Belmont, CA: Star, 1976).

5. J. Graber, P. Lewinsohn, J. Seeley, and J. Brooks–Gunn, "Is Pubertal Timing Associated with Psychopathology in Young Adulthood?" *Journal of the American Academy of Child and Adolescent Psychiatry* 43 (1997): 718–26.

6. H. Peskin, "Pubertal Onset and Ego Functioning: A Psychoanalytic Approach," *Journal of Abnormal Psychology* 72 (1967): 1–15.

7. A. Booth et al., "Testosterone and Child and Adolescent Adjustment: The Moderating Role of Parent–Child Relationships," *Developmental Psychology* 39 (2003): 85–98.

8. J. Brumberg, *The Body Project: An Intimate History of American Girls* (New York: Random House, 1997).

9. Body Mass Index, Livestrong.com (accessed October 6, 2010).

10. M. Richards, A. Boxer, A. Petersen, and R. Albrecht, "Relation of Weight to Body Image in Pubertal Girls and Boys from Two Communities," *Developmental Psychology* 26 (1990): 313–21.

11. J. Mendle, E. Turkheimer, and R. E. Emery, "Detrimental Psychological Outcomes Associated with Early Pubertal Timing in Adolescent Girls," *Developmental Review* 27 (2007): 151–71.

12. E. Stice, K. Presnell, and S. Bearman, "Relation of Early Menarche to Depression, Eating Disorders, Substance Abuse and Comorbid Psychopathology Among Adolescent Girls," *Developmental Psychology* 37 (2001): 608–19.

13. R. Silbereisen, A. Petersen, H. Albrecht, and & B. Kracke, "Maturational Timing and the Development of Problem Behavior: Longitudinal Studies in Adolescence," *Journal of Early Adolescence* 9 (1989): 247–68.

14. A. Caspi, D. Lynam, T. Moffitt, and P. Silva, "Unraveling Girls' Delinquency: Biological, Dispositional and Contextual Contributions to Adolescent Misbehavior," *Developmental Psychology* 29 (1993): 19–30.

15. E. Ozer and C. Irwin, "Adolescent and Young Adult Health: From Basic Health Status to Clinical Interventions," in *Handbook of Adolescent Psychology*, 3rd ed., vol. 1, edited by R. Lerner and L. Steinberg (New York: Wiley, 2009), 618–41.

16. American Academy of Pediatrics Patient Education Online, Teen Sleep Patterns, patiented.aap.org/content.aspx?aid=6776 (accessed October 28, 2010).

17. Dr. William L. Coleman, pediatric professor at the Center for Development and Learning, University of North Carolina–Chapel Hill and member of the American Academy of Pediatrics Committee on Psychosocial Aspects of Child and Family

Health. From iParenting, "Is Your Teen Sleep Deprived?" family.go.com/parenting/pkg-teen/article-781220-is-your-teen-sleep-deprived-t.

18. K. Fredriksen, J. Rhodes, R. Reddy, and N. Way, "Sleepless in Chicago: Tracking the Effects of Adolescent Sleep Loss During the Middle School Years," *Child Development* 75 (2004): 84–95.

19. J. A. Owens, K. Belon, and P. Moss, "Impact of Delaying School Start Time on Adolescent Sleep, Mood and Behavior," *Archives of Pediatrics and Adolescent Medicine* 164, no. 7 (2010): 608–14.

20. American Psychiatric Association, *Diagnostic and Statistical Manual of Mental Disorders*, 4th ed. (Washington, DC: American Psychiatric Association, 1994).

21. www.kidshealth.org/parent/general/body/overweight_obesity.html (accessed October 29, 2010).

22. American Academy of Child and Adolescent Psychiatry, "Obesity in Children and Teens," May 2008, www.aacap.org/cs/root/facts_for_families/obesity_in_children_and_teens (accessed 9/5/11).

23. Monitoring the Future Survey, Survey Research Center, University of Michigan, 2005.

24. S. Paxton et al., "Body Image Satisfaction, Dieting Beliefs, and Weight Loss Behaviors in Adolescent Girls and Boys," *Journal of Youth and Adolescence* 20 (1991): 361–80.

25. L. A. Ricciardelli and M. P. McCabe, "A Biopsychosocial Model of Disorder Eating and the Pursuit of Muscularity in Adolescent Boys," *Psychological Bulletin* 130 (2004): 179–205.

26. L. Steinberg, *Adolescence* (New York: McGraw-Hill, 2011).

27. L. Steinberg and J. Belsky, "A Sociobiological Perspective on Psychopathology in Adolescence," in *Rochester Symposium on Developmental Psychopathology*, vol. 7, edited by D. Cicchetti and S. Toth (Rochester, NY: University of Rochester Press, 1996), 93–124.

28. M. Ernst et al., "Amygdala and Nucleus Accumbens in Response to Receipt and Omission of Gains in Adults and Adolescents," *Neuroimage* 25 (2005): 1270–79; L. Spear, *The Behavioral Neuroscience of Adolescence* (New York: Norton, 2010).

29. L. Wang, S. Huettel, and M. D. De Bellis, "Neural Substrates for Processing Task-Irrelevant Sad Images in Adolescents," *Developmental Science* 11 (2008): 23–32.

30. L. Steinberg and S. Silberberg, "The Vicissitudes of Autonomy in Early Adolescence," *Child Development* 57 (1986): 841–51.

31. Steinberg, *Adolescence*, 291.

32. J. Jaccard, H. Blanton, and T. Dodge, "Peer Influences on Risk Behavior: An Analysis of the Effects of a Close Friend," *Developmental Psychology* 41 (2005): 135–47.

33. H. C. Rusby, K. K. Forrester, A. Biglan, and C. W. Metzler, "Relationships Between Peer Harassment and Adolescent Problem Behaviors," *Journal of Early Adolescence* 25 (2005): 453–77.

34. J. Wang, T. Nansel, and R. Iannotti, "Bullying Victimization Among Underweight and Overweight U.S. Youth: Differential Associations for Boys and Girls," *Journal of Adolescent Health* 47, no. 1 (2010): 99–101.

35. J. Payton et al., *The Positive Impact of Social and Emotional Learning for Kindergarten to Eighth-Grade Students: Findings from Three Scientific Reviews*, Collaborative for Academic, Social, and Emotional Learning, December 2008.

36. J. E. Zins, M. R. Bloodworth, R. P. Weissberg, and H. Walberg, in *Building Academic Success on Social and Emotional Learning: What the Research Says*, edited by J. Zins, R. P. Weissberg, and H. J. Walberg (New York: Teachers College Press, 2004).

5장

1. J. Rosenbaum, "Patient Teenagers? A Comparison of the Sexual Behavior of Virginity Pledgers and Matched Nonpledgers," *Pediatrics* 123 (2009): e110–20.

2. B. Miller, B. Benson, and K. A. Galbraith, "Family Relationships and Adolescent Pregnancy Risk: A Research Synthesis," *Developmental Review* 21 (2001): 1–38.

3. S. Small and T. Luster, "Adolescent Sexual Activity: An Ecological Risk–Factor Approach," *Journal of Marriage and the Family* 56 (1994): 181–92.

4. C. B. Aspy et al., "Parental Communication and Youth Sexual Behavior," *Journal of Adolescence* 30 (2007): 449–66.

5. Ibid.

6. A. Kowal and L. Blinn–Pike, "Sibling Influences on Adolescents' Attitudes toward Safe Sex Practices," *Family Relations* 53 (2004): 377–84.

7. C. Bingham and L. Crockett, "Longitudinal Adjustment Patterns of Boys and Girls Experiencing Early, Middle, and Late Sexual Intercourse," *Developmental Psychology* 32 (1996): 647–58.

8. J. S. Singh and J. Darroch, "Trends in Sexual Activity Among Adolescent American Women: 1982–1995," *Family Planning Perspectives* 31 (1999): 212–19.

9. A. Jordan and D. Cole, "Relation of Depressive Symptoms to the Structure of Self-Knowledge in Childhood," *Journal of Abnormal Psychology* 105 (1996): 530–40.

10. R. McCrae et al., "Personality Trait Development from Age 12 to Age 18: Longitudinal, Cross-Sectional and Cross-Cultural Analyses," *Journal of Personality and Social Psychology* 83 (2002): 1456–68.

11. J. Allen et al., "The Relations of Attachment Security to Adolescent's Paternal and Peer Relationships, Depression and Externalizing Behavior," *Child Development* 78 (2007): 1222–39.


## 6장

1. National Endowment for the Arts, *Artists in the Workforce 1990-2005*, Executive Summary.

2. *The Gallup Youth Survey, January 22-March 9, 2004.* Retrieved June 24, 2009, from www.gallup.com/poll/11893/Most-Teens-Associate-School-Boredom-Fatigue.aspx.


## 7장

1. W. Mischel, Y. Shoda, and M. L. Rodriguez, "Delay of Gratification in Children," *Science* 244 (1989), 933–938.

2. W. Mischel, Y. Shoda, and P. K. Peake, "The Nature of Adolescent Competencies Predicted by Preschool Delay of Gratification," *Journal of Personality and Social Psychology* 54 (1988): 687–96.

3. J. S. Watson, "Depression and the Perception of Control in Early Childhood," in *Depression in Childhood: Diagnosis, Treatment, and Conceptual Models*, edited by J. G. Schulterbrandt and A. Raskin (New York: Raven, 1977), 129–39.

4. S. J. Rosenholtz and S. H. Rosenholtz, "Classroom Organization and the Perception of Ability," *Sociology of Education* 54 (1981): 132–40.

5. E. E. Werner, "The Children of Kauai: Resilience and Recovery in Adolescence and Adulthood," *Journal of Adolescent Health* 13 (1992): 262–68.

## 8장

1. D. W. Winnicott, *The Child, the Family, and the Outside World* (Middlesex, UK: Penguin, 1973), 17, 44.

## 9장

1. ExpectMoreArizona.org.
2. Kahlil Gibran, *The Prophet* (New York: Knopf, 1923).
3. D. J. Siegel and M. Hartzell, *Parenting from the Inside Out* (New York: Penguin, 2003), 64.

옮긴이_ 김소정

대학에서 생물학을 전공했고 과학과 역사책을 즐겨 읽는 번역가이다. 과학과 인문을 접목한, 삶을 고민하고 되돌아볼 수 있는 책을 많이 읽고 소개하고 싶다는 꿈이 있다. 월간 『스토리문학』에 단편소설로 등단했고,『천연 VS 합성, 똑소리 나는 비타민 선택법』『뉴욕 뒷골목 수프가게』『원더풀 사이언스』외 50여 권을 번역했다. 현재 새로운 글쓰기를 위해 고민하고 있다.

내 아이를 위한 심리 코칭

1판 1쇄  2015년 3월  13일
1판 2쇄  2015년 6월  12일

지은이 매들린 러빈
옮긴이 김소정
펴낸이 강병선

기획·책임편집 강명효 | 편집 오창남
디자인 김마리 이주영 | 마케팅 방미연 우영희 김은지
홍보 김희숙 김상만 한수진 이천희
제작 강신은 김동욱 임현식 | 제작처 영신사

펴낸곳 (주)문학동네
출판등록 1993년 10월 22일 제406-2003-000045호
주소 413-120 경기도 파주시 회동길 210
전자우편 editor@munhak.com | 대표전화 031) 955-8888 | 팩스 031) 955-8855
문의전화 031) 955-8858(마케팅), 031) 955-2680(편집)
문학동네카페 http://cafe.naver.com/mhdn | 트위터 @munhakdongne

ISBN 978-89-546-3527-1  13590

www.munhak.com